农作物栽培与病虫害
绿色综合防控技术探索

高振佳 刘天宝 高振娟 著

吉林科学技术出版社

图书在版编目（ＣＩＰ）数据

农作物栽培与病虫害绿色综合防控技术探索 / 高振
佳，刘天宝，高振娟著. -- 长春：吉林科学技术出版社，
2023.10

ISBN 978-7-5744-0963-7

Ⅰ．①农… Ⅱ．①高… ②刘… ③高… Ⅲ．①作物－
栽培技术②作物－病虫害防治 Ⅳ．①S31②S435

中国国家版本馆 CIP 数据核字(2023)第 200706 号

农作物栽培与病虫害绿色综合防控技术探索

著	高振佳　刘天宝　高振娟
出 版 人	宛　霞
责任编辑	刘　畅
封面设计	南昌德昭文化传媒有限公司
制　　版	南昌德昭文化传媒有限公司
幅面尺寸	185mm×260mm
开　　本	16
字　　数	340 千字
印　　张	16
印　　数	1-1500 册
版　　次	2023年10月第1版
印　　次	2024年2月第1次印刷

出　　版　吉林科学技术出版社
发　　行　吉林科学技术出版社
地　　址　长春市福祉大路5788号
邮　　编　130118
发行部电话/传真　0431-81629529 81629530 81629531
　　　　　　　　　81629532 81629533 81629534
储运部电话　0431-86059116
编辑部电话　0431-81629518
印　　刷　三河市嵩川印刷有限公司

书　　号　ISBN 978-7-5744-0963-7
定　　价　75.00元

《农作物栽培与病虫害绿色综合防控技术探索》
编审会

著	高振佳	刘天宝	高振娟	
编 著	刘成君	杨志梅	徐红举	许 鹏	周淑芳
	王思平	阳耀军	庞久容	段 伟	叶万存
	白锦龙	王 莉	顾淑丽	陈淑娟	刘训义
	许 鑫	高春茹	杨 婧	李 森	王建强
	田培风	任建民			

前　言　Preface

　　自古以来，我国就是一个农业大国，加之我国人口众多，对粮食的需求量巨大，由此可见，农业在我国占据着至关重要的地位。新时期，我国对农业发展提出了更高的要求，农作物栽培技术也应当不断优化，为提升农作物产量奠定坚实基础。本文对常见的农作物栽培技术进行了分析，探究了影响农作物产量的因素。农作物病虫害综合防控策略是从生态系统总体观点出发，把病虫害作为农田生态中的一个重要组成部分，进行综合治理，采取化学防控为主，农业防治、生物防治为辅，适当偏重绿色防控的策略。

　　本书是农作物栽培方向的书籍，主要研究农作物栽培与病虫害绿色综合防控技术，本书从作物的基础知识介绍入手，针对小麦与谷子栽培技术、水稻与玉米栽培技术进行了分析研究；另外对蔬菜栽培技术、经济作物栽培技术、特色水果与主要树种的高产栽培新技术做了一定的介绍；还对农业栽培可持续与无公害蔬菜栽培技术、作物病虫害综合防控技术提出了一些建议；旨在摸索出一条适合现代农作物栽培与病虫害绿色综合防控技术工作创新的科学道路，帮助其工作者在应用中少走弯路，运用科学方法，提高效率。对农作物栽培与病虫害绿色综合防控技术的应用创新有一定的借鉴意义。

　　本书对农作物的基础知识、栽培技术、常用绿色防控方法作了详尽说明，力求通俗易懂，深入浅出，系统全面，旨在为生产者、经营者、科研工作者等提供借鉴和参考，为保障农业生产和农产品质量安全，推动农业农村经济发展尽绵薄之力。由于作者水平有限，书中难免有不足之处，恳请广大读者批评指正。

目 录 Catalogue

第一章

作物的基础知识

第一节　作物的生长生育

　　任何一种作物个体，总是有序地经历种子萌发出苗、营养生长、生殖生长、种子形成及植株衰亡等生长发育阶段，人们把作物个体从发生到死亡所经历的过程称为生命周期。但在生产实际中，人们常把出苗到植株成熟收获看作是作物的一个生命周期。一年生作物指播种后当年可开花结果，形成新的种子的作物；多年生作物指播种后多年才能开花结果，形成新的种子的作物。

一、作物生长与发育的特点

（一）作物生长与发育的概念

　　生长：是指作物个体、器官、组织和细胞在体积、重量和数量上的增加，是一个不可逆的量变过程。

　　分化：从一种同质的细胞类型转变成形态结构和功能与原来不相同的异质细胞类型的过程。

　　发育：是指作物细胞、组织和器官的分化形成过程，也就是作物发生形态、结构和功能上质的变化。有时这种过程是可逆的。

生长、分化和发育的相互关系：生长、分化和发育之间关系密切。一方面，发育包含了生长与分化。另一方面，生长和分化又受发育的制约。

在生产上，作物生长、分化与发育的关系大致分为四个类型：协调型、徒长型、早衰型、僵苗型。

（二）作物生长的一般进程

1."S"形生长过程

在生长速度（相对生长率）不变，且空间和环境不受限制的条件下，作物的生长类似于资本以连续复利累积，称为指数增长。实际上，当作物器官、个体、群体以"J"形生长到一定阶段后，由于内部和外部环境（包括空间、水、肥、光、温等条件）的限制，相对生长率下降，使曲线不再按指数增长方式直线上升，而发生偏缓。这样一来，便形成了"S"形曲线。

"S"形曲线按作物种子萌发至收获来划分，可细分为 4 个时期：

缓慢增长期：种子内细胞处于分裂时期和原生质积累时期，生长比较缓慢。

快速增长期：细胞体积随时间而呈对数增大，因为细胞合成的物质可以再合成更多的物质，细胞越多，生长越快。

减速增长期：生长继续以恒定速率（通常是最高速率）增加。

缓慢下降期：生长速率下降，因为细胞成熟并开始衰老。

值得指出的是，不但作物生长过程遵循"S"形增长曲线，而且作物对养分吸收积累的过程也符合"S"形曲线。

2."S"形生长进程的应用

作物的生育是不可逆的，在作物生育过程中应密切注视苗情，使之达到该期应有的长势长相，向高产方向发展。"S"形曲线也可作为检验作物生长发育进程是否正常的依据之一。各种促进或抑制作物生长的措施，都应该在作物生长发育最快速度到来之前应用。同一作物的不同器官，通过"S"形生长周期的步伐不同，生育速度各异，在控制某一器官生育的同时，应注意这项措施对其他器官的影响。

（三）作物的生育期和生育时期

1.作物的生育期

（1）作物大田生育期：作物从播种到收获的整个生长发育所需时间，以天数表示。

（2）作物生育期：从籽粒出苗到作物成熟的天数。对于以营养体为收获对象的作物，如麻类、薯类、牧草、绿肥、甘蔗、甜菜等，指播种材料出苗到主产品收获适期的总天数。

（3）棉花具有无限生长习性，一般将播种出苗至开始吐絮的天数称为生育期，而将播种到全天收获完毕的天数称为大田生育期。

（4）秧田生育期和大田生育期（水稻、甘薯、烟草等）。秧田生育期是指出苗到移栽的天数，大田生育期是指移栽到成熟的天数。

作物生育期的长短，主要是由作物的遗传性和所处的环境条件决定的。

作物生育期与产量：一般来说，早熟品种单株生产力低，晚熟品种单株生产力高，但也不是绝对的。

2. 作物的生育时期

在作物的一生中，受遗传因素和环境因素的影响，在外部的形态特征和内部的生理特征上，都会发生一系列变化。根据这些变化，特别是形态特征上的显著变化，可将作物的整个生育期划分为若干个生育时期，或称若干个生育阶段。作物的生育时期是指某一形态特征出现变化后持续的一段时间，并以该时期始期至下一时期始期的天数计。

各类作物通用的生育时期划分：

稻、麦类：出苗期、分蘖期、拔节期、孕穗期、抽穗期、开花期、成熟期。

玉米：出苗期、拔节期、大喇叭口期、抽穗期、吐丝期、成熟期。

豆类：出苗期、分枝期、开花期、结荚期、鼓粒期、成熟期。

棉花：出苗期、现蕾期、花铃期、吐絮期。

油菜：出苗期、现蕾抽薹期、开花期、成熟期。

3. 作物的物候期

作物生育时期是根据其起止的物候期确定的。所谓物候期是指作物生长发育在一定外界条件下所表现出来的形态特征，人为地制定一个具体标准，以便科学地把握作物的生育进程。

水稻的物候期：

出苗：不完全叶突破芽鞘，叶色转绿。

分蘖：第一个分蘖露出叶鞘 1 cm。

拔节：植株基部第一节间伸长，早稻达 1 cm，晚稻达 2cm。

孕穗：剑叶叶枕全部露出下一叶叶枕。

抽穗：稻穗穗顶露出剑叶叶鞘 1 cm。

乳熟：稻穗中部籽粒内容物充满颖壳，呈乳浆状，手压开始有硬物感觉。

蜡熟：稻穗中部籽粒内容物浓黏，手压有坚硬感，无乳状物出现。

成熟：谷粒变黄，米质变硬。

以上判断标准为观测单个植株时的标准。对于群体物候期的判断标准是：10% 左右的植株达到某一物候期的标准时称为这一物候期的始期，50% 以上植株达到标准时称为这一物候期的盛期。

二、作物的器官建成

（一）种子萌发

1. 作物的种子

植物学上的种子是指由胚珠受精后发育而成的有性繁殖器官。

作物生产上所说的种子则是泛指用于播种繁殖下一代的播种材料，它包括植物学上的三类器官：①由胚珠受精后发育而成的种子；②由子房发育而成的果实；③为进行无性繁殖用的根或茎。

2. 作物种子萌发过程

种子的萌发分为吸胀、萌动和发芽 3 个阶段。

吸胀：种子吸收水分膨胀达饱和，贮藏物质通过酶的活动，水解为可溶性糖、氨基酸、甘油和脂肪酸等。

萌动：这些物质运输到胚的各个部分，转化合成胚的结构物质，从而促使胚的生长。生长最早的部位是胚根。当胚根生长到一定程度时，突破种皮，露出白嫩的根尖，即完成萌动阶段。

发芽：萌动之后，胚继续生长，禾谷类作物当胚根长至与种子等长，胚芽长达到种子长度一半时，即达到发芽阶段。

3. 种子发芽的条件

只有具发芽能力的种子才可能发芽。水分、温度和空气是发芽的主要条件。

种子发芽的条件：

（1）水分

吸水 —— 种皮膨胀软化；吸氧 —— 细胞质溶胶状态，代谢加强，贮藏物质转化为可溶性物质。小麦吸水为自身重的 150%～160%；玉米吸水为 137%；大豆吸水为 220%～240%（蛋白质、脂肪多，吸水也多）。

（2）温度

适宜。作物种子发芽是在一系列酶的参与下进行的，而酶的催化与温度有密切的关系。

（3）空气

发芽时物质代谢和运输，通过有氧呼吸作用来保证。

4. 种子的寿命和种子休眠

（1）种子的寿命

是指种子从采收到失去发芽力的时间。

鉴别种子生活力的方法有三类：①利用组织还原力；②利用原生质的着色能力；③利用细胞中的荧光物质。

（2）种子的休眠

在适宜萌发的条件下，作物种子和供繁殖的营养器官暂时停止萌发的现象，称为种子的休眠。休眠是作物对不良环境的一种适应，在野生植物中比较普遍，在栽培作物上表现较差。休眠有原始休眠和二次休眠之分。原始休眠：即种子在生理成熟时或收获后立即进入休眠状态。二次休眠：作物种子在正常情况下能萌发，由于不利环境条件的诱导而引起自我调节的休眠状态。

（3）种子休眠的主要原因

胚的后熟：种子已经脱落，胚还没有成熟，后熟之后才萌发。

硬实种皮（种子透性不良）：种皮不透水、气。

发芽的抑制物质：果实或种子中含有某种抑制发芽的物质。如脱落酸、酚类化合物、有机酸等。

（4）打破种子休眠的方法

①生理后熟的种子

通过低温和水分处理，促进后熟（人参、五味子）。

②硬实种子

采用机械磨伤种皮或用酒精、浓硫酸、碳酸钠、盐酸处理（甜菜、香菜）。

③消除发芽抑制物质

层积埋藏法、种子高温处理（水稻 $40 \sim 45℃$）、浸水清洗、赤霉素等处理。

（二）根的生长

1. 作物的根系

作物的根系由初生根、次生根和不定根生长演变而成。

单子叶作物的根系：属于须根系，由种子根（或胚根）和茎节上发生的次生根组成。种子萌发时，先长出 1 条初生根，然后有的可长出 3 ～ 7 条侧根，随着幼苗的生长，基部茎节上长出次生的不定根，数量不等。

双子叶作物的根系：属直根系，由 1 条发达的主根和各级侧根构成。主根由胚根不断伸长形成，并逐步分化长出侧根、支根和细根等，主根较发达，侧根、支根等逐级变细，形成直根系。

根的生长：

向水性：旱地作物入土深。

趋肥性：氮肥利于茎叶生长，磷肥利于根系生长。

向氧性：禾谷类作物根系随着分蘖的增加根量不断增加，并且横向生长显著，拔节以后转向纵深伸展，到孕穗或抽穗期根量达最大值，以后逐步下降。

双子叶作物棉花、大豆等的根系也是逐步形成的，苗期生长较慢，现蕾后逐渐加快，至开花期根量达最大值，以后又变慢。

2. 影响根生长的条件

土壤阻力、土壤水分、土壤温度、土壤养分、土壤氧气。

（三）茎的生长

1. 单子叶作物的茎

禾谷类作物的茎多数为圆形，大多中空，如稻、麦等。

有些禾谷类作物的茎为髓所充满而成实心，如玉米、高粱、甘蔗等。

茎秆由许多节和节间组成，节上着生叶片。

禾谷类作物基部茎节的节间极短，密集于土内靠近地表处，称为分蘖节。分蘖节上着生的腋芽在适宜的条件下能长成新茎，即分蘖。从主茎叶腋长出的分蘖称为第一级分蘖，从第一级分蘖上长出的分蘖叫第二级分蘖。依次类推。

2. 双子叶作物的茎

双子叶作物的茎一般接近圆形、实心，由节和节间组成。其主茎每一个叶腋有一个腋芽，可长成分枝。从主茎上长成的分枝为第一级分枝，从第一级分枝上长出的分枝为第二级分枝。依次类推（分枝强的：棉花、油菜、花生和豆类，分枝弱的：烟草、麻、向日葵）。

3. 作物茎的生长

禾谷类作物的茎主要靠每个节间基部的居间分生组织的细胞进行分裂和伸长，使每个节间伸长而逐渐长高，其节间伸长的方式为居间生长。

双子叶作物的茎，主要靠茎尖顶端分生组织的细胞分裂和伸长，使节数增加，节间伸长，植株逐渐长高。使节间伸长的方式为顶端生长。

4. 影响茎、枝（分蘖）生长的因素

（1）种植密度

苗稀，单株营养面积大，光照充足，植株分枝（或分蘖）力强；反之，苗密，则分枝力（或分蘖力）弱。

（2）施肥

施足基肥、苗肥，增加土壤中的氮素营养，可以促进主茎和分枝（分蘖）的生长。但氮肥过多，碳氮比例失调，对茎枝生长不利。

（3）选品种

选用矮秆和茎秆机械组织发达的品种。

（四）叶的生长

1. 作物的叶

作物的叶根据其来源和着生部位的不同，可分为子叶和真叶。

子叶是胚的组成部分，着生在胚轴上。真叶简称叶，着生在主茎和分枝（分蘖）的各节上。

（1）单子叶作物的叶

禾谷类作物有一片子叶形成包被胚芽的胚芽鞘；另一片子叶形如盾状，称为盾片，在发芽和幼苗生长时，起消化、吸收和运输养分的作用。禾谷类作物的叶为单叶，一般包括叶片、叶鞘、叶耳和叶舌四部分，具有叶片和叶鞘的为完全叶，缺少叶片的为不完全叶。

（2）双子叶植物的叶

双子叶作物有两片子叶，内含丰富的营养物质，供种子发芽和幼苗生长之用。其真叶多数由叶片、叶柄和托叶三部分组成，称为完全叶，如棉花、大豆、花生等；缺少托叶，如甘薯、油菜；缺少叶柄，如烟草。单叶，一个叶柄上只着生一片叶，如棉花、甘薯等；复叶，在一个叶柄上着生两个或两个以上完全独立的小叶片（三出复叶：大豆；羽状复叶：花生；掌状复叶：大麻）。

2. 作物叶的生长

叶（真叶）起源于茎尖基部的叶原基。从叶原基长成叶，需要经过顶端生长、边缘生长和居间生长 3 个阶段。

顶端生长使叶原基伸长，变为锥形的叶轴（叶轴就是未分化的叶柄和叶片），顶端生长停止后，分化出叶柄。经过边缘生长形成叶的雏形后，从叶尖开始向基性的居间生长，使叶不断长大直至成熟。

作物的叶片平展后，即可进行光合作用。叶从开始输出光合产物到失去输出能力所持续时间的长短，称为叶的功能期。禾谷类作物一般为一片定长到 1/2 叶片变黄所持续的天数；双子叶作物则为叶平展至全叶 1/2 变黄所持续的天数。

在生产上，常常用叶面积指数来表示群体绿叶面积的大小，即叶面积指数＝总绿叶面积／土地面积。

3. 影响叶生长的一些因素

叶的分化、出现和伸展受温、光、水、矿质营养等多种因素的影响。

较高的气温对叶片长度和面积增长有利，而较低的气温则有利于宽度和厚度的增长。

光照强，则叶片的宽度和厚度增加；光照弱，则对叶片长度伸长有利。

充足的水分促进叶片生长，叶片大而薄；缺水使叶生长，叶片小而厚。

矿质元素中，氮能促进叶面积增大，但过量的氮又会造成茎叶徒长，对产量形成不利。在生长前期，磷能增加叶面积，而在后期却又会加速叶片的老化。钾对叶有双重作用，一是可促进叶面积增大，二是能延迟叶片老化。

（五）花的发育

1. 花器官的分化

禾谷类作物的花序通称为穗。小麦、大麦和黑麦为穗状花序；稻、高粱、糜子、粟和玉米的雄花序为圆锥花序。禾谷类作物幼穗分化较早，稻、麦作物一般在主茎拔节前后或同时，粟类作物则在主茎拔节伸长以后。

双子叶作物的花芽分化：棉花的花是单生的，豆类、花生、油菜属总状花序，烟草为圆锥或总状花序，甜菜为复总状花序。这些作物的花均由花梗、花托、花萼、花冠、雄蕊和雌蕊组成。双子叶作物花芽分化一般也较早。

2. 开花、受精和授粉

开花是指花朵张开，已成熟的雄蕊和雌蕊（或两者之一）暴露出来的现象。各种作物开花都有一定的规律性，具有分枝（分蘖）习性的作物，通常是主茎花序先开花，然后是第一分枝（分蘖）花序、第二分枝（分蘖）花序依次开花。同一花序上的花，开放顺序因作物而不同，由下而上的有油菜、花生和无限结荚习性的大豆；中部先开花，然后由上而下的有小麦、大麦、玉米和有限结荚习性的大豆；由上而下的有稻、高粱等。

授粉：成熟的花粉粒借助外力的作用从雄蕊花药传到雌蕊柱头上的过程，称为授粉。

自花授粉作物，如水稻、小麦、大麦、大豆、花生等。

异花授粉作物，如白菜型油菜、向日葵、玉米等。

常异花授粉作物，如甘蓝型油菜、棉花、高粱、蚕豆等。

受精：作物授粉后，雌雄性细胞即卵细胞和精子相互融合的过程，称为受精。其大体过程是：花粉落在柱头上以后，通过相互"识别"或选择，亲和的花粉粒就开始在柱头上吸水、萌发，长出花粉管，穿过柱头，经花柱诱导组织向子房生长，把两个精子送到位于子房内的胚囊，分别与胚囊中的卵细胞和中央细胞融合，形成受精卵和初生胚乳核，完成"双受精"过程。

3. 影响花器官分化、开花授粉受精的外界条件

营养条件：作物花器分化要有足够营养，否则会引起幼穗和花器退化。但氮肥过多，使营养器官生长过旺，会影响幼穗和花芽的分化。

温度：在幼穗分化或花芽分化期间要求一定的温度，如水稻幼穗分化适应温度为 $26 \sim 30℃$；作物在开花授粉期间也需要适宜的气温，如水稻开花需 $30 \sim 35℃$。

水分：小麦、水稻在幼穗分化阶段是需水最多时期，若遇干旱缺水将造成颖花败育，空壳率增加。

天气：天气晴朗，有微风，有利于作物开花授粉和受精。

（六）种子和果实发育

1. 作物的种子和果实

禾谷类作物 1 朵颖花只有 1 个胚珠，开花受精后子房（形成果皮）与胚珠（形成种子）的发育同步进行，故果皮与种皮愈合而成颖果。

双子叶作物 1 朵花可有数个胚珠，开花受精后子房与胚珠的发育过程是相对独立的，一般子房首先开始迅速生长，形成铃或荚等果皮，胚珠发育成种子的过程稍滞后，果实中种皮与果皮分离。

2. 种子和果实的发育

种子由胚珠发育而成，各部分的对应关系是：受精卵发育成胚，初生胚乳核发育成胚乳，包被胚珠的珠被发育成种皮。

果实由子房发育而来，某些作物除了子房外，还有花器甚至花序参与果实的发育。种子以外的果实部分，实际上由外果皮、中果皮、内果皮三层组成。中果皮和内果皮的结构特点（如肉质化、膜质化等）决定了果实的特点。

种子和果实在发育过程中，除了外部形态、颜色变化外，其内部化学成分也发生明显变化，即可溶性的低分子有机物（如葡萄糖、蔗糖、氨基酸等）转化成为不溶性的高分子有机物（如蛋白质、脂肪和淀粉等），种子和果实的含水量也逐渐降低。

3. 影响种子和果实发育的因素

种子和果实的发育和形成，首先要求植株体内有充足的有机养料，并源源不断地运往种子和果实；外界条件也有较大影响，温度、土壤水分和矿质营养等要适宜，过低或过高都影响种子和果实的发育。此外，光照也要充足。

三、作物的温光反应特性

所谓作物的温光反应特性，是指作物必须经历一定的温度和光周期诱导后，才能

从营养生长转为生殖生长，进行花芽分化或幼穗分化，进而才能开花结实。

作物对温度和光周期诱导反应的特性，称为作物的温光反应特性。

（一）作物的感温性

一些两年生作物，如冬小麦、冬黑麦、冬油菜等，在其营养生长期必须经过一段较低温度诱导，才能转为生殖生长。这种低温诱导促进作物开花的作用称为春化作用（vernalization）。

不同作物和不同品种对低温的范围和时间要求不同，一般可将其分为冬性类型、半冬性类型和春性类型。

冬性类型：这类作物品种春化必须经历低温，春化时间也较长，如果没有经历过低温条件则作物不能花芽分化和抽穗开花。一般为晚熟品种或中晚熟品种。

半冬性类型：这类作物品种春化对低温的要求介于冬性类型和春性类型之间，春化的时间相对较短，如果没有经过低温条件则花芽分化、抽穗开花大大推迟。一般为中熟或早中熟品种。

春性类型：这类作物品种春化对低温的要求不严格，春化时间也较短。一般为极早熟、早熟和部分早中熟品种。

（二）作物的感光性

作物花器分化和形成除需要一定温度诱导外，还必需一定的光周期诱导。不同作物品种需要一定光周期诱导的特性称为感光性，一般分为三种类型：

短日照作物：日照长度短于一定的临界日长时，才能开花。如果适当延长黑暗，缩短光照可提早开花。相反，如果延长日照，则延迟开花或不能进行花芽分化。属于这类作物的有大豆、晚稻、黄麻、烟草等。

长日照作物：日照长度长于一定的临界日长时，才能开花。如果延长光照缩短黑暗可提早开花，而延长黑暗则延迟开花或花芽不能分化。属于这类作物的有小麦、燕麦、油菜等。

日中性作物：开花之前并不要求一定的昼夜长短，只需达到一定基本营养生长期，在自然条件下四季均可开花，如荞麦等。

临界暗期是在昼夜周期中短日照作物能够开花所必需的最短暗期长度，或长日照作物能够开花所必需的最长暗期长度。

（三）作物的基本营养生长性

这种在作物进入生殖生长前，不受温度和光周期诱导影响而缩短的营养生长期，称为基本营养生长期。不同作物品种的基本营养生长期的长短各异。这种基本营养生长期长短的差异特性，称为作物品种的基本营养生长性。

（四）作物温光反应特性在生产上的应用

1. 在引种上的应用

作物引种就是从外地或外国引入当地所没有的作物，借以丰富当地的作物资源。

简单引种：原产地与引种地的自然环境差异不大，或者由于被引种的作物本身适应范围较广泛，不需要特殊的处理和选育过程，就能正常生长发育、开花结果并繁殖后代。

驯化引种：原产地和引种地之间的自然环境相差较大，或者由于被引种的作物本身适应范围狭窄，需要通过选择、培育，改变其遗传性，使之能够适应引种地的环境。

作物引种的基本原则是作物与环境的协调统一。

2. 在栽培上的应用

作物布局，品种的搭配、播期安排，调控营养与生殖生长。

3. 在育种上的应用

在制定作物育种目标时，要根据当地自然气候条件，提出明确的温光反应特性；在杂交育种（或制种）时，为了使两亲本花期相遇，可根据亲本的温光反应特性调节播种期；为了缩短育种进程或加速种子繁殖，可根据育种材料的温光反应特性决定其是否进行冬繁或夏繁。

在我国春小麦和春油菜区若需以冬性小麦和冬性冬油菜为杂交亲本时，则首先应对冬性亲本进行春化处理，使其在春小麦和春油菜区能正常开花，进行杂交。

四、作物生长的相关性

（一）营养生长与生殖生长的关系

作物营养器官根、茎、叶的生长称为营养生长；生殖器官花、果实、种子的生长称为生殖生长。通常以花芽分化（幼穗分化）为界限，把生长过程大致分为两段，前段为营养生长期，后段为生殖生长期。

营养生长期是生殖生长期的基础，营养生长和生殖生长并进阶段两者矛盾大，要促使其协调发展；在生殖生长期，作物营养生长还在进行，要掌握得当。

（二）地上部生长与地下部生长的关系

作物的地上部分（也称冠部）包括茎、叶、花、果实、种子；地下部分主要是指根，也包括块茎、鳞茎等。地下部与地上部物质的相互交换，地上部与地下部重量保持一定比例，环境条件和栽培技术措施对地下部和地上部生长的影响不一致。

（三）作物器官的同伸关系

植株各个器官的建成呈一定的对应关系。在同一时间内某些器官呈有规律的生长或伸长，叫作作物器官的同伸关系。这些同时生长（或伸长）的器官就是同伸器官。

（四）个体与群体的关系

作物的一个单株称为个体，而单位面积上所有单株的总和称为群体。作物个体和群体之间互相联系又互相制约。这种在群体中个体生长发育的变化，引起了群体内部环境的改变，改变了的环境又反过来影响个体生长发育的反复过程，叫作反馈。由于反馈的作用，使作物群体在动态发展过程中普遍存在着"自动调节"现象。作物群体的自动调节，在植株地上部主要是争取光合营养，而地下部则为争取水分和无机营养。

合理的种植密度有利于个体与群体的协调发展。

利用作物群体自动调节原理采取相应的栽培技术措施提高作物产量。

第二节　作物产量和产品品质的形成

一、作物产量及其构成因素

（一）作物产量

作物产量即作物产品的数量，通常分为生物产量和经济产量。

生物产量是指作物一生中，即全生育期内通过光合作用和吸收作用，即通过物质和能量的转化所生产和积累的各种有机物的总量，计算生物产量时通常不包括根系（块根作物除外）。在总干物质中有机物质占 90% ~ 95%，矿物质占 5% ~ 10%。严格来说，干物质不包括自由水，而生物产量则含水 10% ~ 15%。

经济产量是指栽培目的所需要的产品的收获量，即一般所指的产量。经济产量是生物产量中所要收获的部分。经济产量占生物产量的比例，即生物产量转化为经济产量的效率，叫作经济系数或收获指数。

产量 ＝ 生物产量 × 经济系数

（二）产量构成因素

作物产量是指单位土地面积上的作物群体的产量，由个体产量或产品器官数量所构成。

单位土地面积上的作物产量随产量构成因素数值的增大而增加。

（三）作物产量形成特点

1. 产量因素的形成

产量因素的形成是在作物整个生育期内不同时期依次而重叠进行的。产量因素在其形成过程中具有自动调节现象，这种调节主要反映在对群体产量的补偿效应上。分蘖作物，如水稻、小麦等，自动调节能力较强；主茎型作物，如玉米、高粱等，自动调节能力较弱。

禾谷类作物：产量 = 穗数 × 单穗粒数 × 粒重

或产量 = 穗数 × 单穗颖花数 × 结实率 × 粒重（结实率 = 实粒数 / 着粒数 × 100%）

豆类作物：产量 = 株数 × 单株有效分枝数 × 每分枝荚数 × 单荚实粒数 × 粒重

薯类作物：产量 = 株数 × 单株薯块数 × 单薯重

油菜：产量 = 株数 × 每株有效分枝数 × 每分枝角果数 × 每果粒数 × 粒重

2. 产量构成因素之间的关系

（1）产量构成因素之间为乘积关系；

（2）产量构成因素相互间很难同步增长，往往彼此之间存在着负相关关系，株数（密度）与单株产品器官数量间的负相关关系较明显；

（3）在产量构成因素中，前者是后者的基础，后者对前者有一定的补偿作用。

产量因素的形成是在作物整个生育期内不同时期依次而重叠进行的；产量因素在其形成过程中具有自动调节现象，这种调节主要反映在对群体产量的补偿效应上。

3. 干物质的积累与分配

作物产量形成的全过程包括光合器官、吸收器官及产品器官的建成及产量内容物的形成、运输和积累。

作物光合生产的能力与光合面积、光合时间及光合效率密切相关。

光合面积：包括叶片、茎、叶鞘及结实器官能够进行光合作用的绿色表面积，其中绿叶面积是构成光合面积的主体。

光合时间：光合作用进行的时间。

光合效率：单位时间、单位叶面积同化 CO_2 的毫克数或积累干物质的克数。

作物的干物质积累动态遵循 Logistic 曲线（"S"形曲线）模式，即经历缓慢增长期、指数增长期、直线增长期和减慢停止期。

干物质的分配随作物种、品种、生育时期及栽培条件而异。生育时期不同，干物质分配的中心也有所不同。

生长分析法的基本观点是以测定干物质增长为中心，同时也测定叶面积，计算与作物光合作用生理功能相关的参数，比较不同作物、不同品种、不同生态环境下生长和产量形成的差异。

相对生长率（RGR）即单位时间单位重量植株的重量增加，通常用 g/（g·d）表示。

二、作物的"源、库、流"理论及其应用

在近代作物栽培生理研究中，特别是在超高产栽培的理论讨论中，常用源、库、流三因素的关系阐明作物产量形成的规律，探索实现高产的途径，进而挖掘作物的产量潜力。

（一）源

是指植物光合作用制造的同化物的供应，它是作物发育及产量形成的物质基础。就作物群体而言，则是指群体的叶面积及其光合能力。因此，作物群体和个体的发展达到叶面积大，光合效率高，才能使源充足，为产量库的形成和充实奠定物质基础。

（二）库

从产量形成的角度看，库主要是指产品器官的容积和接纳营养物质的能力。

产品器官的容积随作物种类而异，禾谷类作物产品器官的容积决定于单位土地面积上的穗数、每穗颖花数和籽粒大小的上限值；薯类作物则取决于单位土地面积上的块根或块茎数和薯块大小上限值。

（三）流

流是指作物植株体内输导系统的发育状况及其运转速率。流的主要器官是叶、鞘、茎中的维管系统。

（四）"源、库、流"的协调及其应用

源、库、流是决定作物产量的 3 个不可分割的重要因素，只有当作物群体和个体的发展达到源足、库大、流畅的要求时，才可能获得高产。源、流、库的形成和功能的发挥不是孤立的，而是相互联系、相互促进的，有时可以相互代替。源、流、库在作物代谢活动和产量形成中构成统一的整体，三者的平衡发展状况决定作物产量的高

低，是支配产量的关键因素。

源与库的关系：源是产量库形成和充实的物质基础，源充足可以促使库发展；库对源的大小和活性有明显的反馈作用，库大又提高源的能力。源、库器官的功能是相对的，有时同一器官兼有两个因素的双重作用。

从库、源与流的关系看，库、源大小对流的方向、速率、数量都有明显影响，起着"拉力"和"推力"的作用。

三、作物群体及其层次结构

（一）作物群体的概念

作物群体：是指同一块地上的作物个体群，包括单作群体和复合群体两大类。

单作群体：仅由一种作物组成的群体。

复合群体：由两种或两种以上作物组成的群体。

（二）作物群体的特征

在群体中个体的生长发育变化，引起了群体内部环境的改变，改变了的环境反过来又影响个体生长发育的反复过程叫作"反馈"。

自动调节：是通过个体对变化着的环境条件的反应而发生的，包括植物对刺激的感受（感应性）、传递和反应（如向性、生长、运动等）。自动调节能力是相对的，具有一定范围的。

（三）作物群体的层次结构

作物群体的结构是指组成这一群体的各个单株及总叶面积、总茎数、总根重在空间的分布和排列的动态情况。根据作物群体结构的功能及其与环境条件的关系，把整个群体可分为 3 个层次：光合层（叶穗层）、支架层（茎层）、吸收层（根层）。

（四）能量转换率和能量利用率

1. 影响作物群体结构及物质生产的因素

株型：是指植物体在空间的存在样式。各种作物的理想株型都应当具有适于密植栽培而不倒伏、群体的生物产量及收获指数大等形态生理特征。

种植密度：实质上是指作物群体中每一个体平均占有的营养面积大小。而种植方式则指每一个体所占营养面积的形状，即行、株距的宽窄。

作物生长发育必须从环境中吸收营养物质，施肥是满足作物营养的重要手段，也是实现优质高产的有效栽培措施之一。强调有机无机相结合，氮、磷、钾平衡施肥对作物优质高产栽培十分重要。肥料的适时施用与适量施用也十分重要。一般苗期要施足基肥，早施速效追肥，促进早而快地出叶、发根和分枝，为中后期生长奠定良好的基础，生产上称之为"长好苗架"。

2. 作物群体的光能作用

作物群体的光合作用能源来自于太阳辐射能，辐射能量以每单位面积上每分钟所接受的能量计，即 1.98 Ly/min（$1Ly=4.18$ J/cm^2），这个数值称为太阳常数。

投射到植物群体的太阳辐射，一部分为植物体所反射，一部分透过群体而达到地面，剩下的一部分则为植物所吸收而用于光合作用。

四、作物的品质及品质形成

（一）作物的品质

作物品质是指收获目标产品达到某种用途要求的适合度。根据人类栽培作物的目的，可大致将作物分为两大类，一类是为人类及动物提供食物的作物，如各种粮食作物和饲料作物等；另一类是为轻工业提供原料的作物，如各种经济作物。对提供食物的作物，其品质主要包括食用品质和营养品质等方面；对提供轻工业原料的作物，其品质包括工艺品质和加工品质等。

（二）作物品质的评价标准

形态指标：是根据作物产品的外观形态来评价品质优劣的指标，包括形状、大小、长短、粗细、厚薄、色泽、整齐度等。

理化指标：是根据作物产品的生理生化分析结果评价品质优劣的指标，包括各种营养成分，如蛋白质、氨基酸等。

（三）作物品质的主要类型

食用品质：蒸煮、口感和食味等的特征。

营养品质：作物被利用部分所含有的供人体所需要的有益化学成分及对人体有害和有毒的成分。

工艺品质：影响产品质量的原材料特性。

加工品质：不明显影响加工产品质量，但又对加工过程有影响的原材料特性。

（四）作物产量与品质的关系

作物产量和产品品质是作物栽培、遗传育种学科研究的核心问题，实现高产优质是作物遗传改良及环境和措施等调控的主要目标。作物产量及品质是在光合产物积累与分配的同一过程中形成的，因此，产量与品质间有着不可分割的关系。

从世界人类的需求看，作物产品的数量和质量同等重要，而且对品质的要求越来越高。一般高成分，特别是高蛋白质、脂肪、赖氨酸等含量很难与丰产性相结合。禾谷类作物，如小麦、水稻、玉米，其籽粒蛋白质含量与产量呈负相关。

一般认为，作物产量和品质是相互制约的，产量高往往品质较差。不利的环境条件往往会增加蛋白质含量，提高蛋白质含量的多数农艺措施往往导致产量降低。水稻的产量与稻米蛋白质含量呈负相关，但也有二者呈正相关或不相关的情况。一般中产或低产情况下，随着环境和栽培条件的改善，如增施氮肥，籽粒产量与蛋白质含量同时提高，二者呈正相关，至少二者不会呈负相关。当产量达到该品种的最高水平后，随施氮量增加，蛋白质继续增加，稻谷产量下降。

第三节　作物与环境的关系

一、作物的环境

（一）自然环境

作物生长在自然环境之中，通过不断同化环境完成生长发育过程，最终形成产品；作物又受制于自然环境，自然环境影响着作物的生长发育过程，最终影响到作物遗传潜力的表达。

（二）人工环境

广义的人工环境是指所有的为作物正常生长发育所创造的环境；狭义的人工环境，是指在人工控制下的作物环境。

二、作物与光的关系

(一) 光的补偿点与饱和点

光补偿点：光合作用过程吸收 CO_2 量和呼吸作用释放 CO_2 量相等时的光照强度。

光饱和点：光合作用开始达到最大光合速率值时的光照强度。

(二) 光周期

自然界的一昼夜间的光暗交替称为光周期。

光周期现象：是指作物对白天和黑夜的相对长度的反应。

(三) 作物对光周期的反应

长日照作物、短日照作物、中间型作物、定日作物。

（1）作物在达到一定的生理年龄时才能接受光引变。日照长度是营养生长转变为生殖生长的必要条件，并不是作物一生都要求这样的日照长度。（2）对长日照作物来说，绝不是日照越长越好，对短日照作物也是如此。

(四) 光周期反应在作物栽培上的应用

纬度调节：短日照作物由南方向北方引种时，由于北方生长季节内日照长、气温低，营养生长期延长，开花结实推迟。北方种向南引种，出现营养生长期缩短，开花提前。

播期调节：短日照（水稻），从春到夏分期播种结果，播期越晚抽穗越快（出苗至出穗天数缩短）。

(五) 作物对光谱的反应

1. 作物的生理有效光与生理无效光（低效光）

红、橙光被叶绿素吸收最多、光合活性最强，为生理有效光；绿光被作物叶片反射和透射，很少利用，为生理无效光。

2. 不同波长光下的光合产物

长波光，促进糖类合成；短波光，促进氨基酸、蛋白质合成。

3. 不同波长对作物生长影响

蓝紫光、青光抑制作物体伸长，红光促进作物体伸长，紫外线抑制作物体伸长、促进花青素形成，红外线促进作物体伸长、促进种子萌发。

三、作物与温度

（一）积温

作物生长、发育要求一定的热量。通常把作物整个生育期或某一发育阶段内高于一定温度度数以上的昼夜温度总和，称为某作物或作物某发育阶段的积温。积温可分为有效积温和活动积温两种。

作物不同发育时期中有效生长的温度下限叫生物学最低温度，在某一发育时期中或全生育期中高于生物学最低温度的温度叫活动温度。活动温度与生物学最低温度之差叫有效温度。

活动积温是作物全生长期内或某一发育时期内活动温度的总和。有效积温是作物全生长期或某一发育时期内有效温度之总和。温周期：作物生长发育与温度变化的同步现象。

（二）作物温光反应特性

作物必须经历一定的温度和光周期诱导后，才能从营养生长转变为生殖生长进行花芽分化或穗分化，进而才能开花结实。一些两年生作物如冬小麦、冬燕麦、冬油菜，在营养生长期经过一段较低温度诱导才能转为生殖生长，这种诱导为春化。

（三）耐寒作物与喜温作物

各种作物对温度的要求与它们的起源地有一定的关系。

耐寒作物：麦类、豌豆、蚕豆、油菜、亚麻等作物生育适温较低，在 2～3℃也能生育，幼苗期能耐 -6～-5℃低温。

喜温作物：大豆、玉米、高粱、谷子、水稻、荞麦、花生、芝麻等作物生育的适温较高，一般要在 10℃以上才能生育，幼苗期温度下降到 -1℃左右，即造成危害。

春化现象：有些作物在幼苗期或种子萌动时，受一段时间的低温处理，才能正常抽穗开花和结实，这种现象称作春化现象（如：冬小麦）。

（四）温度三基点

作物生长过程中，对温度的要求有最低点、最适点和最高点之分，称为温度三基点。

最低温度：作物生长发育要求的起点温度（低限）。

最适温度：作物生长发育最快要求的温度。

最高温度：作物生长发育所能承受的高限温度。

（五）地温与根系生长

大多数作物，在最适温度以下，随着地温的上升，根部、地上部的生长量也增加。由于地上部所要求的温度比根部高，所以 10 ～ 35℃ 的范围内，温度越高地上部生育越快，根冠比越大。在冷凉的春秋，根系生长活跃，炎热的夏天根系生长量则较少。

1. 低温、高温条件

低温条件：根系呈白色、多汁、粗大、分枝减少、皮层生存较久。

高温条件：根系呈褐色、汁液少、细、分枝多、木栓化程度大。

温度临界期：对外界温度最敏感的时期（减数分裂至开花）。

2. 低温对作物的危害

寒害：亦称冷害，零度以上低温对作物造成的伤害。

冻害：零度以下低温对作物造成的伤害。

霜害：又称白霜，由于霜的出现而使植物受害。

3. 高温对作物的危害：

间接危害：高温导致代谢异常，缓慢渐进伤害作物。

直接伤害：高温直接破坏作物细胞质结构，导致死亡。

（六）作物抗热性的自我调节

在温度渐升过程中，降低植株含水量，减慢代谢活动。

四、作物与水的关系

（一）作物对水的反应

大多数作物在潮湿的土壤中作物根系不发达，生长缓慢，分布于浅层；土壤干燥，作物根系下扎，伸长至深层。

作物不同对土壤含水量要求也不同：豆类、马铃薯 —— 田间持水量的 70% ～ 80%，禾谷类作物 —— 田间持水量的 60% ～ 70%。

（二）水对作物的重要意义

水是作物体的重要组分，是光合作用生产有机物质的原料，是作物原生质体生命代谢活动的基质，是连接土壤、作物、大气生态链的介质。

（三）作物的需水量

作物需水量通常用蒸腾系数来表示。蒸腾系数是指作物每形成 1g 干物质所消耗的水分的克（g）数。作物的蒸腾系数不是固定不变的，同一作物不同品种的需水量不同，同一品种不同条件下种植，需水量也各异。

影响因数：

1. 气象因数

干燥、高温、风大，蒸腾多，需水多。

2. 土壤条件

土壤肥沃或施肥后作物生长良好，干物质积累多，但水分蒸腾并不相应增加，需水量比瘠薄地少。土壤中缺某一元素时（磷、氮）需水最多，缺钾、硫、镁时次之，缺钙时影响最小。

（四）作物的需水临界期

需水临界期是作物一生中对水分最敏感的时期。在临界期内水分不足对作物生长发育和最终产量影响最大。

（五）旱、涝害

环境中水分低到不足以满足作物正常生命活动的需要时，便出现干旱。作物遇到的干旱有大气干旱和土壤干旱两类。

抗旱锻炼：

蹲苗：在作物苗期减少水分供应，使之经受适度缺水的锻炼，促使根系发达下扎，根冠比增大，叶绿素含量增多，光合作用旺盛，干物质积累加快。经过锻炼的作物如再次碰上干旱，植株体保水能力增强，抗旱能力显著增加。

增加作物抗旱性的其他措施：选育抗、耐旱品种，增施磷、钾肥，施用生长调节剂等。

水分过多对作物的不利影响称为涝害。

五、作物与矿质营养

作物的生长和形成产量需要营养。根据作物对施肥和营养元素的不同反应，可分为喜氮、喜磷、喜钾作物。

喜氮作物：水稻、小麦、玉米、高粱等作物。这一类作物对氮肥敏感，在一般肥力条件下，约 2/3 的氮生产子粒蛋白质，剩余部分生产茎、叶、根的蛋白质。

喜磷作物：油菜、大豆、花生、蚕豆、荞麦等作物。这一类作物施磷肥增产显著。

北方土壤几乎普遍缺磷，南方的红、黄土更是缺磷，施磷肥增产效果良好。

喜钾作物：甜菜、甘蔗、烟草、棉花、薯类、麻类等作物。这一类作物施钾肥对作物产量和品质都有良好的作用。

以上的划分只有相对的意义，其实在作物生产上缺乏任何一种营养元素都势必造成减产。

（一）作物必需的营养元素

作物体干物质组成必需营养元素包括：大量元素：碳、氢、氧、氮、磷、钾、钙、镁、硫九种元素，一般占干物质含量的 0.1% 以上；微量元素：铁、锰、硼、锌、氯、钼、铜七种元素，一般占干物质含量的 0.1% 以下。

在这 16 种必需营养元素中，矿质营养元素 13 种。其中：碳元素 45%，氧元素 40%，氢元素 6%。

（二）作物对矿质营养的需求规律

1. 营养临界期

作物生长发育过程中一个对某种营养元素需要量虽不多但又很迫切的时期。

氮：水稻、小麦 —— 分蘖期和幼穗分化期，玉米 —— 穗分化期；

磷：一般在幼苗期；

钾：水稻 —— 分蘖初期和幼穗分化期。

2. 作物营养最大效率期

作物生长发育过程中一个养分需求量很大、施肥增产效率最好的时期。大多数作物的营养最大效率期在生殖生长期，水稻、小麦在拔节抽穗期，大豆、油菜在开花期。

3. 作物对矿质营养三要素需求

在作物必需的 13 种矿质元素中，对氮、磷、钾需求量最大，一般称为三要素。同一作物不同生育期的三要素需求量不同。

第四节　作物栽培技术措施

一、作物栽培制度

作物栽培制度是指一个地区或一个生产单位种植作物构成、配置、熟制和种植方式的总称。其内容包括作物布局、轮作（连作）、间作、套作、复种等。

（一）作物布局

作物布局是指一个地区或一个生产单位（或农户）种植作物的种类及其种植地点配置。换言之，作物布局要解决的问题是，在一定的区域或农田上种什么和种在什么地方。主要是粮食作物、经济作物、饲料绿肥作物等。

1. 作物布局的因素

（1）作物的生态适应性。

（2）农产品的社会需求及价格因素。

（3）社会发展水平。

2. 作物布局的基本原则

（1）坚持以市场为导向，立足本地市场，面向全国，考虑国际，适应内外贸易发展的需要，满足社会需求。

（2）坚持发挥区域比较优势，因地制宜发挥资源、经济、市场技术等方面的区域优势，发展本地优势农产品。

（3）坚持提高农业综合生产能力，严格保持耕地、林地、草地和水资源，保护生态环境，实行可持续发展。

（二）作物轮作和连作

1. 轮作、连作的概念

轮作是在同一块田地上有顺序地轮换种植不同作物的种植方式。如一年一熟条件下的大豆—小麦—玉米 3 年轮作；在一年多熟条件下，轮作由不同复种方式组成，称为复种轮作，如（油菜—水稻）—（绿肥—水稻）—小麦／棉花 3 年轮作。

连作（重茬）是在同一田地上连年种植相同作物或采用同一复种方式的种植方式，前者称为连作，后者称为复种连作。

2. 轮作的作用

（1）均衡利用土壤养分。

（2）减轻作物的病虫危害。

（3）减少田间杂草危害。

（4）改善土壤理化性状。

3. 连作的危害及防治连作的技术

（1）连作的危害

①导致某种土壤传染的病虫害严重发生；

②伴生性和寄生性杂草孳生，难以防治；

③土壤理化性质恶化，肥料利用率下降；

④过多消耗土壤中某些易缺营养元素；

⑤土壤积累更多的有毒物，引起自我毒害的作用。

（2）防治连作的技术

①选择耐连作的作物品种。

②采用先进的栽培技术。

烧田熏土，杀死土壤传播病原菌、虫卵及杂草种子，新型高效低毒农药、除草剂使用，有机和无机肥料的配合使用，合理的水分管理冲洗有毒物质。

（三）作物的间混套作及复种

1. 作物的间、套混作

间、套混作指的是两种或两种以上作物复合种植在耕地上的方式。与这种种植方式有关的种植方式还有单作、立体种植和立体种养。

（1）单作也称为清种，是在同一块田地上只种植一种作物的种植方式。

（2）混作也称为混种，是把两种或两种以上作物，不分行或同行混合在一起种植的种植方式。

（3）间作是指在一个生长季内，在同一块田地上分行或分带间隔种植两种或两种以上作物的种植方式。

（4）套作也称套种、率种，是在前季作物生长后期在其行间播种或移栽后季作物的种植方式。

（5）立体种植是指在同一农田上，两种或两种以上的作物（包括木本）从平面上、时间上多层次利用空间的种植方式。实际上立体种植是间、混、套作的总称。

2. 复种

复种是指在同一块地上一年内接连种植两季或两季以上作物的种植方式。主要复种方式有两年三熟、一年两熟、一年三熟三种。同一块田地，一年内接收两季作物，称为一年两熟，如冬小麦—夏玉米；

秋收三季作物，称为一年三熟，如小麦—早稻—晚稻；两年内种收三季作物，称为两年三熟，如春玉米—冬小麦—夏甘薯。

（1）复种指数

复种指数 = 全田作物播种总面积／耕地面积×100%，复种指数的高低实际上表示的是耕地利用程度的高低。复种程度的另一表示方式是熟制，它表示以年为单位的种植次数，如一年两熟等。播种面积大于耕地面积的熟制，统称为多熟制。复种指数小于 100% 时，表明耕地有休闲或撂荒现象。休闲是指耕地在一定时间内不耕不种或只耕不种的方式，可分为全年休闲和季节休闲两种。撂荒是指耕地连续两年以上不耕种的方式。休闲和撂荒具有积蓄养分和恢复地力的作用。

（2）复种的条件

①热量条件

热量条件是决定一个地区能否复种的首要条件，只有满足各茬作物对热量的需求，才能实行复种和提高复种指数。热量条件常用年平均温度、积温和无霜期长短作为确定复种的热量指标。

年均气温法：8℃以下为一年一熟区，8～12℃为两年三熟或套作两熟区，12～16℃可以一年两熟，16～18℃可以一年三熟。

积温法：大于等于10℃积温低于3600℃为一年一熟，3600～5000℃可以一年两熟，5000℃以上可以一年三熟。

无霜期法：150d 以下只能一年一熟，150～250 d 可以一年两熟，250 d 以上可以一年三熟。

②水分条件

在热量条件满足的地区，能否复种还受水分条件的限制。包括降雨量、降雨季节和灌溉水。从降雨量看，年降雨量 400～50 mm 为半干旱区，一年一熟；600 mm 左右的地区，热量较高，可以一年两熟；秦岭淮河以南、长江以北地区 800 mm，以稻麦两熟为主；大于 1000 mm，则可满足双季稻和三熟要求。降雨的季节性分布也有影响，降雨过分集中，旱季时间过长，不利于复种。

③肥力条件

土壤肥力高有利于复种，只有增施肥料才能满足复种对养分的需求，达到复种高产。

④劳畜力、机械化条件

复种种植次数多，用工量增大，前作收获后作播种，时间紧迫，农活集中，对劳畜力和机械化条件要求高。

（3）复种的技术

复种是一种时间集约、空间集约、投入集约、技术集约的高度集约经营型农业，只有因地制宜地运用栽培技术，才能达到复种高效的目的。

（4）间、套作的技术要点

①选择适宜的作物和品种。

②建立合理的田间配置：田间配置主要包括密度、行比、幅宽、间距、行向等。

二、播种与育苗移栽

（一）播种

1. 播种期的确定

（1）依据种子发芽出苗和幼苗生长的最低温度划分：5 cm 地温稳定通过（粳稻10℃，籼稻12℃，玉米12℃，棉花14℃）。

（2）依据作物品种的感温、感光特性划分：①强春性小麦和油菜品种，适当迟播；②强冬性小麦品种，早播。

（3）依据种植制度前茬收获时间。

（4）依据作物生长发育的安全性：小麦、油菜安全越冬。避开虫害、风灾等。

2. 播种量的确定

（1）一般规则

基本苗数 × 千粒重（g）。

$$播种量（kg/hm^2）= 发芽率（\%）× 种子净度（\%）× 出苗率（\%）×10^6$$

（2）灵活原则

考虑气候变化、土壤水分和播种方法。

3. 播种方式的确定

（1）播种深度

大粒种、土质疏松、土壤水分少、温度高，适当深播；反之适当浅播。小麦、玉米、大豆播深3～4 cm，水稻、油菜、烟草播于表土。

（2）播种方式

作物种子在单位面积上的分布状况，也即株行配置。生产上因作物生物学特性及栽培制度不同，分别采用不同的播种方式，即：撒播：水稻、油菜育苗；条播：小麦、牧草（确定行距）；点播：大豆、玉米、马铃薯（确定行、株距）；精量播种：是点播的发展。

（二）育苗移栽

1. 育苗移栽的意义

集中管理培育壮苗；确保大田种植密度；减少种子及管理成本；缓和季节矛盾、拓展生育期。

2. 育苗方式

（1）露地育苗

在自然温度满足作物幼苗生长条件下不加覆盖材料采用的育苗方式。这种育苗方法简单、管理方便、省工节本。

生产上有多种实践应用：湿润育秧和旱育苗。

（2）设施育苗

采用某种覆盖物或调节温湿度和光照的设施进行育苗的方式。可概括为保温育苗和增温育苗（温室育苗）两类。

3. 移栽技术

苗床培育的壮苗按照栽培目标的密度配置行株距栽入大田。

（1）移栽期的确定

根据移栽后易活棵数确定移栽苗龄；根据前茬收获期或与前茬共生期确定移栽时间。

（2）移栽方法

移栽时要施好安家肥；带土移栽有利于缩短缓苗期；水稻小苗抛栽，或机械插秧；移栽时浇大水促活棵；分苗类移栽促进平衡发苗。

三、地膜覆盖栽培

（一）概念

地膜覆盖栽培是指采用透明的塑料薄膜（超薄型）覆盖农作物地面的保护地栽培。这是一项最先由日本引入国内的新材料应用技术，应用范围由蔬菜到棉花、花生、玉米、果树等。

（二）地膜覆盖对农田生态的直接效应

提高覆盖保护地的膜下土壤温度，稳定覆盖保护地浅土层的土壤湿度，促进耕作层土壤微生物活动，改善土壤结构性状，加速土壤可利用养分的转化，防止盐碱地土壤返盐碱，改善近地光照条件（地膜反光作用），除草膜覆盖杀死杂草。

（三）地膜覆盖对作物生产的作用

提高了作物的出苗率；促进了近地表土层内根系的生长和生理功能；加快了作物苗期的地上部生长速度，增长了叶面积，提高了光合效率；加快了作物生育进程，促进早熟。

（四）地膜覆盖栽培的技术要点

（1）覆盖地膜的农田要平整，施足基肥，土壤含水量适宜；

（2）覆盖地膜时应压严膜边；

（3）幼苗出土后及时放苗并用细土封口，提高保温、保湿效果；

（4）需要适当抑制开花前作物的营养生长势；

（5）非除草膜覆盖须配套除草措施；

（6）做好地膜覆盖田的地膜回收工作，避免污染。

四、土壤施肥及整地技术

（一）施肥

1. 外源矿质元素对作物营养的一般规律

（1）养分平衡与最少养分规律

最少养分规律：作物获取外源矿质时，如果其中某种元素供应不足，即使其他元素供应十分充足，仍限制作物生长的现象。增加该元素供应量即可改善作物生长。生产上表现为缺素症。

（2）养分互作与最少养分规律

养分的协同作用：对作物施用两种或两种以上矿质元素时，作物反应的同施效应超过单施效应之和的现象。

养分的拮抗作用：对作物施用两种或两种以上矿质元素时，作物反应的同施效应小于单施效应之和的现象。

（3）报酬递减规律

对作物经济产量而言，在配合施用一定的肥料量范围内，单位施肥量所生产的作物产量随施肥量增加而增加；但当施肥量超过一定量后，单位施肥量所生产的作物产量逐步下降甚至严重下降的现象（施肥不是越多越好）。

2. 施肥量的确定

作物产量目标是确定施肥量的本质依据。作物体摄取的矿质营养来自两个方面：

一是作物体生长所处的介质环境（如土壤、水、空气）中贮存的营养元素量，二是作物生长期间由人工增施的营养元素量。作物体对土壤营养元素量和人工施肥元素量的利用只是一部分。

3. 肥料运筹与施肥方法

依据土壤质地和土壤肥力实施测土配方施肥，依据作物不同生育时期对肥料元素的需求量按培育壮苗目标与植株营养诊断相结合确定施肥配方和施肥量。

根际土壤（营养液）施肥是作物施肥的主要途径。

（1）基肥

在播种或移栽时施入土壤的肥料称基肥。常采用全层分施或面施、撒施或条施（深施），有机肥与无机肥相结合，复合肥料元素，缓效肥为主、速效肥为铺。

（2）追肥

作物生长期间施用的肥料称为追肥。常采用撒施或条施，复合肥料与单素肥料相结合，以速效肥为主。

（3）叶面施肥

又称根外追肥，是土壤追肥的补充方式。叶面追肥仅适用于追施低浓度速效化肥。

（二）灌溉与排水

1. 合理灌溉

灌溉是补充作物生长期间利用天然降水不足部分的需水量的方式，一般应看天看地看苗的实际需要实施灌溉制度。

2. 灌溉方法

（1）地面灌溉指灌溉水在田面流动或蓄存过程中，借重力和毛细管作用湿润土壤或渗入土壤的灌水方式。

优点：能源消耗少、设备少、技术简单、传统灌溉方法；缺点：耗水量大、湿润土壤不均、水资源利用效率低。

（2）地下灌溉是指在作物根系吸水层下面供水，借助毛细管作用自下而上湿润土壤的方法。

优点：灌水利用效率高，不破坏土壤结构，减少表土蒸发和径流损失，便于田间其他作业；缺点：投资大，设备检修困难，表土湿润不均。

（3）喷灌是指利用动力设备和管道系统施以压力，将水输送到喷头，把有压力的水喷射至空中，以降水方式灌溉。

优点：可控制灌水强度，省水、省工，不破坏土壤结构，调节地面小气候，不造成水土肥的流失；缺点：投资大、动力消耗大。

（4）微灌是指利用流动式或低压管道系统把水或肥料溶液经过管道末端的滴口均匀缓慢地注入根际土壤的方式。

优点：现代先进灌水方式，节水、省工、无污染，不提高地下水位；缺点：一次性投资大，滴口易塞。

3. 节水农业技术

旱地农区的节水措施：加强农田基本建设；实施水土保持耕作；综合利用节水灌溉工程技术和农业节水技术。

（1）选用抗旱节水作物品种。

（2）采用水肥耦合技术（以肥调节、以水调肥）。

（3）覆盖保墒技术（塑膜、秸秆等）。

（4）耕作保墒技术。

（5）化学保水技术（保水剂、抑蒸抗旱剂、复合包衣剂等）。

4. 排水

排水是在农田土壤含水量过高或积水情况下排除多余水分的措施。

五、病虫草害防治技术

（一）病害防治

1. 病害概念

病害是作物受到病原物侵袭，造成形态、生理和组织结构上病变，并影响正常生长发育，甚至局部坏死或全部死亡的现象。

根据引发病害的性质分为：非传染性病害，由不良物理或化学因素诱发；传染性病害，由生物病原物诱发。

2. 作物病害的防治

对危险性病害、局部性病害和人为传播的病害实行植物检疫；选育选用抗病品种；贯彻"预防为主、综合防治"的方针。包括物理防治、生物防治、化学防治和农业防治。

（二）虫害防治

植物检疫；选育、选用抗虫、耐虫作物品种；贯彻"预防为主、综合防治"方针；虫害的防治立足于害虫的预测预报，把握防治适期。

（三）草害防治

1. 杂草的危害

杂草一般是指农田中非意识栽培的植物。杂草的危害主要有：与栽培作物争肥、争水、争光、争空间；成为作物病害、虫害的中间寄生；降低作物的产量和质量，如稗草；除草增加用工和成本；影响人畜健康，如毒麦；影响农田水利设施安全。

2. 杂草的种类

一年生杂草和多年生杂草（以生物学习性分）；单子叶杂草和双子叶杂草（以植物学形态分）；窄叶杂草和阔叶杂草。

3. 杂草的生物学特性

结实多，落粒性强；传播方式多样；种子寿命长，在田间存留时间长；发芽出苗期不一致，从作物播种前到作物成熟后，都有杂草种子发芽出苗；适应性强，可塑性强，抗逆性也强；拟态性，与作物伴生，如稗草与水稻。

4. 杂草的防治

①健全杂草检疫制度；②农业防治；③生物防治；④化学防治。

六、作物化学调控技术

（一）植物生长调节剂的概念、种类

植物生长调节剂的概念：指那些从外部施加给植物，在低浓度下引起生长发育发生变化的人工合成或人工提取的化合物。

1. 植物激素类型

（1）生长素类

促进细胞增大伸长，促进植物的生长。

（2）赤霉素类

促进细胞分裂和伸长，刺激植物生长；打破休眠，促进萌发；促进坐果，诱导无籽果实；促进开花。

（3）脱落酸

抑制细胞分裂和伸长，促进离层形成；促进衰老和成熟；促进气孔关闭，提高抗旱性。

（4）细胞分裂素类

促进细胞分裂和增大；减少叶绿素的分解，抑制衰老，保鲜；诱导花芽分化；打破顶端优势，促进侧芽生长。

（5）乙烯类

促进果实成熟；抑制生长；促进衰老。

2. 植物生长延缓剂

矮壮素、多效唑、比久（B9）、缩节胺。

抑制植物体内赤霉素的合成，延缓植物的伸长生长。

三十烷醇、油菜素内酯等。

（二）植物生长调节剂在作物上的应用

打破休眠，促进发芽；增蘖促根，培育矮壮苗；促进籽粒灌浆，增加粒数和提高粒重；控制徒长，降高防倒；防治落花落果，促进结实；促进成熟。

（三）作物的智能栽培

1. 作物智能栽培的发展

计算机和信息技术为作物栽培管理提供了新方法和手段。运用农业信息技术，建立动态的计算机模拟模型和管理决策系统，实现作物生产管理的定量决策。作物智能栽培是将系统分析原理和信息技术应用于作物栽培的研究与实践。

2. 基于 3S 的作物空间信息系统

遥感；地理信息系统；全球定位系统。

第二章

小麦与谷子栽培技术

第一节　小麦生产技术

一、播前准备

（一）种子准备

1. 精选良种

良种是保证小麦高产稳产的基础。各地应因地、因时制宜，合理品种布局，高优并重，选择综合抗逆性好的良种，发挥其良种的抗旱耐寒、节水抗逆、高产稳产潜力，同时做到良种良法配套，切忌一味求新、频繁更换品种。如山西省中部麦区应选择冬性、强冬性品种，南部应选择冬性、半冬性品种。

（1）南部中熟冬麦区水地

可种植临汾 8050、舜麦 1718、烟农 19、晋麦 84、济麦 22 等。

①临汾 8050

由山西省农业科学院小麦研究所育成。该品种冬性，中熟。株高 75cm 左右，叶片直立，株型紧凑。长方穗，白粒，角质，千粒重 44g 左右；分蘖强，成穗率高；抗倒，抗干热风，灌浆快，落黄好。每 667m² 产量水平：500kg 左右。

②舜麦 1718

由山西省农业科学院棉花研究所育成。该品种冬性，中熟。株高 75cm 左右，秆强抗倒，分蘖成穗率较高。千粒重 42g，籽粒白色，品质较好。发育前慢、中稳、后快，抗冻、抗病性较好。每 667m² 产量水平：400～600kg。

③烟农 19

由山东省烟台市农业科学院育成。该品种冬性，中熟。叶片上冲，株型紧凑，株高 75～80cm，分蘖力强，成穗率中等，每 667m² 穗数为 40 万～45 万，穗粒数 34 粒左右，千粒重 36g 左右，白粒，硬质，饱满；品质达优质强筋标准。每 667m² 产量水平：400～500kg。

④晋麦 84

由山西省农业科学院棉花研究所育成。该品种冬性，分蘖成穗率较高，株高 75cm 左右，秆强抗倒。每 667m² 穗数为 40 万左右，穗粒数 35～40 粒，千粒重达 50g 以上，籽粒硬质，饱满。每 667m² 产量水平：400～600kg。

⑤济麦 22

由山东省农业科学院作物研究所育成。该品种半冬性，中晚熟。株高 72cm 左右，株型紧凑，抗倒伏。分蘖强，成穗率高，每 667m² 穗数为 42 万左右；长方穗，穗粒数 36 粒左右，白粒，硬质，饱满，千粒重 43 克左右；中抗白粉病。每 667m² 产量水平：400～600kg。

（2）南部中熟冬麦区旱地

可种植临丰 3 号、运旱 20410、运旱 21-30、晋麦 79、长 6359 等。

①临丰 3 号（临旱 536）

由山西省农业科学院小麦研究所育成。该品种冬性，中早熟。分蘖力强，成穗率较高，株高 75～80cm；长方穗，穗粒数 35 粒左右；籽粒白色，角质，千粒重 40～50g；抗冻、耐旱、抗干热风，落黄好，品质达优质强筋标准。每 667m² 产量水平：250～400kg。

②运旱 20410

由山西省农业科学院棉花研究所育成。该品种冬性，中早熟。株高 80～85cm，叶片直立转披型，株型紧凑，分蘖力强，成穗率高。籽粒白色，角质，千粒重 42g 左右，叶功能期较长，抗旱性强，灌浆快，落黄好。品质达优质强筋标准。每 667m² 产量水平：250～400kg。

③运旱 21-30

由山西省农业科学院棉花研究所育成。该品种冬性，中早熟。分蘖力强，成穗率高，穗层整齐，株型紧凑，株高 80 ～ 85cm，秆质好，较抗倒伏。抗旱、抗青干，灌浆快，落黄好。穗粒数 28 ～ 35 粒，籽粒白色，角质，饱满，千粒重 40 ～ 45g。每 667m² 产量水平：250 ～ 400kg。

④晋麦 79

由山西省农业科学院小麦研究所育成。该品种冬性，中早熟。苗期长势强，株高 70cm 左右，株型紧凑，穗层整齐。长方穗，白粒，角质，饱满度较好，每 667m² 穗数 35 万左右，穗粒数 27 粒左右，千粒重 38g 左右。抗旱，抗冻，较抗倒伏。每 667m² 产量水平：250 ～ 400kg。

⑤长 6359

由山西省农业科学院谷子研究所育成。该品种冬性，中熟。株高 75cm 左右，较抗倒伏，分蘖强，成穗多；穗粒数 35 粒左右，千粒重 45 ～ 50g；抗旱节水，灌浆落黄好；籽粒白色，角质，饱满，商品性好。每 667m² 产量水平：300 ～ 450kg。

（3）中部晚熟冬麦区水地

可种植长 4738、太 5902、中麦 175 等。

①长 4738 由山西省农业科学院谷子研究所育成。

该品种冬性，中熟。株高 75cm 左右，较抗倒伏；产量三要素协调居高，每 667m² 穗数 45 万左右，穗粒数 35 粒左右，千粒重 45g 左右；灌浆落黄好，白粒，角质，饱满，商品性好。每 667m² 产量水平：400 ～ 600 kg。

②太 5902 由山西省农业科学院作物研究所育成。

该品种强冬性，中熟。分蘖强，成穗率高，穗数每 667m² 40 万～ 50 万。

株高 70cm 左右，抗倒性较强。叶功能期长，灌浆落黄好。籽粒白色，硬质，千粒重 40g 左右，对条锈免疫。每 667m² 产量水平：500kg 左右。

③中麦 175 由中国农业科学院作物科学研究所育成。

该品种冬性，中早熟。株高 80cm 左右，灌浆快，落黄好。产量三要素协调，每 667m² 穗数 50 万左右，穗粒数 28 ～ 34 粒，千粒重 40 ～ 42g，籽粒白色，饱满。抗倒、抗冻、高抗条锈，中抗白粉。每 667m² 产量水平：500kg 左右。

（4）中部晚熟冬麦区旱地

可种植长 6878、长麦 6135、晋麦 76（泽麦 2 号）等。

①长 6878

由山西省农业科学院谷子研究所育成。该品种冬性，中熟。分蘖强，成穗多；株高 85cm 左右，穗层整齐，灌浆快，落黄好。抗旱、抗冻、抗病，籽粒红色，角质，千粒重 40g 左右，品质达优质中筋标准。每 667m² 产量水平：250 ～ 400kg。

②长麦 6135

由山西省农业科学院谷子研究所育成。该品种冬性，中早熟。分蘖力强，成穗率高，长方穗，穗层整齐，株高80cm左右，秆强抗倒。抗冬、春冻，抗旱节水，对条锈免疫。籽粒白色，饱满，水旱兼用。每667m²产量水平：300～400kg。

③晋麦76（泽麦2号）

由山西省泽州县农作物原种场和晋城市玉农种业有限公司育成。该品种冬性，早熟。分蘖力较强，成穗率较高，株高90cm左右。穗粒数40粒。抗旱、抗倒性较强，后期灌浆快，落黄好。籽粒白色、硬质，千粒重40.5g。品质好。每667m²产量水平：300kg左右。

2. 种子的处理

小麦播种前一般要经过精选种子、晒种、药剂拌种、种子消毒等多种形式，目的是使种子播种后发芽迅速，出苗率高，苗全苗壮。为了提高播种质量，选好的种子要做发芽试验，种子发芽率应高于85%。凡低于80%的种子，一般不做种用。

（1）精选种子

通过风选、筛选、水选，除去秕粒、碎粒、草籽和泥沙等杂物，选出大而饱满的种子。

①风选适用于中小粒种子，利用风、簸箕或簸扬机净种。少量种子可用簸箕扬去杂物。②筛选用不同大小孔径的筛子，将大于或小于种子的夹杂物除去，再用其他方法将与种子大小等同的杂物除去。筛选除了可以清除一部分杂质外，还可以用不同筛孔的筛子把不同大小的种粒分级。由于种子的大小不同，种子的发芽出苗能力不同，幼苗的生长势也不同。种子分级播种，即把大小一致的种子分别播种，可保证小麦的幼苗发芽出苗整齐，生长势一致，便于管理。③水选适用于大而重的种子，利用水的浮力，使杂物及空瘪种子漂出，饱满的种子留于下面。水选一般用盐水或黄泥水，其比重为1.1～1.25g/cm³，把漂浮在上面的瘪粒和杂质捞出。水选后可进行浸种。水选后的种子不能曝晒，要阴干，同时，水选的时间不宜过长。

（2）种子处理

①晒种

选择晴好的天气，把小麦良种平铺在席子或土地上（不能摊晒在柏油马路上），在阳光下翻晒2～3d，平铺的厚度2～3cm。一般在播种前一周左右进行。晒种利用了太阳热能，可促进种子呼吸，增强种皮透性，以提高发芽率和发芽势。

②拌种

a. 用种子重量0.5%的高分子吸水剂，溶于每克制剂30g的清水拌种；b. 用种子重量0.4%的抗旱剂1号，溶于种子重量10%的清水拌种；c. 先将种子用清水湿润，再加入增产菌每667m²125g，或加入固氮菌每667m²500g拌种，随拌随用；d. 用1605乳油500g，加水50kg，拌种500kg，拌后闷种4～6h即可播种。拌种对于小麦抗旱和固氮能力都有一定作用。

③种子发芽

试验一般方法是随机数出 100 粒小麦种子，均匀摆放在垫有吸水滤纸的培养皿中，加入适量的水湿润滤纸，盖好种子放入恒温培养箱中，发芽温度 25℃左右。第 5 天计算发芽势，第 7 天计算发芽率。良种的发芽率应达 85% 以上，若低于 80%，则不能做种用。

(二) 土壤准备

小麦对土壤的适应性极强，不论在沙土、壤土或黏土地上都可种植。但是，有机质丰富、结构良好、养分充足、通透性能好的土壤，是小麦高产、稳产、优质的基础。耕作整地是改善麦田土壤条件的基本措施之一。

1. 合理轮作倒茬，用地养地相结合

小麦播种面积大且肥力差的地区采用"一麦一肥"（复种或套种）或"两粮（小麦、玉米）一肥"的轮作方式；一般地区采用与豆科作物间、套作或轮作的方式，也可采用单纯种植豆科牧草的方式，一方面可以养地，另一方面可以发展畜牧业。

2. 整地

高产小麦对播前整地的质量要求比较高。据山西省各地麦区高产田整地经验，整地标准可概括为"耕层深厚，土碎地平，松紧适度，上虚下实"16 字标准。具体讲，麦田整地包括深耕和播前整地。整地质量要求：深度适宜；表层无残留根茬；耕透耙透，不漏耕漏耙；耕翻时适墒耙地、不晾垡，使表土松软，无明暗坷垃；上虚下实，内无架空暗垡；耕层深浅一致，上下平整，地面坡度不超过 0.3%。一般深耕 20cm 以上。大型拖拉机带茬耕作，耕深 25cm 以上。

麦田的前茬不同，整地重点不同。

（1）早秋茬地

对早秋茬地，由于收获后距离播麦时间较长，可以进行两次耕地。第一次在前茬收获后，先浇底墒水，再进行深耕；第二次在播种前浅耕，然后精细整地。

（2）棉茬地

棉花茬常因拔柴较晚而影响小麦的适时播种。生产上为了早播小麦，常采用提前浇水，拔柴后抓紧时间施足底肥，整地种麦。浇水时间一般以拔柴前 15d 左右为宜。

（3）晒旱地

在前茬收获后，立即灭茬，以扩大保墒面积。灭茬后，要求在雨季来临之前粗耕一遍，接纳雨水。立秋前耕地保墒，减少蒸发。做到有蓄有保，把伏雨最大限度地积蓄起来。

（三）肥料准备

1. 小麦对肥料的需求

小麦施肥原则是以底肥、农家肥为主，追肥、化肥为辅，氮、磷、钾配合施用，三者比例约为 3：1：3，但随着产量水平的提高，氮的相对吸收量减少，钾的相对吸收量增加，磷的相对吸收量稳定。起身期以前麦苗较小，氮、磷、钾吸收量较少，起身以后，植株长势迅速，养分需求量急剧增加，拔节至孕穗期小麦对氮、磷、钾的吸收达到一生的高峰期。

2. 底肥

底肥用量一般占总施肥量的 60%～80%。主要是农家肥，现在都是秸秆还田。对于旱薄地，要增加底肥用量，以充分发挥肥料的增产效益。一般有机肥、磷肥、钾肥、50% 的氮肥做底肥。有机肥随深耕施入土壤，化肥质量要符合国家相关标准的规定。

3. 种肥

小麦播种时用少量速效化肥与种子混匀同时播下，或把肥料单独施在播种沟中，使肥料靠近种子，以便幼苗生长初期吸收利用，对培养壮苗有显著作用，这种肥料称为种肥。种肥应以氮肥为主。常用的种肥有尿素、硫酸铵、硝酸铵。

（1）施底肥

播种前每 667m² 施用腐熟的有机肥 2000～3000kg，纯氮 8～10kg，磷（P_2O_5）6～8kg，钾（K_2O）3～5kg 做底肥。中等肥力麦田底施氮肥量占小麦全生育期氮肥施用总量的 2/3，高肥力麦田底施氮肥量占小麦全生育期氮肥施用总量的 1/2。

（2）施种肥

尿素含有缩二脲，做种肥时应控制用量，每 667m² 以 1.5～2.5kg 为宜，最好单独施入播种沟中。硫酸铵做种肥较为安全，每 667m² 用量以 5kg 为宜。施用种肥与麦种混播时，应干拌、混匀，随混随播。硝酸铵也可做种肥，其用量和注意事项与硫酸铵相近。

（四）播前灌水

小麦是需水较多的作物，播种时土壤耕层水分应保持在田间持水量的 75%～80%。如果低于此指标，就应浇好底墒水，以便足墒下种。

浇灌底墒水通常有四种方式：

1. 送老水

秋庄稼收获前浇水俗称老水，老水有利于前茬农作物的籽粒成熟，又给小麦准备了底墒。浇送老水要注意浇水时间和浇水量，既不能影响秋季作物的正常成熟和收获，也不能影响小麦的整地和播种。

2. 浇茬水

在缺墒不严重、水源又不太足时，可在前茬作物收获后、翻地前浇好茬水，这样省水省时。

3. 塌墒水

在缺水严重、水源和时间都充足的情况下，可在犁地后浇好塌墒水，这种方式用水量大，贮水充足，对实现全苗和壮苗作用大，增产效果显著。

4. 蒙头水

在小麦适宜播期刚过，而土壤又非常干旱的情况下，只能先播种后浇水，这叫蒙头水。这种方式易造成地表板结，通透性差，不利于苗齐、苗匀，应尽量避免。

总之，播前准备应达到深、细、透、平、实、足。深即深耕25cm以上，打破犁底层；细即适时耙地，耙碎明暗坷垃；平即耕地前粗平，耕后复平；实即上松下实，不漏耕漏耙，无加空暗垄；足即底墒充足，黏壤耕层土壤含水量应在20%以上、壤土18%以上、沙土16%以上，占田间持水量的70%～80%，确保一播全苗。

二、播种技术

（一）播种机具

小麦播种机是通过播种机械系统将小麦种子种植在土地中的一种机械设备。

目前小麦播种机主要是由12～18马力*拖拉机配套带动实行播种，并有施肥机械。小麦播种机适用于平原和丘陵地区小麦的施肥和播种。具有通用性能良好，适应范围广，播种均匀等特点。

小麦播种机根据客户需求，主要有12行、14行、16行、18行、24行、36行机械。

（二）播种时期

播种时期通常由当地气温来确定。冬小麦适宜的播种温度以冬性品种16～18℃，半冬性品种14～16℃，春性品种12～14℃为宜。旱地和冬性品种适当早播；半冬性品种适当晚播。现以山西省小麦种植为例介绍相关技术内容。

1. 南部麦区旱地适播期为9月25～30日。

2. 中部晚熟麦区旱地适播期为9月20～25日，越冬期叶龄达5.0～6.0，每667m² 总茎蘖数以80万～90万为宜，既要避免早播冬前旺长，水肥消耗过多，使小麦抗冻性降低，春季弱苗，又要避免播种过晚群体小，遇冬春阶段性干旱，群体偏小影响产量。

3. 南部水地适播期为 10 月 5 ～ 10 日，中部晚熟品种适播期为 10 月 1 ～ 5 日，越冬期叶龄在 4.5 ～ 5.5 片，每 667m² 总茎蘖数在 60 万～ 80 万为宜。

（三）播种方法

小麦的播种量和播种方式决定了小麦的合理密植问题。

1. 确定播种量

常采用"四定法"。

（1）以田定产

即根据地力、水肥条件和技术水平等，定出经过努力可以达到的产量指标。

（2）以产定穗

即根据产量指标和品种特性等，定出每单位面积所需穗数。

（3）以穗定苗

即根据每单位面积所需穗数和单株可能达到的成穗数等，定出适宜的基本苗数。

（4）以苗定播种量

即根据每单位面积需要的基本苗数，计算出适宜的播种量。

2. 播种方式

小麦播种方式很多，如条播、点播、撒播，还有宽窄行条播、地膜覆播等。采用何种方式播种，要根据产量水平、地力条件和生产条件来确定。

为保证下种均匀，可采用播种机或机播耧进行播种，也可采用重耧播种的方法，即把种子分作两次播种，有克服缺苗断垄和加宽播幅的效果。

3. 提高播种质量

对播种质量的要求是行直垄正，沟直底平，下籽均匀，播量准确，深浅适宜，播后镇压，不漏播，不重播。

（1）选用包衣种子

广大农民要合理选用小麦包衣良种或用种衣剂进行种子包衣，预防苗期病虫害。包衣种子对小麦出苗有影响，播种量应适当加大 10% ～ 15%。

（2）足墒播种

小麦出苗的适宜土壤湿度为田间持水量的 70% ～ 80%。秋种时若墒情适宜，要在秋作物收获后及时耕翻，并整地播种；墒情不足的地块，要及时灌水造墒播种。造墒时，每 667m² 灌水量为 40m³。

（3）适期播种

小麦越冬壮苗标准是：越冬前要达到 6 ～ 7 片叶、5 ～ 8 个蘖、8 ～ 10 条次生根，570 ～ 650℃有效积温。一般小麦播种适期为 10 月 8 ～ 12 日，防止播种偏晚遭遇极端天气或越冬偏早时，影响小麦正常生长。

（4）适量播种

小麦的适宜播量因品种、播期、地力水平等条件而异。在适期播种情况下，成穗率高的中穗型品种，精播高产麦田，每 667m² 基本苗 10 万～12 万；半精播中产田每 667m² 基本苗 13 万～16 万；成穗率低的大穗型品种适当增加基本苗，旱作麦田每 667m² 基本苗 12 万～16 万；晚茬麦田每 667m² 基本苗 20 万～30 万。同时，注意不可播种过深，一般播深为 3～5cm，防止过深，影响出苗。

（5）播后镇压

由于旋耕地块整地质量一般较差，小麦播后能否出苗整齐，镇压是影响出苗质量好差的重要措施。选用带镇压装置的小麦播种机械，镇压轮应符合国家标准，在小麦播种时随种随镇压，也可在小麦播种后用镇压器镇压两遍，尤其是对于秸秆还田地块，更要镇压，促进出苗。

三、田间管理

（一）前期管理

时间：北方冬小麦苗期包括年前（出苗至越冬）和年后（返青至起身前）两个阶段。

生育特点：以长叶、长根、长蘖为主的营养生长阶段，时间为 150d 以上。

主攻目标：保证全苗，促苗早发，匀苗。冬前促根增蘖，实现冬前壮苗。安全越冬。

1. 查苗补种

齐苗后垄内 10～15cm 无苗，应及时用同一品种催芽补种。如在分蘖期查苗补苗，可就地疏苗移栽补齐。补种或补栽后均实施肥水偏管。

2. 浇好冬水

一般麦田冬前昼消夜冻时，浇灌冬水，每 667m² 灌水量以 40～50m³。秸秆直接粉碎还田麦田，根据表层土壤墒情酌情提前浇灌冬水。

3. 中耕与镇压

浇水后及时中耕，破除板结，防止裂缝。冬季镇压在分蘖后到土壤结冻前的晴天中午前后进行，对旺长麦苗有抑制生长的作用。土壤过湿时不宜镇压，以免造成板结；盐碱地也不宜镇压，否则，会引起返碱。

4. 禁止麦田放牧

放牧啃青会大量减少绿叶面积，严重影响光合产物的制造和积累，影响分蘖，造成减产，那种"畜嘴有粪，越啃越嫩"的说法，是完全错误的。

（二）中期管理

时间：指起身、拔节到抽穗前。

生育特点：根、茎、叶、蘖等营养器官在此期已全部形成，分蘖由高峰走向两极分化。根、茎、叶等营养器官与小穗、小花等生殖器官分化、生长、建成同时并进时期，是决定成穗率和壮秆大穗的关键时期。生长速度快，对水肥要求十分迫切，反应也很敏感。

主攻目标：协调营养生长与生殖生长的关系，创造合理群体结构，实现秆壮不倒，穗齐穗大，搭好丰产架子。

1. 锄划镇压

早春顶凌浅耙、镇压。小麦返青期前后，及时锄划镇压。

2. 浇水追肥

一般年份在起身拔节期浇春季第一水，抽穗扬花期浇春季第二水。特别干旱年份在扬花后 10 ～ 15d 补浇第三水。每次每 667m² 灌水量 40m³。结合浇春季第一水，将小麦全生育期氮肥施用总量的 1/3 ～ 1/2 一次性追施，中等肥力麦田每 667m² 施纯氮 3 ～ 5kg，每 667m² 高肥力麦田 6 ～ 8kg。

3. 喷施化控剂

对于株高偏高的品种和生长旺、群体大的麦田（每 667m² 总茎数 100 万以上），在起身期前后每 667m² 用 15% 多效唑粉剂 40 ～ 50g，兑水 30 ～ 50kg 叶面喷施。

（4）预防晚霜冻害

4月中下旬，如遇降温天气，应提前采取浇水、喷施叶面肥、生长素等措施，以增加田间湿度，缓和低温变幅，有预防和减轻霜冻危害的效果，若大幅降温务必同时采取烟熏措施。对已受霜害较重的麦苗，不宜毁掉，及早追施速效肥料，结合浇水，仍能促使未被冻死的分蘖或新生分蘖抽穗结实，从而获得一定收成。

（三）后期管理

时间：指从抽穗开花到灌浆成熟的阶段。

生育特点：营养生长结束，以生殖生长为主，生长中心集中到籽粒上。

主攻目标：保持根系活力，延长上部叶片功能期，防止早衰与贪青晚熟，提高光效，促进灌浆，增加粒数，丰产丰收。

1. 合理浇水

进入灌浆以后，根系逐渐衰退，对环境条件适应能力减弱，要求有较平稳的地温和适宜的水、气比例，土壤水分以田间最大持水量的 70% ～ 75% 为宜。但是，山西省大部分地区，常年发生干旱，严重影响光合产物的积累和运转。因此，适时浇好开花、灌浆水，保护和延长上部叶片的功能期，促进植株光合产物向籽粒正常运转。对提高产量有显著作用，而麦黄水还能调节田间小气候，防止或减轻干热风危害。

浇灌浆水的次数、水量应根据土质、墒情、苗情而定，在土壤保水性能好、底墒足、有贪青趋势的麦田，浇一次水或不浇。其他麦田，一般浇一次。每次浇水量不宜过大，水量大，淹水的时间长，会使根系窒息死亡。同时，随着粒重增加，植株重心升高，应当注意速灌速排；防止倒伏。

2. 根外追肥

小麦开花到乳熟期如有脱肥现象，可以用根外追肥的方法予以补充。试验证明，开花后到灌浆初期喷施 1% ～ 2% 的尿素溶液或 2% ～ 3% 的硫酸铵溶液、3% ～ 4% 的过磷酸钙溶液或 500 倍磷酸二氢钾溶液（每 667m² 52 ～ 80kg），有增加粒重的效果。

（四）适时收获

小麦收获适期很短，又正值雨季来临或风、雹等自然灾害的威胁，及时收获可防止小麦断穗落粒、霉变、穗发芽等损失。

1. 掌握适期收获要注意小麦成熟过程中的特征变化

（1）蜡熟初期

植株呈金黄色，多数叶片枯黄，籽粒背面黄白、腹沟黄绿色，胚乳凝蜡状、无白浆，籽粒受压变形，含水量 35% ～ 40%，此期需 1 ～ 2d。

（2）蜡熟中期

植株茎叶全部变黄，下部叶片枯脆，穗下节间已全黄或微绿，籽粒全部变黄，用指甲掐籽粒可见痕迹，含水量 35% 左右，此期需 1 ～ 3d。

（3）蜡熟末期

植株全部变黄，籽粒色泽和形状已接近品种固有特征，较坚硬，含水量为 22% ～ 25%，此期需 1 ～ 3d。

（4）完熟初期

籽粒含水量降至 20% 以下，干物质积累已停止。籽粒缩小，胚乳变硬，茎叶枯黄变脆，收获时易断头落粒。此期收获的优点是有利于收割和脱粒，收获时留茬高度（不高于）15 ～ 20cm。如果不及时收获，籽粒的呼吸消耗和降雨的淋溶作用会使千粒重下降，如遇阴雨，休眠期短的品种，籽粒会在穗上发芽，降低产量与品种。

2. 留种用的小麦一般在完熟初期收获，种子发芽率最高

（1）小麦的收获方法

收获方法分为人工收割和联合收割机收割。采用人工收割，适宜时期是蜡熟中期到蜡熟末期。经过割晒→拾禾→脱粒等工序，在割后至脱粒前有一段时间的铺晒后熟

过程（籽粒仍继续积累干物质）。如采用联合收割机收获时，因在田间一次完成收割、脱粒和清选工序，所以完熟初期是最佳收获时期。

（2）小麦的贮藏

小麦收获脱粒后，应晒干扬净，待种子含水量降至 12.5% 以下时，才能进仓贮藏。通常在日光下暴晒后立即进仓，能促进麦粒的生理后熟，同时还能杀死麦粒中尚未晒死的害虫。

小麦贮藏期间要注意防湿、防热、防虫，经常进行检查，伏天要进行翻晒。少量种子可贮藏在放有生石灰的容器中，加盖封口，使种子长时间处于干燥状态，既防止了虫蛀又能保证发芽力。

第二节　谷子生产技术

一、播前准备

在进行谷子生产之前，有计划地准备好所需品种、肥料、农药、农机具等。肥料分有机肥和化肥，其中人畜粪肥必须腐熟，秸秆杂草必须沤烂，化肥有尿素、复合肥。也须准备除草剂、农药等。农机具有旋耕机、犁、耙、耱，供整地之需；播种机、耧是播种用；镰刀用于收割。

（一）种子准备

1. 良种的选择

（1）选用良种

①生产中所选品种必须是通过国家、省级审定的推广品种。种子质量符合我国现行的良种要求，纯度 ≥ 98%，净度 ≥ 98%，发芽率 ≥ 85%，水分 <13%。②所选品种熟期适宜，根据当地的热量条件、无霜期长短等确定。谷子按照生育期的长短划分为早熟类型生育期少于 110d，中熟类型为 111 ～ 125d，晚熟类型在 125d 以上。③具有较高的丰产性。产量的高低是衡量一个品种好坏的重要标志之一，无论是谷子产量，还是谷草产量都要有很好的丰产性。④具有很好的稳产性。一个产量稳定性较好的品种，一方面在不同的地点、不同的年际间产量波动不大；另一方面说明该品种的适应性广泛。⑤较好的品质。谷子的品质包括营养品质和食味品质。营养品质：主要包括蛋白质、脂肪、淀粉、维生素和矿物质等；食味品质：主要指色泽、气味、食味、硬度等。

谷子脱壳后成为小米,小米的直链淀粉含量、糊化温度和胶稠度三因素决定了谷子的食味品质。而直链淀粉含量与小米饭的柔软性、香味、色泽、光泽有关;糊化温度的高低与蒸煮米饭的时间及用水量呈正比;胶稠度与适口性呈正相关。除此而外,谷子的品种、收获期的早晚以及光、温、水、气、土壤、肥料的变化都会影响食味品质,其中蛋白质、脂肪含量在干旱条件下比水分充足时高,脂肪含量和总淀粉含量随施肥量增加而减少。当前优质小杂粮具有较好的前景,要尽可能选用优质谷子品种。⑥所选品种能抵抗或耐受当地的主要病害,对当地经常发生的自然灾害,如干旱、低温等具有较强的抗逆性。

(2)山西省谷子主要推广品种

①晋谷21

山西省农业科学院经济作物研究所育成。

该品种属中晚熟品种,春播生育期115～120d,华北夏播生育期85～90d。幼苗绿色,主茎高130cm左右,棒状穗形,穗长22～25cm,出谷率80%～83%,出米率70%～80%,白谷黄米,品质极佳,色香味俱佳。该品种抗倒性、抗逆性、抗病性都较强,每667m²产量一般在300kg以上。

栽培要点:播种前拌种,预防白发病,5月中下旬播种,每667m²种植密度2.5万～3万株。旱地因追肥困难,应施足底肥。

适宜区域:适应性广,适宜我国西北谷子春播中熟区及华北夏播区种植。

②晋谷29

山西省农业科学院经济作物研究所选育。

该品种生育期112d左右,属中晚熟品种。幼苗绿色,株高130cm,主穗长20cm,单穗粒重15.5～18.0g,出谷率77.8%,穗长筒形,松紧度适中,白谷黄米,米色鲜黄,粳性,千粒重3g。小米含蛋白质13.39%,脂肪5.04%,赖氨酸0.37%,直链淀粉12.20%,胶稠度144mm,碱硝指数2.5。

栽培要点:5月中下旬春播,每667m²播量1kg左右,留苗2.2万株,中耕3次,谷子钻心虫严重地区应及时防治。

适宜区域:适宜山西省中晚熟区、甘肃、河北、北京等春谷区种植。

③晋谷40

山西省农业科学院经济作物研究所选育。

该品种属中晚熟品种,生育期120d左右。幼苗绿色,单秆不分蘖,平均株高140.6cm;平均穗长20.3cm,穗纺锤形,松紧度中等,短刚毛;单株粒重14.1g左右,白谷黄米,出谷率约80%。抗倒伏、抗白发病、耐旱。小米含粗蛋白质11.97%,粗脂肪5.99%,赖氨酸0.24%,胶稠度123mm,碱硝指数3.4。

栽培要点:忌重茬;拔节前不追肥;在3～5叶期及时间苗;苗期、拔节前后、

农作物栽培与病虫害绿色综合防控技术探索

抽穗开花期及时防治钻心虫；灌浆期注意防鸟害；每667m²留苗2.0万～2.5万株。

适宜区域：山西省谷子中晚熟区及无霜期150d的地区种植。

④晋谷/41

山西省农业科学院作物遗传研究所选育。

该品种太原地区生育期120d。幼苗叶鞘紫色，株高130.9cm，穗长22.0cm，穗重19.6g，穗呈筒形，松紧适中，穗粒重15.9g，出谷率81.1%，千粒重2.77g，绿叶黄谷黄米。该品种抽穗整齐，成穗率高，综合性状表现良好，稳产性好，优质、高产、多抗、抗倒抗病，熟相好，适应性广。蛋白质含量14.5%，脂肪含量4.43%，直链淀粉17.17%，胶稠度117.5mm。超过国家二级优质米标准。

栽培要点：5月上、中旬播种，每667m²留苗2.5万～3万株，底肥一次施足深施，增施硝酸钾40kg，防鸟害。

适宜区域：山西省谷子中晚熟区种植。

⑤晋谷42

山西省农业科学院作物遗传研究所选育。

该品种幼苗绿色，株高140cm，穗长22cm，穗重17.3g，穗呈纺锤形，穗码松紧度适中，穗粒重14.39g，出谷率79.2%，千粒重2.89g，黄谷黄米，米色鲜黄。后期不早衰，绿叶成熟。耐旱抗倒、不秃尖、茎秆粗壮，高抗红叶病、黑穗病、白发病。太原地区生育期120d。蛋白质含量11.93%，脂肪含量4.30%，直链淀粉18.70%，胶稠度117.5mm。超过国家二级优质米标准。

栽培要点：5月上、中旬播种，每667m²留苗2.5万～3万株，底肥一次施足深施，增施硝酸钾40kg，防谷子钻心虫和鸟害。

适宜区域：山西省无霜期150d以上的谷子中晚熟区种植。

⑥晋谷46

山西省农业科学院作物遗传研究所选育而成。

该品种太原地区生育期120d左右。幼苗绿色，无分蘖，生长较整齐，株高中等，主茎高126cm，中秆大穗，穗长21.5cm，穗纺锤形，短刚毛，黄谷黄米，穗粒重21.5g，千粒重2.8g，出谷率84.3%，粗蛋白质含量13.60%，脂肪含量4.96%，直链淀粉19.16%，胶稠度117.5mm。超过国家二级优质米标准。耐旱，后期不早衰，综合农艺性状较好，抗倒性较强，田间有零星红叶病和白发病发生。

栽培要点：5月上、中旬播种，每667m²留苗2.5万～3万株，底肥一次施足深施，增施硝酸钾40kg，防谷子钻心虫和鸟害。

适宜区域：山西省无霜期150d以上的谷子中晚熟区种植。

⑦长农35

山西省农业科学院谷子研究所。

该品种生育期 125d，属春播晚熟种。幼苗、叶鞘绿色，主茎高 155cm，穗长 20.0cm，穗呈棒状，白谷黄米，单穗重 26.5g，单穗粒重 21.9g，千粒重 2.8g，出谷率 82.6%，米色金黄，粗蛋白质含量 13.10%，脂肪含量 3.62%，直链淀粉 14.18%，胶稠度 105mm。超过国家二级优质米标准。该品种较抗谷子白发病、红叶病、黑穗病、谷瘟病。

栽培要点：在长治地区 5 月中旬为适宜播期，每 667m² 播量为 1.5kg，每 667m² 留苗 2.5 万～3 万株。

适宜区域：适宜在无霜期 150d 以上丘陵旱地种植，可在山西省中南部春播或运城、临汾南部复播。

⑧晋谷 50

山西省农业科学院高粱研究所选育。

该品种生育期 126d 左右，属中熟杂交品种。生长整齐一致，生长势中等。根系发达，分蘖力强，抗倒性较好，抗旱性较强，株高 110.7cm，叶片绿色，花药黄色，穗长 25.2cm，穗粗大、棍棒形，穗码松紧度中等，刚毛长度中等，穗粒重 18.0g，千粒重 2.8g，粒饱满，黄谷黄米，米质为粳性。田间未发现明显病虫害。粗蛋白（干基）13.01%，粗脂肪（干基）4.36%，直链淀粉／样品量（干基）16.02%，胶稠度 124mm，碱消指数 5.0。

栽培要点：合理轮作，施足底肥，以农家肥中的羊粪最好，一般在 5 月中、下旬播种，每 667m² 播量 1kg，旱地每 667m² 留苗 1 万～1.5 万株，水肥地每 667m² 留苗 1.5 万株为宜。3～4 片叶时使用专用除草剂喷杀假杂种和杂草。防治鸟害，适时收获。

适宜区域：山西省谷子中熟区。

总之，品种的选用要根据当地的无霜期、土壤肥力、水肥管理、播种季节、病虫害发生情况等决定。

2. 种子处理

"好种出好苗。"播前进行种子处理是重要的增产环节。

（1）晒种

播前进行曝晒，增强胚的生活力，消灭病虫害，提高发芽率。

（2）药剂拌种

播前用 35% 瑞毒霉（甲霜灵）或 40% 拌种双可湿性粉剂拌种，防白发病、黑穗病。

（3）使用包衣种子

促进出苗，提高成苗率，防治苗期病虫害。

（二）土壤准备

1. 谷子生长对土壤的要求

谷子耐瘠，抗旱，能比较经济地利用水分和养分，对土壤要求不严，虽然在其他作物不能很好生长的瘠薄旱坡地上，能正常生长有一定的产量，但高产的谷子仍需要土层深厚，结构良好，富含有机质，质地疏松的中性到微酸性的沙壤土或黏壤土上种植，不宜在低洼地和盐碱地上种植。谷子喜干燥、怕涝。

2. 轮作（倒茬）

谷子最忌连作，农谚"谷上谷，气得哭"，就是指谷子不能重茬，谷子重茬有三大害处：一是病虫害如谷子白发病、黑穗病较多；二是谷莠子增多，草荒严重；三是会大量消耗土壤中的同一元素，造成营养缺乏，形成"竭地"而产量下降。"倒茬如上粪。"轮作倒茬可充分调节土壤中的营养元素，消除或减少病虫害，抑制或消灭杂草，调节土壤肥力。

因此种谷子必须年年调换茬口，"豆茬谷，享大福"，所以豆类、薯类、玉米、小麦是谷子最好的茬口。

3. 土壤耕作整地

"秋天谷田划破皮，赛过春天犁出泥。"秋深耕是谷子保蓄雨雪水的重要措施。春谷多种植在旱地上，谷子播种出苗需要的水分主要来自上一年夏秋降雨的保蓄，山西省冬春降雨雪很少，十年九春旱，所以秋季深耕是保蓄夏秋降雨的最重要措施。春季整地以保墒为主。

（1）秋深耕

前作收获后应灭茬，机械深耕 $25 \sim 30cm$，耕后立即耙、耱，既碎土块，又利于保墒。除此而外，秋深耕可以熟化土壤，改良土壤结构，增强蓄水保墒的能力，使土壤水、肥、气、热等条件得以改善，还可避免因春季耕翻土地造成跑墒。

（2）春季耕

作在秋深耕的基础上，第二年早春进行顶凌耙耱和镇压，防止土壤水分蒸发。据调查，镇压可使 $5 \sim 10cm$ 土层水量增加 3%。土地全部解冻后，进行浅耕，随即耙耱。没有经过秋冬耕作或未施秋肥的田块，土壤全部解冻后，施基肥、浅耕、耙耱一次完成。

（三）肥料准备

1. 谷子对养分的需求特点

谷子是耐瘠作物，但是须满足其生长发育所需养分，才能获得高产。据测定，每生产 100kg 籽粒，约需吸收氮素（N）2.71kg、磷素（P_2O_5）1kg，钾素（K_2O）4kg

左右。从优质、适口性讲最好施农家肥、人粪尿或羊粪。谷子不同的生长发育阶段,对氮、磷、钾三要素的要求不同。

（1）氮

谷子一生中对氮素营养需要量较大。据试验,谷子拔节前生长缓慢,需氮较少,需氮素占一生需氮总量的 4% ～ 6%,拔节后吸氮量增加,孕穗阶段吸氮量最多,为全生育期的 60% ～ 70%。开花期需氮也较多,吸收强度大,吸收量占全生育期的 20% 左右。开花以后吸收能力大为减弱,需氮量仅为全生育期的 2% ～ 6%。籽粒灌浆期所需氮量减少。

（2）磷

磷是谷子生长发育的重要营养元素。谷子一生磷素的吸收因生育阶段不同而不同,一般是前期吸磷量较少,中后期较多,成熟期也较少。小穗分化期,是谷子需磷的高峰期,主要分配在幼穗;抽穗开花、乳熟期,磷素在植株各器官呈均匀状态分布。

（3）钾

谷子对钾素的吸收能力较强,体内含钾量也较高,这是谷子抗旱能力较高的主要原因之一。谷子幼苗期吸钾较少,占全生育期吸收量的 5% 左右,拔节到抽穗前是吸钾的高峰期,约占全生育期吸收量的 60%,抽穗后又逐渐减少。成熟时植株体内钾素含量高于氮、磷。谷子除需氮、磷、钾外,施用锌肥、钼肥、硼肥等均有增产作用。

2. 施肥

（1）施足基肥

谷子多在旱薄地种植,追肥常常受到降雨条件的制约。因此施足基肥是谷子高产的物质基础。基肥以有机肥为主,配施一定量的磷钾肥,在秋深耕时一次性施入。据试验,秋施比春施效果好,可增产 10.7%,秋深耕时肥料翻入底层,有充分的时间腐熟,提高了土壤肥力;二是变春施肥为秋施肥,解决了施肥与跑墒,肥料吸水与谷子需水的矛盾,效果更好。

（2）追肥

根据谷子生长过程的需要进行,一般追施尿素或腐熟的农家肥。

二、播种技术

影响谷子生长发育的环境条件主要有温度、水分、光照、养分。

温度谷子是喜温作物,对热量要求较高。全生育期要求平均气温 20℃ 左右,完成生长发育的有效积温（≥ 10℃ 的平均气温）要求:早熟品种（95 ～ 125d）1900 ～ 2600℃,晚熟品种（125d 以上）2500 ～ 3300℃。

谷子对积温的要求比较稳定,达不到生长发育的要求,会延缓生长发育的速度,使霜前不能成熟。总体来说在不同生育阶段，所需温度要求是两头低、中间高。

水分"旱谷涝豆。"谷子是耐旱作物，耐旱力在拔节前很强，拔节后到抽穗是谷子需水最多的时期，占全生育期的50%～70%，灌浆到成熟需水量减少。谷子一生不同的生长发育时期，对水分的需求与温度一样，两头低、中间高。

光照谷子是喜光作物，光照充足光合效率就高。谷子在苗期、灌浆期喜欢充足的光照，在生产上要注意谷子不耐荫的特性，避免与其他高秆作物间作。

谷子又是短光照作物，日照缩短促进发育，提早抽穗；日照延长延缓发育，抽穗期推迟。一般出苗后5～7d进入光照阶段，在8～10h的短日照条件下，经过10d就可完成光照阶段。谷子不同品种对日照反应不同，一般春播品种较夏播品种反应敏感；红绿苗品种较黄绿苗品种反应敏感。在引种时必须考虑到原品种产地纬度、海拔等影响光照的条件，避免因光照不能满足生育所需而造成减产。

根据谷子的短日照特性，低纬度地区品种引到高纬度地区或低海拔地区的品种引到高海拔地区种植，由于日照延长，气温降低，抽穗期延迟。相反，生长发育加快，生育期缩短，成熟提早。

（一）确定播种期

"早种一把糠，晚种一把米"，说明谷子播种期的选择非常重要。适期播种，是谷子高产稳产的重要措施。确定适宜的播种期，必须根据谷子品种的生长发育特性和当地自然气候规律，使谷子生育期能充分利用自然条件（气温、光照、降水等），使谷子的需水规律与当地的自然降水规律一致。苗期处在干旱少雨季节，利于根系生长；拔节期在雨季来临初期，利于穗分化；孕穗期在雨季中期，防止"胎里旱"；抽穗期在雨季高峰期，防"卡脖旱"，达到穗大花多；开花灌浆期在雨季之后，光照足，昼夜温差大，有利于灌浆，籽粒饱满；成熟期在霜冻之前。

谷子种子发芽的最低温度是6～7℃，以15～25℃发芽最快，所以当田间10cm土层温度达10℃时即可播种。

（二）播种

1. 播种方法

播种方法因耕作制度和播种工具而异，分为耧播、机播。

（1）耧播

主要用于露地种植，耧播下籽均匀，覆土深浅一致，开沟不翻土，跑墒少，在墒情较差时有利于保全苗，省工方便。行距以20～40cm为宜。

（2）机播

适宜在地势较平坦，土地面积较大的地块。机播具有下籽均匀，工效高，出苗齐、匀的特点。机播法可将开沟、施肥、下种、覆土镇压 1 次完成，省工、省时，利于培育壮苗，缩短播期，保证适期质量。

2. 合理密植

（1）谷子的产量构成

谷子单位面积产量的高低，决定于每单位面积穗数、每穗粒数和粒重三个因素的乘积。在产量形成的三因素中，单位面积穗数和每穗粒数起主导作用，粒重比较稳定。谷子少分蘖或分蘖多数不能成穗，单位面积穗数主要由留苗密度决定。这样，每穗粒数就成为决定产量高低的主要因素。

据试验研究，谷子穗粒数是从拔节到抽穗后的 41d 形成的，并且穗粒数和穗粒重的形成是同步的。谷子穗粒数的形成和秕粒的形成有两个关键期，一是抽穗前 8d 到抽穗期，此期是谷子小花分化到花粉母细胞减数分裂时期，环境条件不良直接会影响到花粉粒的形成及其生活力，形成大量秕粒，造成减产；二是抽穗后 20 ~ 34d，此期正是谷子灌浆高峰期，水分、养分供应不足就会影响灌浆，粒重下降。

（2）种植密度

谷子种植密度与品种特性、气候条件、土壤肥力、播种早晚和留苗方式等因素有关，一般晚熟品种生育期长，宜稀，早熟品种生育期短，宜密；分蘖强的品种，宜稀，分蘖弱品种宜密；春谷品种宜稀，夏谷品种宜密；在土壤肥力较高，水肥充足地块宜密，干旱瘠地宜稀。

3. 播种量

谷籽太小，顶土力弱。"稀不长，稠全上"，说的是谷子出苗依靠群体力量顶出地面。

4. 播种深度

谷粒小，覆土宜浅。播种过深，幼苗出土慢，芽鞘细长，生长瘦弱，或在土中"卷黄"，不利于培育壮苗，而且幼芽易受病虫侵染。播种过浅，表土水分蒸发不能满足发芽需要，出不了苗。

5. 施用种肥

谷粒小，胚乳中贮藏的养分较少，只能供发芽出苗后短期生长，而幼苗又较弱小，根系少，吸收能力较弱，施用少量速效氮肥做种肥就可及时满足其需要。种肥的作用甚至可延续到籽粒灌浆期，使灌浆过程加快，增加穗数，减少粒数。

6. 播后镇压

播后镇压是谷子保苗的一项重要措施。"谷子不发芽，猛使碌子砸""播后碌三碌，无雨垄也青。"谷子比一般作物播种晚，又籽粒小，播种浅，而谷子产区春季干旱多风，播种层容易风干；有时整地质量不好，土中有坷垃、大孔隙，播种后谷粒不能与土壤紧密接触，对出苗不利。镇压既可减少干土层的厚度，提墒保墒，又使种子与土壤紧密接触，有利于吸水、发芽和出苗。

（1）播种方法

在坡梁地，面积较小的地块采用耧播方法；在平地、较大面积的地块采用机播方法。地膜覆盖播种，用80cm宽的微膜，先播种后覆盖，1.2m一带，每幅地膜播种三行，放苗时株距7～8cm。也可采用宽窄行，宽行40～47cm，窄行16～23cm，这种方式有利于高培土，防倒伏，后期通风透光较好，可减轻病害和避免腾伤。

（2）种植密度

在一般栽培条件下，种植密度中等旱地和水浇地每667m²2.5万～3万株，肥力较高的地块每667m²3万～3.5万株，肥力较差的旱地每667m²1.5万～2万株，每667m²坡地1万株。

（3）播种量

一般播量为留苗密度的5～6倍，通常每667m²播量为0.75kg。

（4）播种深度

在土壤墒情好时播种深度以3～5cm为宜，墒情差的可适当深些。早播可深些，迟播的可浅些。

（5）种肥用量

每667m²用3kg磷酸二铵或尿素做种肥，用施肥耧将种肥施入播种沟，随后顺耧沟播入种子。

（6）播后器镇压

一般用镇压器镇压。

三、田间管理

根据谷子的生长发育特点，将谷子一生划分为苗期、穗期、粒期3个生育阶段，即营养生长阶段、营养生长与生殖生长并进阶段、生殖生长阶段。生产上基本按照这三个阶段的生育特点进行田间管理。

（一）苗期管理

1. 苗期生育特点、主攻目标

生育特点：根、茎、叶生长，以地下根系生长为主，地上部分生长缓慢。主攻目标：在保证全苗的基础上，控制地上部生长，促进地下根系生长发育，即"控上促下"，形成壮苗。

壮苗长势长相：根系发育好，幼苗短粗苗壮，苗色浓绿，全苗无病虫。主要措施：

蹲苗、间定苗、中耕除草。

2. 谷子苗期对环境条件的要求

（1）温度

谷子幼苗生长最适宜温度是 20 ～ 22℃。以较低温度为宜，低温能促进根系下扎和蹲苗，培育壮苗。但 5℃左右停止生长，1 ～ 2℃容易受冻害，甚至死亡。

（2）水分

苗期耐旱性很强，需水量占全生育期 1.5% 左右。

（3）光照

谷子不耐荫，苗期喜充足的光照。

（4）养分

幼苗期吸收氮多，吸钾素较少。

3. 苗子选定

（1）保全苗

"见苗一半收。"在谷子生产过程中普遍存在的问题是缺苗

断垄，为保证全苗，除做好播前准备工作外，一般在播后苗前进行镇压，称为黄芽础，使种子与土壤紧密，促进下层水分上升，利于种子萌发和幼苗出土。

（2）蹲苗

蹲苗就是通过一些促控技术措施促进根系深扎，控制地上部分生长，使幼苗健壮敦实。蹲苗采取的措施，一般在谷子出苗后，不浇水，不施肥，多次中耕，创造上干下湿的土层，促进根系发育，达到早生根、多生根、深扎根，形成粗壮而强大根系，培育壮苗。如果土壤条件好，幼苗生长旺盛，在谷苗 2 ～ 3 叶时，午后气温较高时压青础，这时谷苗较柔软，础苗不易伤苗。农谚"小苗旱个死，老来一肚子"。说明谷子苗期耐旱力强，干旱促进其根系生长。

（3）间、定苗

谷子播种量往往是所需留苗数的 5 ～ 6 倍，幼苗出土后生长拥挤，彼此争光、争肥、争水，特别是争光对其生长影响最严重，农谚"谷间寸，顶上粪"，说明谷子幼苗喜光不耐荫、忌草荒的特性。谷子间苗的时间在 3 叶 1 心效果最好，但操作困难，所以一般在 4 ～ 5 叶期间苗，6 ～ 7 叶定苗。

（4）中耕除草

中耕除草是谷子苗期管理的一项重要措施。谷子幼苗生长较慢，易受杂草危害，应及早进行。结合间苗中耕一次，定苗再中耕一次。

苗期中耕有除草、松土、旱地保墒、湿地提温的作用。中耕时要做到除草、松土、围苗相结合。据调查，围苗埋根的谷子根重量可增加 16%。

（二）穗期管理

1. 谷子穗期的生育特点、主攻目标

生育特点：茎叶旺盛生长，根系生长进入第二高峰；同时幼穗分化与发育，是决定谷穗大小和穗粒数的关键期，是谷子一生生长发育的高峰，也是管理的关键期。

主攻目标：协调地上与地下的生长关系，达到根多、秆壮、大穗。

壮株长势长相：拔节期秆扁圆、叶宽挺、色墨绿、生长整齐；抽穗时秆圆敦实、顶叶宽厚、色墨绿、抽穗整齐。

主要措施：清垄、中耕追肥、浇水、根外喷肥。

2. 谷子穗期对环境条件的要求

（1）温度

适宜温度为 22 ~ 25℃，温度低于 13℃不能抽穗。

（2）水分

拔节至抽穗是谷子需水量最多的时期，耗水量占全生育期65%，占全生育期50% ~ 70%，谷子拔节后耐旱力减弱，干旱易造成"胎里旱"；特别是孕穗期是谷子的需水临界期，此时干旱叫"卡脖旱"，使花粉发育不良或抽不出穗，造成严重干码，产生大量空壳、砒谷。

（3）光照

谷子穗期需要较长时间的光照，增加枝梗和小穗数。

（4）养分

枝梗分化与小穗分化期是需磷的高峰期，主要分配在幼穗。拔节到抽穗前是吸钾高峰期。

3. 穗期的具体管理

（1）清垄

谷子进入拔节后，生长旺盛，将垄上的杂草、残、弱、病、虫、分蘖株彻底拔除，减少养分、水分消耗，使幼苗生长整齐，苗脚清爽，通风透光，促进植株良好发育。

（2）合理追肥

拔节孕穗期追肥对穗分化有重要作用。追肥增产作用最大的时期是抽穗前15 ~ 20d 的孕穗阶段，以每 667m² 纯氮 5kg 左右为宜。追肥结合中耕进行，旱薄地或苗情较差的地块，在拔节至孕穗期，遇雨及时追肥一次，多追，以后一般不追；水浇地追肥两次，第一次拔节期，称为"座胎"肥，每 667m² 一般追 10 ~ 15kg 尿素；第二次在孕穗期，称为"攻粒肥"。每 667m² 追尿素 10kg，最迟应在抽穗前 10d 施入。据试验，同样数量氮肥，分期追比集中在拔节始期一次追，增产 5.95% ~ 22.6%，比孕穗期一次追增产 11.3%。

追肥原则：掌握"湿、深、少、小"的原则，"湿"是土墒好，"深"是开沟或结合中耕盖土，"少"是看墒情定数量；"小"是尽可能在谷苗不太大的时候进行，有利于根系吸收利用。

追肥方法：旱地，把肥料撒入行间，结合中耕埋入土中；水地，顺垄撒肥，随后浇水。追肥时需要看天、看地、看天气。

（3）浇水

谷子一生需水较少，但是进入拔节后，生长旺盛，需水增多，如干旱造成"胎里旱"，进入抽穗期，对水分尤为敏感，为谷子需水临界期，干旱造成"卡脖旱"，将出现大量干码、空壳、秕粒。有条件浇水的地区，如浇水一次，在抽穗期浇透，效果好；如浇水两次，一次在孕穗期，另一次在抽穗期。农谚说"伏天无雨，锅里无米"，说明抽穗期一定浇水。

（4）中耕培土

谷子是中耕性作物，中耕对谷子增产有明显的作用。在谷苗8～9片真叶时，在清垄的基础上，结合追肥灌水进行深中耕，深度7～10cm，既可以疏松土壤，接纳雨水，又可以切断老根，促进新根生长，达到控上促下的目的。如土壤过于干旱，则应浅锄，以保墒为主。孕穗期根系已基本形成，宜浅中耕4～5cm，使谷田行中成垄，行间成沟。作用是松土除草，高培土，促进气生根形成，增加根层，增强吸收能力，防止后期倒伏。

（5）根外喷肥

拔节期喷肥0.3%～0.5%的磷酸二氢钾，有明显的壮穗、壮秆的效果。

（三）粒期管理

1. 粒期的生育特点、主攻目标

生育特点：根、茎、叶停止生长，以抽穗、开花、受精、灌浆为重点，是籽粒形成阶段，决定结实率的关键期。

主攻目标：保持根系活力，防止叶片早衰，争取穗大、粒多、粒重。

粒期的高产长相：开花灌浆期是苗脚清爽，叶色浓绿，株齐穗均；成熟期是绿叶黄谷穗，见叶不见穗。

主要措施：叶面喷肥、防旱防涝、防倒伏防腾伤。

2. 谷穗结构

谷穗有主轴、一级、二级、三级分枝及小穗组成，小穗着生在三级分枝上，小穗有刚毛，起到防虫害和鸟兽的作用。

3. 谷子灌浆

谷子开花受精后，进入籽粒灌浆期。籽粒灌浆分为三个时期：

（1）缓慢增长期

开花后1周之内，干物质积累量占全穗总重量的20%左右。

（2）灌浆高峰期

开花后7～25d，干物质积累量占全穗总重量的65%～70%。

（3）灌浆下降期

开花25d后，干物质积累量仅占全穗总重量的10%～15%。

4. 谷子粒期对环境条件的要求

（1）温度

适宜温度为20～22℃，低于20℃或高于23℃，对灌浆不利。

（2）水分

需水量占全生育期的30%～40%，是决定穗重和粒重的关键时期，如遇干旱则影响灌浆，秕谷增多，严重减产。

（3）光照

灌浆期需要光照充足，否则，灌浆速度减缓，籽粒不充实，秕粒增多。

（4）养分

植株吸钾减少，磷素在植株体内向籽粒转移，供籽粒建成。

5. 谷子粒期的具体管理

（1）叶面喷肥

抽穗至灌浆初期，谷子对养分的需求仍然迫切。叶面喷肥是防秕粒、增粒重的有效措施。

①每667m² 用150～200g的磷酸二氢钾加50kg水喷湿叶片；②每667m² 用0.5kg过磷酸钙加水5kg，浸泡24h并不时搅拌，然后滤出澄清液，再加清水50kg，均匀喷洒到叶面上。

（2）防旱、防涝

灌浆期是谷子需水的第二高峰期，有条件地区应轻浇水，预防"夹秋旱"。灌浆期干旱又无灌溉条件的谷地可在谷穗上喷水3～4次，达到增产的目的。如遇大雨，雨后及时排涝，并浅中耕松土，改善土壤通气状况，以利根部呼吸，保持根系活力，防止早衰。

（3）防倒伏、防腾伤

①倒伏是谷子生产中普遍存在的现象，在生长发育期间都会发生，尤其是谷子生育后期倒伏减产严重，"谷倒一把糠"。倒伏可减产20%～30%，甚至50%。

防倒伏的措施：要选用高产抗倒伏品种，合理密植，加强前期田间管理，早间苗，蹲好苗，合理施肥灌溉，增施有机肥，培育壮苗，提高茎秆的韧性，深中耕，高培土。

②谷子灌浆期茎叶骤然萎蔫，并逐渐干枯呈灰白色，俗称"腾伤"。"腾伤"使得灌浆中断，造成穗轻籽秕而严重减产。"腾伤"多发生在窝风地或平川大片谷地上，后期生长过旺。发生"腾伤"的原因是土壤水分过多，田间湿度大，加之温度高，通风透光不好。

防腾伤措施：宽窄行种植，改善田间通风透光条件，雨后及时浅中耕散墒，高培土，防涝。

（四）适时收获

1. 谷子种子的形态结构

谷子的籽粒是一个假颖果，是由子房和受精胚珠、连同内外稃一起发育而成的。去掉内外稃后，俗称小米。籽实结构包括皮层、胚和胚乳三部分。皮层由不易分离的种皮和果皮组成。胚乳是种子中贮藏养分的部分，由糊粉层和含有淀粉粒的薄壁细胞组成，按照胚乳性质可分为糯性和粳性两种。胚由胚芽、胚轴和胚根组成。

2. 适时收获、贮藏

适时收获是保证谷子丰产丰收的重要环节谷子成熟时籽粒颖壳变黄，背面颖壳"挂灰"，谷穗"断青"，籽粒变硬。此时谷粒显现该品种固有颜色是谷子最适宜的收获期。收获过早，影响籽粒饱满，招致减产。收获太晚，容易落粒，遇上阴雨连绵，还可能发生霉籽及穗上发芽等现象，影响产量和品质。

谷子籽粒小，有坚硬的外壳保护，虫霉不易侵蚀因此认为谷子较耐贮藏。

第三章

水稻与玉米栽培技术

第一节　水稻丰产栽培技术

一、南方杂交水稻丰产栽培技术

　　杂交水稻是两个遗传上有较大差异的品种杂交所产生的杂交种，与常规水稻品种相比有杂种优势。这种优势主要表现在以下一些方面：一是根系发达，对水肥的吸收能力强；二是分蘖力强，生长旺盛，光和同化力强；三是穗大粒多，杂交稻普遍比常规稻穗大，一般每穗比常规稻要多 20～30 粒，穗大粒多也是杂交稻增产的一个重要因素。由于杂交稻有更强健的生理机能，分蘖强、穗多、穗大，因此显现出巨大的杂种优势。

　　好的品种需要有与之配套的栽培措施，才能更充分发挥品种的增产潜力，夺得高产。在多年的生产实践中，各地都总结出了适合当地的杂交水稻栽培技术。水稻栽培技术考虑的主要因素有：一是合适的品种，品种要适合当地的生态条件，包括气候生态条件、光温条件等；二是合适的播种时期，要能有效规避灾害天气及其他自然灾害，如高温、低温冷害和虫害等，从而充分利用光温资源、有效规避灾害，达到高产优质的生产目的；三是田间管理技术措施最优化，包括育秧方式、大田种植群体结构和田间管理等措施的配套。概括起来主要有选择合适的育秧方式，培育适龄壮秧；适时移栽，做到合理密植；加强田间肥水和病虫管理等部分。

杂交水稻有杂交早稻、中稻、晚稻三种生态类型，杂交早稻和晚稻主要分布在华南和长江中下游的湖南、江西等稻区，杂交中稻是南方稻区的主要品种类型。

（一）品种和播种适期的选择

1. 品种选择的一般原则

实践证明，杂交水稻要获得高产，选择合适的优良品种至关重要。

合适的优良品种包括以下两个方面的内容。

一是品种具有好的种性，主要表现为品种产量高，具有高产潜力。同时该品种必须要适应当地的生态生产条件。不仅高产，而且稳产，这就要求有好的抗逆性，能抗当地主要病虫害。另外，品种的生育期适合当地的自然条件，不同的茬口选用不同生育期的品种。一定要选用经国家、省审定的品种，并且种植地处于该品种标明的适用范围以内。

二是品种的种子质量可靠。现在所有的杂交水稻种子都必须经过包装，没有散装的种子，所以遇到散装种子不要购买，以免买到假劣种子，造成不必要的损失。

2. 影响杂交稻生产的主要障碍因子

在南方稻区，影响杂交稻生产的主要因素有苗期低温、抽穗扬花期高温和低温。

（1）苗期低温

杂交籼稻苗期不耐低温，日平均气温稳定上升到12℃以上播种才安全，这是早稻或中稻要考虑的重要因素。如在湖南3月底、4月初气温稳定在12℃以上，早稻可以在3月底、4月初播种；豫南稳定通过12℃的时间在4月20日左右，因此杂交稻的播期应定在4月20日以后，两段育秧时前期在温室或地池中保温育小苗，播种期可以稍提前，可提前到4月10日至12日。

（2）抽穗扬花期

高温和低温相对于常规稻而言，杂交稻抽穗扬花期容易受高温和低温的影响，一般将连续3天日平均气温高于30℃、低于22℃定为杂交籼稻抽穗扬花期高、低温受害指标。中稻抽穗扬花期可能遇到高温热害，晚稻穗扬花期可能遇到低温冷害。

根据当地气象资料通过播种期和品种生育期的调节是避免抽穗期热害和冷害的主要方法。如根据历年的气象资料，豫南信阳地区历年最高温出现在7月25日~8月10日之间，日平均气温大于30℃，连续3日以上的概率约40%，一般把杂交水稻安全齐穗期定在7月20日左右较为稳妥。

3. 品种选择和播种适期确定

首先，品种应通过省或国家的品种审定。播种适期的确定应综合考虑各种因素。主要考虑能安全齐穗，如晚杂品种要保证在寒潮之前抽穗杨花以顺利灌浆结实。早、中杂品种主要根据早春的低温而定，在稳定超过 12℃才能播种；早杂品种还要考虑期生育期与晚造的衔接，选择好品种，生育期不能过长，以免延误晚造的插秧。另外，还要考虑各地的其他特殊自然条件限制因素。

如在豫南稻区，春稻由于早春低温一般在 4 月中、下旬播种，两段育秧（薄膜育秋）可提早到 4 月上、中旬播种；要求春稻 8 月 7 日前齐穗，以避过三化螟三代为害，减轻二代二化螟为害，减轻或避免伏旱的影响，以利于省水。合适的品种要求生育期与籼优 63 相当或迟一星期左右，全生育期 130～145 天，同时抗性好，抗稻瘟病等重要病害；最好是经在当地推广种植成功的品种，以迟熟品种为主，这样能保证充分利用光温资源，保证高产。

现在各地种子经营公司多，推广的品种多而杂，很难有推广面积很大的重点品种，加之现在新品种出现快，因此应根据当地情况，参考当地农技人员的意见，选择合适的品种。

（二）培育适龄壮秧

培育好适龄壮秧是水稻栽培中关键的一环。育秧阶段的中心任务是培育适龄壮秧。水稻有多种育秧技术，应根据当地自然条件、耕作制度、劳力资源等因素选择合适的育秧方式。在此介绍应用较广泛的湿润育秧和两段育秧技术。

1. 壮秧的标准

秧苗生长均匀，高矮整齐一致，没有高低不齐的现象；苗挺有劲，叶片青绿正常，生长健壮，有光泽有弹性，叶色不过深过浅；假茎（秧身）粗壮，分蘖发生早、节位低，移栽时带 1～2 个分蘖；根多而白，没有黑根，没有病虫害；秧龄适当，叶龄适宜，既不过老也不过嫩，一般在 30～35 天；插后死叶死蘖少，返青快。培育壮秧要注意一些主要的技术环节：种子的处理、整地、播种季节、播种的密度、合理施肥、田间管理等。

2. 种子的处理和浸种催芽

（1）晒种

浸种催芽前选晴暖天气连续晒种 2～3 天，并做到晒匀、晒透、勤翻动。

（2）选种

一般采用清水选种即可。晒好的种子用清水浸泡，捞起浮在水面的瘪粒（杂交稻秕粒也能发芽，捞起后可把秕粒单独放在一起浸种催芽）。

（3）消毒

浸种时种子用药剂消毒可杀灭一些病菌，预防病害如稻瘟病、稻粒黑粉病等。种子消毒药剂有很多，如强氯精、多菌灵等。可以根据当地农技人员或农药经销商的推荐使用。这里介绍强氯精的用法：每4～5千克水加10克强氯精，3千克种子清水浸泡24小时后，再用药水浸24小时，清水冲洗后再催芽。浸种的时间和水的温度有关，一般为50℃～60℃（每日平均水温与浸种日数的乘积），在水温20℃左右时需浸种2～3天。

（4）催芽

催芽的要点是：高温破胸，通气催根，保温催芽，摊晾炼芽。在豫南中稻的播种季节，气温比较低，催芽时要采取保温的措施。一般先用50℃的温水淘种增温，用稻草或麻袋包裹保温，谷堆温度控制在35℃～40℃，超过40℃及时翻动降温，破胸（露白）后适当淋水，但破胸前不可多淋水以免引起烂种。破胸后要立即把谷堆散开以通气散热，促进根的生长，并用30℃～35℃的温水淋种、翻堆使温度均匀，但水分不要过多。齐根后把大堆改小堆，厚堆摊薄，以利继续散热。同时用20℃～25℃的温水适当淋种，并不时翻动，使堆温保持在25℃左右，通过调节温度使根芽生长整齐，使谷芽根短芽壮（标准：芽长半粒谷，根长一粒谷）。最后将催好的芽谷摊晾一段时间以增强谷芽的抗寒能力，然后准备播种。

（三）几种常用的育秧方法

1. 半旱育秧（湿润育秧）

半旱育秧又叫湿润育秧，主要原理是秧苗前期田间保持干干湿湿，使秧苗根系充分发育以培育壮秧。在播种至扎根立苗前，秧田保持土壤湿润通气以利根系生长发育，扎根后至3叶期采用浅水勤灌，结合排水露田，3叶期后灌水上畦，浅水灌溉，改变传统水育秧水播水育的习惯。与传统的水育秧相比有明显优点：土壤通气性好，有利于根系的生长发育，提高了秧苗的素质，促进栽后早生快发；同时提高秧苗的抗逆性，减少烂秧的发生。

（1）秧田的选择

一般选择地势平坦、背风向阳、土壤肥沃、排灌方便、杂草少、无病虫害、离大田较近的地方作秧田。

（2）苗床的整理

旱整地，旱做床，耕深8～10厘米，将土块弄碎整平，直到秧田平坦、土壤疏松。秧田要施足底肥，增施适量腐熟农家肥或磷、钾肥。一般每亩秧田施氮磷钾含量25%的水稻复合肥40～50千克或施尿素8～10千克、钙镁磷肥30千克、氯化钾5～10千克。湿润育秧提倡用通气秧田，更有利于秧苗的生长。具体做法是：施足基肥的秧田经浅耕平整后开沟做畦，畦宽1.3米，畦沟宽30厘米，深15～20厘米，秧田四周挖环田沟渠。灌水上厢面，根据水平面将秧厢面初步摊平。然后把沟中的稀泥浇上厢面，再次按水平面将厢面摊平后即可播种。

（3）播种

播种要均匀，以种子的1/2入泥为宜。每亩秧田播种量为10～15千克，播后蹋谷。用湿润育秧，杂交水稻每亩大田一般需播种子1～1.5千克。

（4）秧田的管理

秧苗三叶期以前，以旱长为主，畦内有水即可，秧田在晴天显干（厢面干裂）时放水上厢面，当天立即放掉；三叶期后，应及时施肥。秧苗二叶一心期，每亩追尿素5～8千克，灌浅水，可促秧苗分蘖，秧苗三叶一心期，可看苗情酌施一些尿素，灌水1次，促使秧苗分蘖。秧田灌水谨防大水漫灌，只要叶片不打卷，就可不灌水。插秧前5～7天施尿素5～7千克做送嫁肥。插前几天不能脱水，以免拔秧困难。及时防治病虫害。

2. 两段育秧

即将育秧阶段分为旱育小苗培育和旱育小苗寄栽两个阶段。两段育秧前期小苗在温室或可保温的地池中保温旱育至两叶一心阶段，然后再寄栽于寄秧田，在寄栽田秧苗占有更多的空间。这样前期旱育胁迫，秧苗寄插后秧苗分布均匀、单株营养条件好，使得两段育秧有明显的优点：早发性强，两段秧苗健壮，根系发达，抗逆性强，分蘖早，成穗率高，穗形大，产量高，且能提早成熟。同时由于旱育阶段采取保温措施成秧率高，比湿润育秧高30%左右，用种量少。通过人工控制温度、湿度，满足秧苗生长需要，在适时提早播种时能避免"倒春寒"引起的烂秧问题，提早了豫南杂交稻制种播种季节，从而使杂交稻制种抽穗扬花期避开了立秋后的连阴雨天气，是杂交稻制种在豫南成功的关键之一。两段育秧在寄栽条件下秧龄可延长到40天，十分有利于解决季节冲突。因此，两段育秧技术在河南省豫南稻区被广泛采用。

（1）播种和旱育秧管理

豫南稻区春稻的播种期一般在4月20日至25日，麦茬稻则一般在4月下旬播种，这时日平均气温在12℃以上，可不采用保温措施，当播种时间提早至4月10日至12日，这时则必须采取下述保温育小苗的方法培育旱育小苗。豫南稻区两段育秧旱育秧阶段广为采取的方式有温室无土育小苗和地池育小苗。

①温室无土育小苗

温室无土育小苗是两段育秧利用温室培育小苗的一种方式，在豫南农村也可利用现成的小型土温室如蔬菜温棚、雏鸡孵化温棚等进行无土小苗培育。具体做法是：用竹片编制成简易的秧盘，上铺塑料薄膜，将催好芽的种子摊在秧盘上，放入温室内。温室内置煤灶加温。

应注意保持温室内的温湿度，室内温度保持在25℃～28℃，相对湿度80%～90%；如温度过低，可在室内用煤灶烧水加温。在温室内7天左右，待小苗一叶一心时，炼苗 1 天便可栽植。

②地池育小苗

地池育小苗是两段育秧培育小苗的另一种方法。地池育苗的秧龄弹性较大，播量较小时，可延长在苗床生长的时间，移栽有较大的灵活性。具体方法是：选择背风向阳、地势平坦、土壤肥沃、管理方便的地方，如房前空地、菜园等向阳处，按东西走向做成宽约 1.3 米的地池，长度依种子量而定，但最多不超过 20 米，以利后期通风降温。苗床整平后，上面再铺上 3 ～ 4 厘米厚的肥土，可用腐熟的土杂肥与细土混匀做成，或用肥土与河沙按 1 ∶ 1 的比例拌匀，或直接用塘泥。将催好芽的种子均匀撒入，一般 1 平方米播种子 0.5 千克左右，盖上过筛土或细沙，用喷雾器或喷壶浇透水（水不再下渗，表面有积水）。然后用竹片做弓架，再盖上薄膜，四周压实，薄膜上用绳子固定牢，膜内挂温度计。

地池苗床管理：播种后要注意苗床膜内温度的变化，特别是晴天中午前后，现青前膜内温度以 35℃ ～ 38℃ 为宜，不能超过（4）0℃，现青后控制在 25℃ ～ 30℃，温度高时揭开地池两端的薄膜通风降温，一般晴天上午将地池两端揭开小口通风，下午 4 点左右气温开始下降时把膜盖好以保温。播后 7 ～ 10 天，小苗一叶一心到二叶期时寄栽，寄栽前 2 天要揭膜炼苗。

（2）寄秧田的管理

①寄秧田选择和整理

寄秧田要选择土壤肥沃、排灌方便的田块，离大田要近或直接在大田的一角，以方便秧的搬运。提前 15 天翻耕晒锋，一般要三犁三耙，最后一次耕地时施尿素 10 千克、钙镁磷肥 30 千克，或施氮磷钾总含量为 25% 的复合肥 40 千克左右，寄栽前 2 ～ 3 天将田耕整平，做到泥烂地平，达到田面高低不差寸，寸水不露泥。

②小苗的寄栽

春稻一般按 4.5 厘米 ×6 厘米的密度寄栽，每穴插 2 粒谷的苗，按 1.5 米宽作厢。麦茬稻由于一般寄秧田里秧龄较长，长的达 40 天，因此寄栽的密度要稍稀一些，一般 6 厘米 ×10 厘米，以达到在寄秧田里有足够的分蘖（每穴 7 ～ 8 个），控制本田分蘖，实现高产。

③寄秧田的管理

寄秧一般秧根带泥，栽时以秧苗站稳为宜，栽后 1 ～ 2 天，厢面不上水以促进扎根，活棵后灌浅水（约 1 厘米），缺水时以细流灌溉。施肥促进秧苗分蘖，亩施尿素 4 ～ 5 千克。注意病虫害的防治。插秧前 5 ～ 7 天亩施 5 ～ 7 千克的尿素作送嫁肥，并注意不要断水，以防扎根过深，拔秧时断根，不易拔秧。

两段秧分蘖力强，一般抛秧后 5 天开始分蘖，插秧时（约 25 天后）可达 5 个蘖，一般比普通的水育秧要多 2 个蘖，秧苗素质更好。

（四）大田的管理

1. 整地与底肥的施用

早平地，早抽水，在插秧前 15～20 天开始抽水泡田、耕地；做到地等苗，决不能苗等地，一般应做到三犁三耙。在最后一次水耕地前施底肥，底肥一般施复合肥或尿素、钾肥和磷肥混合拌匀后撒施，一般每亩施氮磷钾总含量为 25% 的水稻专用复合肥 50 千克，或施碳酸氢铵 40～50 千克（也可施用尿素 15～20 千克），钙镁磷肥 50 千克，氯化钾 15 千克左右。施下的肥料随整地机械翻动，以做到全层施肥，同时也提高了肥料的利用率。整地要平，要求达到"寸水不露泥""灌水棵棵到，排水处处干"的标准，以利于水的管理，夺得高产。

2. 移栽

（1）移栽秧龄

根据秧苗类型，在当地安全移栽期内，适时早移栽。早杂品种在早春播种，秧龄控制在 30 天左右，不超过 35 天。晚杂品种秧龄控制在 25～30 天较好，最迟不能超过 35 天。在豫南春稻一般在 4 月 20 日至 25 日播种，5 月底移栽。两段育秧在早秧阶段薄膜覆盖，可适当提前播种，可提前一星期左右。秧龄一般控制在 30～35 天，麦茬稻有时要等地，秧龄可延长至 40 天，但注意在寄秧时要加大密度，但不能插得太密。

（2）合理密植

杂交中稻每亩一般插 1.5 万～2 万穴，每穴 1～2 粒谷的秧，3～5 苗，共 6 万～10 万基本苗，插植规格可参照 20 厘米 ×26 厘米的规格。豫南稻区现在一般都插得过稀，很多田块都稀至每亩 1.3 万穴以下，有的甚至低至 1 万，导致基本苗过少，严重影响产量的提高，这是值得广大农民注意的问题。根据品种特性、土壤肥力和管理水平的高低适当调整栽插密度，肥田早插田可以稀一些，瘦田、迟插田可以密一些。杂交早稻每亩一般插 2.5 万穴；杂交晚稻每亩一般插 2 万穴，每穴 1～2 粒谷的秧，3～5 苗。

（3）移栽要求

水整地后稍沉实再插秧，一般地耕整好后第二天插秧，不可随整地随插秧，以免秧苗下陷，影响秧苗生长、分蘖。

插秧时要当天拔秧当天插完，不要插隔夜秧，减少植伤；浅插，以利禾苗早生快发。插秧时田里放浅水。插秧时要做到插得浅（不超 1.5 厘米），插得直（行直、秧苗插的直立，可拉绳插），插得匀（每穴苗数均匀），插后及时灌深水，以不淹没秧心为准，以利秧苗恢复。

3. 大田的水肥管理

科学管水和施肥对水稻的正常生长和高产至关重要，不同生育阶段对水、肥的要求有差异，因此必须根据水稻的生长进程合理灌溉和施肥，该干则干，该湿则湿。概括起来是深水返青，浅水分蘖，够苗晒田，晒田后保持干多湿少，抽穗时灌深水，成熟期保持干干湿湿。施肥的基本原则是：重施基肥（占大田总施肥量的50%～60%），早施分蘖肥，活棵后及时施肥，补施穗肥和粒肥，应根据当地土壤测土配方施肥。

（1）大田的水分管理

①返青期

拔秧和插秧过程中，根系受损，茎叶也易受损，大田水少时，根系和泥浆结合不好，影响水分吸收，本来秧苗因根系受损水的吸收能力下降，一旦供水不足更易引起返青期延长甚至死苗。因此，返青期的灌水原则是：深水返青，在返青前保持3.3～6.6厘米的深水，一般在插后灌深水并保持3天以上。尤其是杂交晚稻插秧期温度高，水分蒸发快，一定要保持深水。

②分蘖期

分蘖期的管水原则是浅水分蘖、间歇灌溉。禾苗返青后即进入分蘖期，此时应保持浅水层，一般在插秧后5～7天灌深水，施分蘖肥，锄草并结合耘田以利通气，促进水稻根的生长和分蘖的发生。耘田后每5～7天灌水一次，然后让水自然落干，落干1～2天后再灌水，保持干干湿湿的状态，以利土壤通气，同时又保证对水肥的吸收。雨天则应该把水放掉。在整个分蘖期间都应要采取这种管水措施。

③晒田

晒田是水稻种植的重要一环，通过晒田可控制稻株对氮的吸收，促进钾的吸收，调整禾苗的长势长相。同时控制无效分蘖，使部分高位小分蘖因脱水而死亡，巩固有效分蘖，提高成穗率。掌握晒田的时机非常重要，晒早了苗不够，晒迟了无效分蘖多，对产量影响都很大。晒田的方法有：到时晒田法和够苗晒田法。到时晒田法就是营养生长末期，幼穗分化开始时进行晒田。够苗晒田法是每亩苗数达到要求时开始晒田。一般达到每亩28万～30万苗时开始晒田，这样基本能保证每亩20万～25万穗。晒田的标准：田里稍硬（人走有脚印），有白根跑面，田边有裂痕；禾苗叶色黄绿、叶子较挺，风吹沙沙作响；在田边看，禾苗中间高，四周低。生产上一般采取"苗到不等时，时到不等苗"的原则进行晒田，具体田块要根据禾苗的长势长相确定晒田的程度，一般长势过旺的田、肥田重晒，长势差的田、瘦田轻晒或仅仅是露田。

④孕穗期

一般晒田结束后即进入幼穗分化期，有的在晒田过程中就进入幼穗分化期。这个时期管理得好可促进有效穗穗大粒多，缺水会影响幼穗的发育，造成颖花退化，影响产量。此时水分管理应保持干多湿少的原则，以保持和促进根系的活力，适当控制最后三片功能叶的生长，使叶片短、厚、直立，茎基部三节间短而粗，防止倒伏。具体的做法是：晒田结束复水后以灌浅水为主，具体的做法是灌水（浅水）一次田面，让其自然保持 2 天左右，后续几天自然落干，待田里水快干时再进行灌溉。

⑤抽穗开花期

杂交水稻从打苞开始到抽穗结束，对水极为敏感。这一时期对水的需求多，占全生育期需水量的 25%～30%，是水分临界期。尤其杂交中稻抽穗时节往往处在高温季节，此时应适当深灌水，提高田间湿度，降低温度，促使抽穗整齐和扬花授粉。长期灌深水，不利于根系的生长，这时可白天灌深水，晚上排水露田以降温。如遇异常的高温天气还应喷洒清水，改善穗层小气候，减轻影响。

⑥成熟期

抽穗后，植株根系容易衰老，此时的管水原则是：应在确保供水的条件下增加土壤通气机会，以气养根，养根保叶，延长根系活力，防止叶片早衰。具体的水分管理方法是：间隔 5～6 天灌水一次，然后让其自然落干，使大田干干湿湿以保持土壤通气而湿润，维持老根的活力，促进再发一次新根。保持功能叶进行有效的光合作用，增加千粒重。

（2）合理施肥

杂交稻的特点是根系发达、分蘖力强，靠分蘖多和大穗夺取高产，因此，需肥量大，合理施肥对产量影响重大。根据试验结果，杂交中稻一生的肥料吸收量大致为氮 16 千克，磷 6.5 千克，钾 16.5 千克；氮磷钾的比为 1∶0.5∶1。根据研究，杂交稻在移栽后分蘖期间到孕穗初期对氮、磷、钾肥的吸收占全生育期的 60%～70%，齐穗期至成熟期的吸收率占 20%～30%。因此，杂交稻的施肥原则应为：以基肥为主，早施追肥，适当补施穗粒肥，以达到前期发苗快，中期建立起丰产而稳健的苗架，后期不早衰。

①底肥的施用

施足底肥，底肥量要占全部生长期施肥量的 50%～60%，一般每亩施碳酸氢铵 50 千克、钙镁磷肥 50 千克、氯化钾 15 千克，或施肥料有效成分相当的复合肥，如氮、磷、钾总养分含量 25% 的水稻复混肥 50 千克，在最后一次耕地或耙地时施下。底肥的施用量还要根据不同田块情况酌情施用。提倡施有机肥，如种植绿肥等，一方面可改善土壤结构，另一方面可减少化肥的施用量。

②追肥的施用

早、晚稻生育期较短，一般一次性施追肥，返青后一次性每亩施尿素 8～10 千克，氯化钾 3～5 千克，一般在插秧后 7 天左右灌深水施肥。中稻生育期长，追肥一般分两次使用，第一次施尿素 5～8 千克，其后结合耘田每亩再施尿素 4～6 千克。

③穗粒肥的施用

晒田复水后，根据禾苗的长势情况可酌情补施一定量的肥料。在以下情况下可施穗肥：土壤肥力较差的田块，晒田后叶色偏淡，生长势一般或差的田块。施用的方法是：

每亩施尿素 2.5～3 千克，氯化钾 4～5 千克。要注意的是，施用穗肥要慎重，尤其是尿素绝对不能超过 5 千克，以免生长太旺引起病虫害，后几片叶旺长改变株叶型不利于后期通风透光。

④补施粒肥

杂交中稻抽穗后根系活力下降，功能叶逐渐枯黄，容易脱肥而引起叶片过早发黄枯死，稻株光合作用的能力即被削弱。补施粒肥能防止功能叶早衰、提高结实率、增加千粒重，其施用主要采用叶面喷施的方法。各地市面上都有多种叶面喷施肥料，可根据当地情况施用。如每次每 667 平方米用磷酸二氢钾 100 克、尿素 0.5～1 千克混合喷施于稻株茎叶上。连续在破口期至灌浆期喷施 2～3 次。

4. 病虫害防治

杂交稻生长势旺，前期叶色较浓绿，易诱发病虫害。主要虫害有稻蓟马、稻纵卷叶螟、稻飞虱、二化螟和三化螟等。病害有稻瘟病、纹枯病等，近年黑条矮缩病和稻粒黑粉病有加重发生的趋势。

根据当地主要病虫害，在选用抗性品种的基础上，有针对性地进行防治。苗期和分蘖期主要注意稻蓟马、稻纵卷叶螟的防治，黑条矮缩病发生重的地区抓紧苗期稻飞虱的防治可减轻黑条矮缩病的发生。晒田复水后和抽穗后注意对稻飞虱、稻纵卷叶螟和螟虫等的防治，晒田复水后注意防治纹枯病，抽穗期注意对稻粒黑粉病和稻穗颈瘟的防治。

二、北方粳稻丰产栽培技术

北方稻作区温度偏低，210℃的活动积温有限，农作物生长发育所需要的积温不足，使北方粳稻生长很难获得高产。为了弥补光热源不足的气候条件，经过北方科研专家多年来对北方粳稻种植多方面的探索和研究，总结出北方粳稻丰产栽培技术，与常规种植对照，可增产稻谷 20%～30% 以上。现从粳稻选种、苗床选用、育种、插栽、田间管理、施肥、病虫害防治及收获全过程详细介绍此项技术。

（一）选种

选择适应当地生长，在有效生育期不贪青，能全部成熟的中晚熟品种；选择米粒透明有光泽，垩白粒率低，米粒整齐碎米少，食味适口性好，市场畅销的三级以上优质米品种；选择株高 90～110 厘米，分蘖率高，秆强不倒，抗病性强，不早衰，活秆成熟，大穗型且适合本地区种植的优质高产品种。如黑龙江选用松粳 9，吉林选用吉粳 88，辽宁选用辽星 1 号，宁夏选用宁粳 40 等。

（二）苗床地的选用及管理

苗床地应选择背风、向阳、离住地近、有水源、能排水、好管理的平川地，按水田种植面积的2%计算，1公顷水田需200平方米苗床地面积。营养土选用30%草炭土、60%当地无药害的优质土、10%的腐熟农家肥，混合拌好备用。1平方米苗床用营养土10千克，按此数乘以育苗面积计算营养土用量。

秋做床，平整床面，去除床面杂草及多年野生草根，床面施入一定量的农家肥和稻壳、碎稻草等，松翻床土15～20厘米，使苗床有肥力，床土通气、透水、增温。育苗大棚四周设排水沟，床面积雪大时扣大棚前要清除床面的积雪。3月8日至10日，哈尔滨地区（地区一次标注，下同）粳稻育苗大棚扣膜，提高棚内床土化冻深度，增加棚内床土温度。

（三）钵体稀播早育

1. 浸种催芽

3月20日粳稻选种，晒种2天，以增强种子发芽活力。3月22日粳稻浸种，采用1：1.1的盐水漂种，清除不饱满的种子。再用清水洗净种子上的盐分，用提前7天晾晒好的清水加浸种药剂（施保克、使百克、咪鲜胺等）浸种72～96小时，待粳稻种子吸水量是种子重量的1/4时进行催芽。催芽前先用清水洗去种子表面的药液，再用温水对种子增温，使种子平均温度在25℃～28℃时装袋。温室催芽，温度控制在25℃～28℃，催芽时间30～48小时。待种子90%破胸，芽长0.8厘米时，以厚度5厘米摊平晾种，晾好的种子保持其干湿度盖好，低温炼芽。

2. 育苗

首先选用粳稻壮秧剂把营养土拌好，可选用黑龙江省农科院生产的苗福牌（三合一）粳稻壮秧剂（每袋15千克），与800千克营养土混合配制，可育钵体播种苗床80平方米。营养土要求混拌均匀，干湿适当，以手捏成团、落地即散为好。

钵体育苗时，把营养土撒放在钵盘上，用平板刮匀、刮平，去除多余细土，对钵体土面压坑，用配套精量播种器在钵体土坑内播种，每孔播一粒芽种，播种后上覆0.5～0.7厘米厚的营养土，把钵盘在苗床上按顺序摆排好，用小孔径水喷头对钵体苗床浇透水，待床面没有积水时，在每40平方米苗床上覆一袋"丁扑合剂灭草剂"混合土。为保持床面湿润、不干裂，苗床上铺一层薄膜保湿，苗床与薄膜间撒放适量粗秸秆作隔熟层，防止高温时薄膜烫伤秧苗。当苗床种芽90%出土进入立针期，及时撤膜，撤膜后必浇1次透水，以后发现苗床有干土部位或湿度不够，应马上浇水，一定要保持床土相对含水量在70%～80%，干湿度适合，确保一次性出全苗，达到苗全、苗齐、苗壮。

3. 苗期管理技术

秧苗 1 叶期，控制温度在 25℃～32℃；秧苗 2 叶期，控制温度在 25℃～28℃。1 平方米苗床喷施 15% 多效唑可湿性粉剂 0.25～0.30 克，稀释浓度以每千克 3 克为宜，控制秧苗徒长，增强秧苗分蘖；秧苗 3 叶期，控制温度在 20℃～25℃，开始通风炼苗。在离地面 60 厘米高的挡风膜上部放风控温（不可直接地面放风，地面放风风口处秧苗长势差），随时察看苗床的干湿度和棚内温度，防止秧苗青枯病、立枯病的发生，发现病情应及时喷施立枯灵等农药进行防治。5 月 10 日（插秧前 5～6 天）大棚秧苗进行大通风，秧苗移栽前补氮，施尿素每平方米 50 克，要求撒施均匀一致，施肥后浇 1 次透水，以防尿素颗粒烧苗。5 月 13 日撤去大棚膜进行移栽前露天通风炼苗，秧苗喷施 1 次氧化乐果，以防止移栽后秧苗潜叶蝇的发生。秧苗移栽当天，起苗前每平方米苗床施入 100 克磷酸二铵做移栽送嫁肥，此肥不可早施，过早施用会产生肥害。

（四）宽窄行定量浅栽

5 月 15 日前后，平均气温在 1.25℃时即可进行粳稻钵体培育大苗移栽。移栽时秧苗素质要求：苗龄 45 天，秧苗敦实矮壮，富有弹性，株高 15～18 厘米，主茎基宽 0.6～0.7 厘米，平均主蘖苗每株 4 棵以上，根系发达，无病害，经过露天 72 小时以上大通风炼好的健壮秧苗。

插秧选用宽窄行尺寸、定量、浅栽。行株距（50+33）厘米×16 厘米，每平方米 15 穴，每穴 2 株，每亩插秧 1 万穴，每亩保苗（主蘖苗）8 万～10 万棵。插秧要求水田一定要耕细耙平，平整作业后田面沉淀 24～48 小时，水深 1～2 厘米，均匀一致。移栽采用拉线法，定好行距尺寸，按线摆栽，摆栽时不可深插，做到"浅插、插齐、插直、插匀"。

（五）垄作沟灌

1. 插秧田垄作技术

粳稻秧苗插秧 2 天后，待插秧田内泥浆半定浆时，保持秧田水深 3～4 厘米，在插秧田行间进行人工踩水沟，此技术必须代水踩沟，每人每次两脚岔开踩两条水沟，以水鞋脚印"一印挨一印"慢速前移，踩沟深度 8～10 厘米。要求所踩沟深要一致，沟中间无隔，达到顺畅通水的目的。通过以上踩沟技术操作，插秧田即形成"秧苗行成垄，行间变水沟"的垄型水田。以上技术彻底改变了粳稻田"淹水灌溉模式"为"垄作沟灌模式"（机械化做垄，可于插秧前代水做垄，垄上插秧效果更好）。此种模式的应用，使秧苗根部能充分吸水，保障了秧苗生长用水，可控制垄上含水量在 70%～80%，使垄上田土透气，土有活力，从而促进秧苗根系生长，实现长根、壮秧、促分蘖，使秧苗分蘖早生快发，低节位分蘖，早分蘖多分蘖，增强有效分蘖棵数，促进粳稻秆强秆壮不倒伏，利于形成大穗。

2. 插秧田沟灌技术

秧苗移栽后 10 天内，插秧田水位保持在垄顶面以上 1～2 厘米，保障秧苗返青扎根用水（秧苗扎根之前不可缺水）。秧苗移栽 10 天后，此时秧苗已返青扎根，苗根已具有在田土里吸收水和养分的能力，可进行循环性、周期性灌水，6～8 天灌 1 次饱和水，待田间沟内接近无水时，再灌下一次饱和水。水田施肥、除草、除虫、防病等项目可在每次灌水后就进行。

6 月 25 日粳稻进入幼穗分化期，此时已进入粳稻分囊高峰期，秧苗可进行够苗控蘖烤田，由于采用"育大苗"栽培技术和宽窄行浅栽、垄作沟灌技术，大秧苗表现为蘖多苗壮，此时早期分蘖的有效大苗已进入幼穗分化期，营养分配向穗部转移，抑制分蘖继续增长，减少无效分蘖的发生，可以靠粳稻生育转换自身调节来限制，无须重烤田，烤田的目的只是改善土壤环境，增加土壤透气性，促进根系生长，因此，只需烤至田不陷脚的程度即可，做到苗体不受伤，生长活力强。

7 月 1 日起开始进行排水烤田，烤至田水自然落干，田不陷脚，即可上浅水或跑马水（遇阴雨天敞开田水口至田不陷脚为止），干湿交替 2～3 次，至抽穗前 15 天结束。7 月以后粳稻进入孕穗、抽穗、扬花、灌浆期，此时正是粳稻需水期，4～5 天灌 1 次饱和水，在这期间以保持沟内水不干为主。8 月 20 日～9 月 20 日，粳稻进入定浆、结实、黄熟期，此时灌水应以跑马水为主，7～8 天灌 1 次水。待地面干裂，沟内无水，再灌下一次水。

（六）井水灌溉增温措施

井灌水温度不足 14℃时，对粳稻秧苗的生长限制约束很大，可严重降低粳稻产量，所以，应设法提高井灌水进水田时的水温。可采取以下具体措施：在井水出水口处修建一个 300 平方米的晾水池，池深 50 厘米，可存水 100～150 立方米，水池中设两道可单向流动的隔水墙，使水在池中按单向流动转向出水口，这样可使井水在池中晾晒增温；每个水田池子应间隔 6～8 米，设 2～3 个进水口，各进水口轮流向池中灌水；采用单池灌水法，不可一次灌多个池子，也不可以几个池子串灌。实践证明，井水灌溉通过以上技术改进，可提高水温 4℃～5℃，每亩增收粳稻 100 千克以上。

（七）施肥

粳稻高产栽培提倡增施农家肥，优质腐熟农家肥每亩 1000 千克。水田基础用肥（底肥），施尿素每亩 7.5～10.0 千克、磷酸二铵每亩 7.5～10.0 千克、硫酸钾每亩 5 千克，在旋耕整地前施入水田，通过旋耕搅拌，达到全层施肥。粳稻插秧后 3～7 天，结合水田灭草，把丁草胺、一克净等灭草剂与尿素混拌施用，每亩施尿素5千克。7月15日至20日，即粳稻抽穗前18天，幼穗长1.0～1.5厘米，倒二叶长出2～4厘米时，每亩施尿素2.5千克、硫酸钾5千克做穗肥，以满足粳稻幼穗生长，达到壮秆、攻大穗的目的。粒肥的施用可提高叶片含氮量，提高粳稻光合同化能力，延长叶片功能和维持根系活力，使粳稻活秆成熟，不早衰，籽粒饱满。

为保障粳稻米质，减少大米中的含氮成分，粒肥应在粳稻齐穗后14天（即粳稻定浆期）施用。8月25日前后，每亩施尿素1.5千克或结合喷施磷酸二氢钾1.0千克+尿素0.25千克，叶面喷施2次。

（八）病虫害防治

7月5日～10日、7月15日～20日对粳稻田喷施2次灭虫农药防治二化螟，如阿维菌素、杀虫双、杀虫单、锐劲特等。粳稻稻瘟病萌发期在病发期的前14天，低温多雨，连续几天大雾天，多年稻田地，栽培密度大，不透风，氮肥用量过大等因素都易引发稻瘟病的发生。防治方法：选育优质良种，培育壮秧，降低栽培密度，浅水管理；药物防治。可采取先防后治的原则，前期防治叶瘟、中后期防治穗颈瘟、粒瘟。使用药剂为三环唑、富士一号、稻瘟灵、使百克、施保克、咪鲜胺等。分别于7月15日、7月25日、8月5日前后，在粳稻抽穗前后，（扬花期可在下午3时后），根据病情轻重，对粳稻进行适时喷施。

（九）收获与加工

粳稻进入黄熟后期，达到90%的籽粒黄熟即可进行收割。收割时捆小捆，10捆一堆，摆人字架进行风干，6～7天翻转1次稻捆，再晾6～7天，当粳稻籽粒含水量降到15%～16%时即可进行脱粒。为了保障大米加工过程中米粒整洁，不出惊纹粒，需做到以下几点：粳稻成熟后，霜冻前进行适时收割；收割后的粳稻，晾晒10～14天，时间不可太长，子粒含水量不能低于15%；脱粒后的粳稻不能在阳光晾晒下进行降水，应隔光风干降水；加工后的大米要隔光、低温、通风、防潮保存。

第二节　玉米的优质高产栽培技术

一、提高玉米的灌溉水平

灌溉对玉米高产影响极大。应该在降水偏少和水资源不足的条件下，根据玉米的生育特点，合理用水，科学浇水，充分提高水资源的利用率，推广旱作栽培和节水灌溉技术，稳定提高玉米产量。

(一) 玉米的需水特性

玉米的需水量也称耗水量，是指玉米在一生中土壤棵间蒸发和植株叶面蒸腾所消耗的水分总量。玉米全生育期需水量受产量水平、品种、栽培条件、气候等众多因素影响而产生差异。因此，需水量亦不尽一致。

1. 玉米不同时期的需水规律

（1）播种至拔节

该阶段经历种子萌发、出苗，及苗期生长过程，土壤水分主要供应种子吸水、萌动、发芽、出苗及苗期植株营养器官的生长。因此，此期土壤水分状况对出苗能否顺利及幼苗壮弱起了决定作用。底墒水充足是保证全苗、齐苗的关键，尤其对于高产玉米来说，苗足、苗齐是高产的基础。夏播区气温高、蒸发量大、易跑墒。土壤墒情不足均会导致程度不同的缺苗、断垄，造成苗数不足。因此，播种时浇足底墒水，保证发芽出苗时所需的土壤水分，并在此基础上，苗期注意中耕等保墒措施，使土壤湿度基本保持在田间最大持水量的65%～70%，既可满足发芽、出苗及幼苗生长对水分的要求，又可培育壮苗。

（2）拔节至抽雄、吐丝期

此阶段雌、雄穗开始分化、形成，并抽出体外授粉、受精。根、茎、叶营养器官生长速度加快，植株生长量急剧增加，抽穗开花时叶面积系数增至5～6，干物质阶段累积量占总干重的40%左右，正值玉米快速生长期。此期气温高，叶面蒸腾作用强烈，生理代谢活动旺盛，耗水量加大。拔节至抽穗开花，阶段耗水量约占总耗水量的35%～40%。其中拔节至抽雄，日耗水量增至每公顷40.5～51吨。抽穗开花期虽历时短暂，绝对耗水量少，但耗水强度最大，日耗水量达到每公顷675吨。

该阶段耗水量及干物质绝对累积量均约占总量的1/4，玉米处于需水临界期。因此，满足玉米大喇叭口至抽穗开花期对土壤水分要求，对增加玉米产量尤为重要。

（3）吐丝至灌浆期

开花后进入了籽粒的形成、灌浆阶段，仍需水较多。此期同化面积仍较大，此阶段耗水约每公顷1335～1440吨，占总耗水量的30%以上。

（4）灌浆至成熟期

此阶段耗水较少，每公顷仅为420～570吨，占总耗水量的10%～30%，但耗水强度平均每日仍达到35.55吨，后期良好的土壤水分条件，对防止植株早衰、延长灌浆持续期、提高灌浆强度、增粒重、获取高产有一定作用。

总之，玉米的耗水规律为"前期少、中期多、后期偏多"的变化趋势，高产水平主要表现有三个特点：一是前期耗水量少，耗水强度小；二是中后期耗水量多、耗水强度大；三是全生育期平均耗水强度高。原因是苗期控水对产量影响最小。适量减少土壤水分进行蹲苗，不仅对根系发育，根的数量、体积、干重的增加有利，还可促进根系向土壤纵深处发展，以吸收深层土壤水分和养分。在生育后期为玉米良好的受精、籽粒发育、减少籽粒败育、扩大籽粒库容量，增加粒数、粒重，获得高产，创造一个适宜的土壤水分条件是非常必要的。

（二）玉米的灌溉制度和灌溉方法

1. 灌溉制度

适时、适量的灌溉对玉米高产很重要。正常年份一般玉米需浇水两次。第一次在播种前浇好底墒水；第二次在玉米穗分化期即玉米大喇叭口期浇水，此时正是玉米营养生长与生殖生长的关键期，也是玉米的需水临界期，此时缺水对玉米产量影响极大。如遇干旱年份，要在抽雄后再浇一水，这对玉米的后期生长增加千粒重有很大作用。也可以参考我国主要玉米产区的灌溉制度，根据当地水资源情况，因地制宜制定出合理的灌溉制度。

2. 灌溉方法

（1）畦灌

这是一种传统的灌溉方法，具体做法是通过筑埂和挖毛渠把土地筑成一定长方形小格，通常是4～5行玉米为一畦，由毛渠处打开缺口，引水入畦进行灌溉。黄淮海平原都实行小麦、玉米一年两熟制，畦灌的最大优点是能利用小麦原有的灌溉渠系浇水。

在实行玉米套种的情况下，无须专门做畦，利用小麦的渠系即可灌溉。

畦的长度一般为50～100米，地面坡降大的可缩短为10～20米，畦的宽度一般为2～3米。畦灌的好处是浇水量大，浇得匀，浇得足。主要缺点是比较费水，而且容易造成地面板结。尽管这种灌溉方法比较落后，但由于受到经济条件的限制，在今后相当长的时间内预计仍为玉米的主要灌溉方法。

（2）沟灌

通过培土在行间开沟，将毛渠内的水引入沟内，水在流动的过程中，通过毛细管的作用浸润沟的两侧，同时依靠水的重力作用浸润沟底部的土壤。沟灌的好处是，无须增加水利投资，浇水量比较少，从而可以节约用水，减少土壤团粒结构受水力破坏的程度，土壤比较疏松透气；此外，在极端干旱的情况下，可以采取隔沟浇的办法以加速浇水进度，待浇完后再浇另一沟。在降了大雨之后，可以利用垄沟和毛渠排水，做到一套渠系，灌排两用。实行沟灌时要注意平整土地，使沟底平直，否则就可能发生水流在沟中受阻的情况。

（3）喷灌

喷灌是以一定压力将水通过田间管道和喷头喷向空中，使水散成细小的水珠，然后像降水一样均匀地洒在玉米植株和地面上，这是一种最接近天然降水的灌溉技术，喷灌的优点是：比地面灌溉省水，无需做畦挖沟，比较省工，水的利用率很高，对土地平整要求不太严格，可以结合灌溉施肥和喷洒农药，生育中后期灌溉可以冲洗叶片的花粉和尘土，有利于提高叶片光合效率。

玉米最适用喷灌，因为它生长在雨季，而天有不测风云，万一浇后又下雨，采用喷灌的也不至于积水成涝，从而影响田间作业和玉米生长。在播种阶段，土层已经干透，采用畦灌时浇水进度很慢，而喷灌时只要喷 2 ～ 3 小时就可以确保全苗。到了生育后期玉米已经长到 2.5 米以上，玉米地犹如青纱帐，进地做畦浇水是一件头痛的事。如采用喷灌，则不存在问题。最近几年喷灌发展很快，它既省水又省工，对玉米的增产起了很大作用。

（4）渗灌

渗灌又称地下管道灌溉，它是通过地下干、支输配水管，由湿润管通往玉米根际，渗湿根际土壤。这是目前最先进的一种灌溉方法，可以最大限度地杜绝水资源的损失和浪费。实践表明，渗灌比地面灌溉可节水 40% ～ 55%，增产幅度在 20% 左右。

（5）滴灌

滴灌是利用一种低压管道系统，将灌溉水经过分布在田间地面的一个个滴头，以点滴状态缓慢地、不断地浸润玉米根系最集中的地区，"把水送到玉米的嘴边上"。滴灌最大的优点是能直接把水送到玉米根系的吸收区，避免因渗漏、棵间蒸发、地面径流和喷灌时水分在空中的蒸发等方面的损失，而且对土壤结构也不造成破坏。它在节水方面的效果，在气候干燥地区表现尤为突出。

3. 高产高效节水措施

（1）整修渠道

目前地上渠道灌溉面积大，且渗漏水严重，是玉米灌溉中造成水资源浪费的主要原因。最好采取先整修渠道，然后铺一层塑料布的办法。可减少渗漏，确保畅通，一般可节约用水 23%～30%。其方法，是先加厚夯实渠埂，然后在渠沟里铺一层塑料布，这是防水渗漏最佳措施。

（2）因地制宜

改进灌溉方法：一是对水源比较丰富、宽垄窄畦、地面平整的地块，可采取两水夹浇的方法；二是对地势一头高一头低的地块，可采取修筑高水渠的方法，把水先送到地势高的一头，然后让水顺着地势往低处流；三是对水源缺乏的地方，可采用穴浇点播的方法，播前先挖好穴，然后再担水穴浇进行点播，一般可节约浇水80%～90%。

（3）推广沟灌或隔沟灌

玉米作为高秆作物，种植行距较宽，采用沟灌非常方便。沟灌除了省水外，还能较好保持耕层土壤团粒结构，改善土壤通气状况，促进根系发育，增强抗倒伏能力。沟灌一般沟长可取 50～100 米，沟与沟间距为 80 厘米左右，入沟流量以每秒 2～3升为宜，流量过大过小，都会造成浪费。

隔沟灌可进一步提高节水效果，可结合玉米宽窄行采用隔沟浇水，即在宽行开沟浇水。每次浇水定额仅为每公顷 300～375 吨，这种方法既省工又省水。控制性交替隔沟灌溉不是逐沟灌溉，而是通过人为控制隔一沟浇一沟，另外一沟不灌溉。下一次浇时，只灌溉上次没有浇水的沟，使玉米根系水平方向上的干湿交替。每沟的浇水量比传统方法增加 30%～50%，这样交替灌溉一般可比传统灌溉节水 25%～35%，水分利用效率大大提高。

（4）管道输水灌溉

采用管道输水可减少渗漏损失、提高水的利用率。目前采用的一般有地下水硬塑料管，地上软塑料管，一端接在水泵口上，另一端延伸到玉米畦田远端，浇水时，挪动管道出水口，边浇边退。这种移动式管道灌溉，不仅省水，功效也较高。

（5）长畦分段灌和小畦田灌溉

灌溉水进入畦田，在畦田面上的流动过程中，靠重力作用入渗土壤的灌溉技术。要使灌溉水分配均匀，必须严格地整平土地，修建临时性畦埂，在目前土地整平程度不太高的情况下，采取长畦分段灌溉和把大畦块改变成较小的畦田块的小畦田灌溉方法具有明显的节水效果，可相对提高田块内田面的土地平整程度，灌溉水的均匀度增加，田间深层渗漏和土壤肥分淋失减少，节水效果显著。一般所提倡的畦田长 50 米左右，最长不超过 80 米，最短 30 米。畦田宽 2～3 米。灌溉时，畦田的放水时间，可采用放水八九成，即水流到达畦长的 80%～90% 时改水。

（6）波涌灌

将灌溉水流间歇性地，而不是像传统灌溉那样 1 次使灌溉水流推进到沟的尾部。即每一沟（畦田）的浇水过程不是 1 次而是分成 2 次或者多次完成。波涌灌溉在水流运动过程中出现了几次起涨和落干，水流的平整作用使土壤表面形成致密层，入渗速率和面糙率都大大减小。当水流经过上次灌溉过的田面时，推进速度显著加快，推进长度显著增加。使地面灌溉浇水均匀度差、田间深层渗漏等问题能得到较好的解决。尤其适用于玉米沟、沟畦较长的情况。一般可节水 10% ～ 40%。

（7）膜上灌

膜上灌是由地膜输水，并通过放苗孔和膜侧旁入渗到玉米的根系。由于地膜水流阻力小，浇水速度快，深层渗漏少，节水效果显著。目前膜上灌技术多采用打埂膜上灌，即做成 95 厘米左右的小畦，把 70 厘米地膜铺于其中，一膜种植两行玉米，膜两侧为土埂，畦长 80 ～ 120 厘米。和常规灌溉相比，膜上灌节水幅度可达 30% ～ 50%。

4. 玉米旱作蓄水保墒增产技术

我国旱作玉米占玉米总面积一半以上。蓄住天上水，保住土中墒，经济合理用水，提高水分利用率，是旱作玉米增产技术的关键。

（1）深耕蓄水

旱作玉米区年降水量60%～70%集中在7、8、9三个月。如何保蓄和利用有限的降水，就是旱作技术要达到的目的。

在一般农田深厚疏松的耕层土壤，截留的降水量可达总降水量的90%以上。土壤的充水和失水过程，大致和降水季节一致，即早春散墒，夏季收墒，秋末蓄墒，冬季保墒，一般是在降水末期蓄水量最多，在干旱多风的早春季节失水量最大。劳动人民创造了许多蓄墒耕作措施。如风沙旱地的沙田、黄土高原的梯田、平原旱地的条田等，都是截留降水的好方法，除暴雨外能接纳全部的降水，土壤含水量要高出 8 ～ 10 倍。

采取耕耙保墒措施：一是深耕存墒，秋季深耕比浅耕0 ～ 30 厘米耕层土壤含水量多50%。深耕还能促进玉米根系发育并向深层伸长，扩大吸收水肥范围；二是耙地保墒，使土壤平整细碎，形成疏松的覆盖层，弥合孔隙，切断毛细管、减少蒸发。据测定，深耕后进行耙地可使耕层水分提高10%～28%；三是中耕蓄墒，在玉米生长发育过程中，锄地松土，切断毛细管，抑制水分上升，减少蒸发。

（2）培肥土壤，调节地中

旱作玉米的表面是贫水，实质是缺肥。增施肥料，培肥地力，改善土壤结构，可以以肥调水，使根系利用土壤深层蓄水。培肥地力，一是进行秸秆还田，增加土壤中的有机物质；二是施用厩肥，增加土壤有机质含量，在耕层形成团粒结构，适宜的孔隙度和酸碱度，促进有益微生物活动，增强土壤蓄水保墒能力。秸秆还田是增加土壤有机质的有效措施之一，连续多年实行秸秆还田，可提高土壤有机质；三是种植苜蓿或豆科绿肥作物，实行生物养田。

（3）采用综合技术巧用土壤水

①选用耐旱品种种植

与环境条件相适应的品种类型就比不适应的类型好。例如，在旱薄地选用扎根深、叶片窄、角质层厚、前期发育慢、后期发育快的稳产品种，而在墒情较好的肥地，种植根系发达、茎秆粗壮、叶片短宽的中大穗品种，则更表现出适应和增产。但是，抗旱品种并不等于就是对灌溉有良好反应的品种。有些非抗旱品种在干旱年份可能会取得高产，也可能在灌溉条件下达到很高的产量。显然，无论是在旱地，还是在水浇地，都应该做品种的筛选工作，以作为在同样条件下选用品种的依据。要根据土壤墒情，气候变化，因地制宜，灵活搭配。

②播前种子锻炼

采用干湿循环法处理种子，提高抗旱能力。

方法是将玉米种子置于水桶中，在20℃～25℃温度条件下浸泡两昼夜，捞出后在25℃～30℃温度下晾干后播种；有条件的地方可以重复处理2～3次；经过处理的种子，根系生长快，幼苗矮健，叶片增宽，含水分较多，一般可增产10%。

③选择适宜播期

躲避干旱，迎雨种植，旱作地区降水比较集中，玉米幼苗期比较耐旱，进入拔节期以后需要较多的水分。根据当地降水特点，把幼苗期安排在雨季来临之前，在幼苗忍受干旱锻炼之后，遇雨立即茁壮生长。

④以化学制剂改善作物或土壤状况

化学调控可以抑制土壤蒸发和叶面蒸腾。保水抗旱制剂在旱作玉米的应用中有两类。一类叫叶片蒸腾抑制剂，在叶片上形成无色透明薄膜，抑制叶片蒸腾，减少水分散失。在干旱季节给玉米喷洒十六烷醇／鲸蜡醇溶液，叶片气孔形成单分子膜可使玉米耗水量减少30%以上，喷洒醋酸苯汞溶液，调节叶片气孔开合，预防叶片过多失水而凋萎；另一类叫土壤保水剂，主要作用于土表，阻止土壤毛细管水上升，抑制蒸发，起到保墒增温的效果。这类物质多是高分子聚合物和低分子脂肪醇、脂肪酸等，在土壤表面形成薄膜、泡沫或粉状物，抑制水分蒸发。

中国农业科学院在10多个省（区）推广的土壤保水剂，采用给玉米拌种、沟施、穴施等方法，有明显的增温保墒效果，种子发芽快、出苗齐、生长健壮、增产增收。还可以推广"FA旱地龙"等植物抗旱化学剂。它是以天然低分子黄腐酸为主要成分，且含有植物所需要的多种营养元素和氨基酸，能有效降低植物叶片气孔开放度，减少过多地蒸腾，提高作物体内多种酶的活性，促进植物生长发育。节水增产效果显著。

（4）秸秆覆盖栽培

将麦秸或玉米秸铺在地表，保墒蓄水，是旱地玉米省工、节水、肥田、高产的有效途径。秸秆覆盖在秋耕整地后和玉米拔节后在地表面和行间每亩铺500～1000千克铡碎的秸秆，也有采用旱地玉米免耕整株秸秆半覆盖，或旱地玉米免耕复合覆盖法。覆盖秸秆后，由于秸秆的阻隔作用，避免了阳光对土表的直接烤晒，地面温度降低，水分蒸发减少。由于秸秆翻入土壤，经高温腐熟成肥，增加了土壤有机质，促进了土壤团粒结构的形成。覆盖后土壤有机质、全氮含量、水解氮、速效磷和速效钾均比传统耕作的土壤增加，而土壤容重普遍下降，从而提高了玉米产量和水分利用率。

（三）玉米的涝害与排水

玉米是需水量较多而又不耐涝的作物。土壤湿度超过持水量的80%以上时，玉米就发育不良，尤其是在玉米幼苗期间，表现更为明显。水分过多的危害，主要是由于土壤空隙为水饱和，形成缺氧环境，导致根的呼吸困难，使水分和营养物质的吸收受到阻碍。同时，在缺氧条件下，一些有毒的还原物质如硫化氢、氨等直接毒害根部，促使玉米根的死亡。所以在玉米生育后期，在高温多雨条件下，根部常因缺氧而窒息坏死，造成生活力迅速衰退，甚至植株全株死亡，严重影响了产量的提高。玉米种子萌发后，涝害发生得越早，受害越严重，淹水时间越长受害越重。玉米在苗期淹水3天，当淹到株高一半时，单株干重降低5%～8%，只露出叶尖时单株干重降低26%，将植株全部淹没3天，植株会死亡。

涝害分为多种，常见的有积涝、洪涝和沥涝。积涝由暴雨所致，因降水量过大，地势低洼，积水难以下排，作物长时间泡在积水中；洪涝则是由山洪暴发引起，常见于山区平地；另一种是沥涝，由于长时间阴雨，造成地下水位升高，积水不能及时排掉，群众把这种情况叫做"窝汤"。玉米发生涝害后，土壤通气性能差，根系无法进行呼吸，得不到生长和吸收肥水所需的能量。因此，生长缓慢，甚至完全停止生长。遇涝后，土壤养分有一部分会流失，有一部分经过反硝化作用还原为气态氮而跑入空气中，致使速效氮大大减少。

受涝玉米叶片发黄，生长缓慢。另外，在受涝的土壤中，由于通气不良还会产生一些有毒物质，发生烂根现象。在发生涝害的同时，由于天气阴雨，光照不足，温度下降，湿度增大，常会加重草荒和病虫害蔓延。

目前常用的防涝、抗涝措施有以下几种：

1. 正确选地

尽量选择地势高的地块种植。地势低洼、土质黏重和地下水位偏高的地块容易积水成涝，多雨地区应避免在这类地块种植玉米。

2. 排水防涝

修建田间"三级排水渠系"，是促进地面径流，减少雨水渗透的有效措施。所谓"三级排水渠系"，是指将玉米田中开出的三种沟渠联成一体。这三种沟渠分别是玉米行间垄沟与玉米行间垂直的主排渠（腰沟）以及每隔25米左右与行间平行的田间排水沟。沟深一级比一级增加，可使田间积水迅速排出。为便于排水，南方地区可采用畦作排水的方法。做法是：种玉米时，在地势高、排水良好的地上采用宽畦浅沟，沟深33厘米左右，每畦种玉米4～6行；在地势低、地下水位高、土壤排水性差的低洼地，则采用窄畦深沟，沟深50～70厘米，每畦种玉米2～4行。为了便于排出田间积水，要求做到畦沟直、排水沟渠畅通无阻，雨来随流、雨停水泄。华北地区采用的方法是起垄排涝，也就是把平地整成垄台和垄沟两部分，玉米种在垄背上。这样散墒快，下雨时积水可以迅速顺垄沟排出田外，从而保证根系始终有较好的通气条件。对一些低洼盐碱地，为了防涝和洗盐，常将土地修成宽度不等的台田。台田面一般比平地高出17～20厘米，四周挖成深50～70厘米、宽1米左右的排水沟。有的地区还把土地修成宽幅的高低畦，高畦上种玉米，低洼里种水稻，各得其所。

3. 修筑堰下沟

在丘陵地区，由于土层下部岩石"托水"，加上土层较薄，蓄水量少，即使在雨量不很大的情况下，也会造成重力水的滞蓄。重力水受岩石层的顶托不能下渗，便形成小股潜流，由高处往低处流动，群众把它称为"渗山水"。丘陵地上开辟的梯田因土层厚薄不匀，上层梯田渗漏下来的"渗山水"往往使下层梯田形成受涝状态，出现半边涝的现象。堰下沟就是在受半边涝的梯田里挖一条明沟，深度低于活土层17～33厘米，宽60～80厘米，承受和排泄上层梯田下渗的水流，并结合排除地表径流。这种方法是解决山区梯田涝害的有效措施。

4. 选用抗涝品种

不同的玉米品种在抗涝方面有明显的差异。抗涝品种一般根系里具有较发达的气腔，在受涝条件下叶色较好，枯黄叶较少。

（5）增施氮肥

"旱来水收，涝来肥收"，这是农民在长期的生产实践中总结出来的经验。受涝甚至泡过水的玉米不一定死亡，但多数表现为叶黄秆红，迟迟不发苗。在这种情况下，除及时排水和中耕外，还要增施速效氮肥，以改善植株的氮素营养，恢复玉米生长，减轻涝害所造成的损失。

（6）采取措施促进早熟

一般玉米遭受涝害，生育期往往推迟，贪青晚熟，如果霜冻来得早就会影响产量。为了避免损失，可采取常规方法，隔行、隔株去雄、打底叶，这叫做放秋垄。

二、做好玉米播种与田间管理

(一) 提高玉米播种的质量

1. 整地施肥造墒

春玉米整地应于秋季尽早深耕，施足有机肥，以熟化土壤，积蓄底墒，春季再耕地，要翻、耙、压等作业环节紧密配合，注意保墒。

夏玉米整地利用前茬作物播前深耕、施足有机肥的后效应；利用前茬作物深耕的基础，麦收前造墒，麦收后及早灭茬，抢种夏玉米。前茬收获早、土壤墒情足或在有造墒条件的情况下，可在前茬收获后早深耕，后整地播种；若前茬收获较晚，则应先局部整地，在播种行开沟、施肥，平整、抢种，出苗后行间再深耕。套种玉米在早春破埂埋肥，浇麦黄水造墒播种，前茬作物收获后，再灭茬、深刨、整地。总之，三夏期间，时间紧农活多，气温高墒情差。直播和套种田的整地、施肥造墒、播种既要抓紧，又应灵活掌握。同时不宜深耕细整，因为一则延误农时，加速跑墒，影响播全苗；二则如苗期遇大雨，加重涝害以致因此不能及时管理，造成苗荒和草荒。

2. 选用良种及种子处理技术

（1）选用良种

利用优良品种增产是农业生产中最经济、最有效的方法。当前，生产上推广的多是单交种，以生育期长短分中晚熟和中早熟两类。优良杂交种的布局，要注意早、中、晚熟搭配，高、中、低产田选配得当。一般确定 1 个当家品种，1～2 个搭配品种。并引进、试种 1～2 个接班品种。这样便于因种管理，良种良法配套，避免品种"多、乱、杂"，充分发挥良种的增产潜力。

（2）种子精选

包括穗选和粒选。穗选即在场上晾晒果穗时，剔除混杂、成熟不好、病虫、霉烂果穗后，晒干脱粒做种用。粒选即播前筛去秕粒，清除霉、破、虫粒及杂物，使之大小均匀饱满，便于机播，利于苗全、苗齐。

（3）种子处理

玉米种子处理包括晒种、浸种、药剂拌种或种子包衣。晒种选晴天晒 2～3 天，利于提高发芽率，提早出苗，减轻丝黑穗病。浸种可促进种子发芽整齐，出苗快，苗子齐。方法有冷水浸种 12～24 小时；50℃（2 开 1 凉）温水浸泡 6～12 小时；用 30% 或 50% 的发酵尿液分别浸泡 12 或 6～8 小时，或用 500 倍磷酸二氢钾溶液浸泡 8～12 小时，均可达到同样的效果。浸种应注意：饱满的硬粒型种子时间可长些，秕粒、马齿型种子时间宜短；浸过的种子勿晒、勿堆放、勿装塑料袋；晾干后方可药剂拌种；天旱、地干、墒情不足时，不宜浸种；浸过的种子要及时播种。浸后晾干的种子可用 0.5%

的硫酸铜或用种子量 1% 的 20% 萎锈灵拌种，以防黑粉病和丝黑穗病；也可用辛硫磷、1605、种衣剂拌种、包衣，防治地下害虫。

3. 适时播种，提高播种质量

（1）适时播种

套种玉米在 5 月中下旬至 6 月初。夏直播适期在 6 月中下旬，越早越好。在选择了优良的品种和种子之后，适期播种可以获得较高产量和效益。一般认为，当土壤温度至少有 5～10 天的时间已达到 10℃～12℃时，可以播种。播种时理想的土壤含水量为 70%～75%。在土壤墒情较差，播种期间干旱时间较长的年份和地区，需进行灌溉或坐水种。此外还可调整播期，使玉米在生长发育的关键时期（如抽雄前 15 天至抽雄后的 15 天内）避开季节性的干旱。中早熟品种适播期较长，可根据气候、土壤以及综合生产形势选择播种期。光温敏感性较差的品种如中单 9409，可南方和北方种植。生育期变动不大。光温敏感的品种如掖单 13，在不同地区种植生育期有较大变化。

（2）提高播种质量

①掌握合适的播种量

应根据不同品种生育期、株形及规格密度、种子的大小、发芽率的高低、整地的好坏、播种方式等而定。

玉米播种方法有条播和穴播两种。条播每公顷用种 60 千克左右；穴播用种 22.5～37.5 千克，一般每穴播种子 3～4 粒。

②播种深度

玉米播种技术要求深度适宜，深浅一致，覆土薄厚均匀严密，播后适时镇压。在比较干旱、土墒不足时，利用抗旱播种技术。适宜的播种深度一般在 4～6 厘米。过深出苗难，苗子弱；过浅易落干，造成缺苗断垄。杂交种比地方种胚芽鞘软，应浅些；黏土、土湿、地势低，浅些；反之，沙土、干土、地势高，深些。盖种覆土深度一般为 3～5 厘米。

③玉米施用的基肥要腐熟

用化肥作基肥或种肥应距离种子 5～6 厘米以上，以免烧芽。如果用化肥与农家肥混合施用则要求先混合堆沤 1 个月以上，为安全起见，不宜用混有化肥的农家肥盖种。

④提高玉米机械化播种质量

玉米播种分为春玉米的直播和夏玉米的麦田套播、麦收后直播三种形式，适用于套播和直播两种机械化技术。麦行间套种玉米，一般采用开沟点播或人工刨穴点播，或用一种人、畜力小型机具——套种耧进行套播。

以夏玉米为例，玉米直播可在麦收前浇足"麦黄水"，麦收后整地抢墒播种。来不及整地，可在麦收后贴茬直播，玉米出苗后再进行中耕灭茬，机械化播种可以很好地满足播种质量方面的要求。麦收后的贴茬直播玉米具有很多优点正在被迅速推广普及，不仅可以抢墒抢时及时播种，还可以省工、省时，麦收后利用机械一次进地就可完成播种作业，而且可以实现麦秸还田覆盖，减少土壤水分蒸发，增加土壤有机质，提高土壤肥力，促进玉米高产。

随着玉米播种机的推广，玉米种植行距的调节和控制有了保障，减少了人工点播所造成的行距大小不一的随意性。玉米行距的调节不仅要考虑当地种植规格和管理需要，还要考虑玉米联合收割机的适应行距要求，如一般的背负式玉米联合收割机所要求的种植行距为 55～75 厘米。

(二) 玉米田间管理技术

1. 玉米苗期田间管理

（1）查田补种，移苗补栽

玉米种子质量和土壤墒情等方面的原因，会造成已播种的玉米出现不同程度的缺苗、断垄，这将严重影响玉米的产量和品质。所以出苗后要经常到田间查苗，发现缺苗应及时进行补种或移栽。如缺苗较多，可用浸种催芽的种子坐水补种。如缺苗较少，则可移苗栽植。移栽要在阴雨天或晴天下午进行，最好带土移栽。栽后要及时浇水，缩短缓苗时间，保证成活，达到苗全。

（2）适时间苗、定苗，早间苗、匀留苗

适时合理定苗是实现合理密植的关键措施。间苗宜早，应选择在幼苗将要扎根之前，一般在幼苗三四片叶时进行。间苗原则是去弱苗，去病苗，留壮苗；去杂苗，留齐苗和颜色一致的苗。如间苗过晚，植株过分拥挤，互争水分和养分，会使初生根系生长不良，从而影响地上部的生长。当幼苗长到四五片叶时，按品种、地力不同适当定苗。如地下害虫发生严重的地方和地块，要适当延迟定苗时间。但最迟不宜超过 6 片叶。间、定苗时一定要注意连根拔掉。避免长出二茬苗。间、定苗可结合铲地进行。

（3）中耕除草

中耕除草可以疏松土壤，提高地温，加速有机质的分解，增加有效养分，减少土壤水分蒸发，有利于防旱保墒和清除田间杂草等。中耕除草一般应进行 3 次，第一次在定苗之前，幼苗四五片叶时进行，深度 3～4.5 厘米；第二次在定苗后，幼苗 30 厘米高时进行；第三次在拔节前进行，深度 9～12 厘米。除草地要净，特别要铲尽"护脖草"。躺地要注意深度和培土量，头遍躺地要拿住犁底，达到最深，为了躺深，又不压苗、伤苗，可用小犁，应遵循"头遍地不培土，二遍地少培土，三遍地拿起大垄"的原则。

应用化学除草技术。一般玉米田除草常选用乙草胺乳油（土壤处理剂）、乙阿合剂、玉米宝（土壤处理和茎叶处理兼用）等。每公顷用商品量 50% 的乙草胺乳油 2250～3000 毫升，兑水 450～600 升，在播后苗前进行土壤处理，或在玉米苗 3 叶期以前每公顷用 2250～3000 毫升乙阿合剂或玉米宝，兑水 225～375 升进行茎叶处理，对玉米田杂草均有较好的防效。

（4）蹲苗促壮

这种方法能使玉米根系向纵深伸长，扩大根系吸水、吸肥范围，并使幼苗敦实粗壮，增强后期抗旱和抗倒伏的能力，为丰产打下良好基础。蹲苗时间一般以出苗后开始至拔节前结束。

当玉米长出四五片叶时，结合定苗把周围的土扒开深 3 厘米左右，使地下茎外露，晒根 7～15 天，晒后结合追肥封土，这样可提高地温 1℃ 左右。扒土晒根时，严禁伤根。一般苗壮、地力肥或墒情好的地块要蹲苗；苗弱、地力薄或墒情差的地块不用蹲苗。

（5）适量追肥

春玉米由于基肥充足，一般不施苗肥。麦垄套种和贴茬抢种的玉米则因免耕播种，多数不施基肥，主要靠追肥。麦收后施足基肥整地播种的夏玉米，视苗情少施或不施苗肥。苗肥应将所需的磷肥、钾肥 1 次施入，施入时间宜早。对基肥不足的应及时追肥以满足玉米苗期生长的需要，做到以肥调水，为后期高产打下基础。如苗期出现"花白苗"，可用 0.2% 的硫酸锌溶液叶面喷洒。也可在根部追施硫酸锌，每株 0.5 克，每公顷施 15～22.5 千克。如苗期叶片发黄，生长缓慢，矮瘦，淡黄绿色，是缺氮的症状，可用 0.2%～0.3% 尿素溶液叶面喷施。

（6）防治地下害虫

苗期对玉米危害严重的地下害虫有蝼蛄、蛴、地老虎、金针虫等，一旦发生，要对症施药，及时消灭。防治方法：一是浇灌药液，每公顷用 50% 辛硫磷乳油 7.5 千克，兑水 11250 升顺垄浇灌；二是撒毒土，用 2% 甲基异柳磷粉，每公顷 30 千克，兑细土 600 千克，拌匀后顺垄撒施；三是撒毒谷，用 15 千克谷子及谷秕子炒熟后拌 5% 西维因粉 3 千克，或用 75 千克麦麸炒香后加入 40% 甲基异硫磷对水拌匀，于傍晚撒在田间，每公顷 15～30 千克。

2. 玉米中期田间管理

要提高玉米单产，除选用优良品种、适时播种和加强苗期田间管理外，尤其要加强玉米生产中期的田间管理，以减少空秆和"秃穗"，达到高产的目的。

（1）轻施拔节肥

在玉米生长至 6～8 叶时正是拔节时期，是需肥高峰期，应根据苗情结合二遍铲躺，进行追肥。每公顷追 150 千克硝酸铵或 120 千克尿素，同时根外追施硫酸锌 15 千克，可减少秃尖。

（2）重施穗肥

玉米穗肥也就是玉米在抽穗前 10 天，接近大喇叭口期的追肥。此期玉米营养生长和生殖生长速度最快，幼穗分化进入雌穗小花分化盛期，是决定果穗大小、籽粒多少的关键时期，也是玉米一生中需肥量最多的阶段，一般需肥量应占追肥总量的50%～60%，故称玉米的需肥临界期。尤其对中低产地块和后期脱肥的地块，更要猛攻穗肥，加大追肥量，每公顷施碳酸氢铵375～450千克。同时，可根据长势适时补充适量的微肥，一般用0.2%的硫酸锌溶液进行全株喷施，每隔5～7天喷1次，连喷2次。抽穗后，每公顷还可用磷酸二氢钾2.25千克，对水750升，均匀地喷到玉米植株中、上部的绿色叶片上，一般喷1～2次即可。

（3）防病治虫

对患有黑粉病的植株，要趁黑粉还未散发之前，及时拔除，深埋或烧毁，以免翌年重茬而染上此病。同时，玉米进入心叶末期即大喇叭口期，是防治玉米螟的最佳时期，这时玉米螟集中在叶丛中，为用药消灭提供了条件。防治方法：菊酯类农药对成1000倍液，摘掉喷雾器的喷头，将药液喷入心叶丛中；用50%辛硫磷乳剂500倍液，喷灌于心叶丛中。

（4）抗旱排渍

玉米生长中期，久旱久雨都不利。如遇天旱，应坚持早、晚浇水抗旱，中耕松土，保证玉米有充足的水分；若是多雨天气，则要疏通排水沟，及时排除积水，以利生长发育。

3. 玉米后期田间管理

（1）及早补肥

生产实践证明，玉米吐丝后，土壤肥力不足，下部叶片发黄，脱肥比较明显，可追施氮肥总追肥量的10%速效氮，或用0.4%～0.5%磷酸二氢钾溶液进行喷施，补施攻粒肥，使根系活力旺盛，养根保叶，植株健壮不倒，防止叶片早衰。

（2）拔掉空秆和小株

在玉米田内，部分植株因授不上粉，形成不结穗的空秆，有些低矮的小玉米株不但白白地吸收水分和消耗养分，而且还与正常植株争光照，影响光合作用。因此，要把不结穗的植株和小株拔掉，从而把有效的养分和水分集中供给正常的植株。

（3）除掉无效果穗

一株玉米可以长出几个果穗，但成熟的只有1个，最多不超过2个。对确已不能成穗和不能正常成熟的小穗，应因地因苗而进行疏穗，去掉无效果穗、小穗或瞎果穗，减少水分和养分消耗。这部分养分和水分可集中供应大果穗和发育健壮的果穗，促进果穗早熟、穗大、不秃尖、提高千粒重。同时，还可增强通风透光，有利于早熟。

（4）人工辅助授粉

可两人拉绳于盛花期，晴天10～12时花粉量最多时辅助授粉，一般进行2～3次可提高结实率，增产8%～10%。人工授粉，能使玉米不秃尖、不缺粒，穗大、粒饱满，早熟增产。

（5）隔行去雄和全田去雄

在玉米雄花刚露出心叶时，每隔一行，拔出一行的雄穗，让其他植株的花粉落到拔掉雄穗玉米植株的花丝上，使其授粉。在玉米授粉完毕、雄穗枯萎时，及时将全田所有的雄穗全部拔除。去雄可降低株高、防止倒伏、增加田间光照强度，减少水、养分损耗，增加粒重和产量。

（6）放秋垄，拿大草

放秋垄可以活化疏松土壤，消灭杂草。放秋垄、拿大草在玉米灌浆后期进行，浅锄，以不伤根为原则，有利于通风透光，提高地温，促进早熟，增加产量。

（7）打掉底叶

玉米生育后期，底部叶片老化、枯死，已失去功能作用，要及时打掉，增加田间通风透光。减少养分消耗，减轻病害侵染。

（8）站秆扒皮

晾晒可促玉米提早成熟 5 ~ 7 天，降低玉米水分 14% ~ 17%，增加产量 5% ~ 7%，同时，还能提高质量改善品质。

扒皮晾晒的时间很关键，一般在蜡熟中后期进行，即籽粒有一层硬盖时，过早过晚都不利。过早影响灌浆，降低产量；过晚失去意义。

方法比较简单，就是扒开玉米苞叶，使籽粒全部露在外面，但注意不要折断穗柄，否则影响产量。

（9）适时晚收

一般玉米植株不冻死不收获，这样可以充分发挥玉米的后熟作用，可使其充分成熟，脱水好，增加产量，改善品质。

三、玉米地膜覆盖栽培

（一）地膜覆盖栽培的配套技术

1. 适宜地区及地膜、良种选择

（1）适宜地区

经多年实践和多点调查，一般年平均气温在 5℃ 以上、无霜期 125 天左右、有效积温在 2500℃ 左右的地区适宜推广玉米地膜覆盖栽培技术。覆膜玉米要选地势平坦、土层深厚、肥力中上等、排灌条件较好的地块，避免在陡坡地、低洼地、渍水地、瘦薄地、林边地、重盐碱地种植，切忌选沙土地、严重干旱地、风口地块。地膜玉米怕涝，选地时要考虑排水条件，尤其在雨水较多的地区。地膜玉米整地要平整、细致、无大块坷垃，有利于出苗。

（2）地膜选择

目前市场上农用地膜来自不同厂家，厚度、价格都有较大区别，购买时应当注意看产品合格证，而且要注意成批、整卷农膜的外观质量。质量好的农膜呈银白色，整卷匀实。好的农膜，横向和纵向的拉力都较好。其次，要量一下地膜的宽度。不同的作物，不同的覆盖方式需要不同宽度的地膜，过宽和过窄都不行。

也需要比较一下地膜厚度。一般应选用微薄地膜。0.008 毫米以下的超薄地膜分解后容易支离破碎，难以回收，造成土壤污染，导致作物减产。还要算好用量，不要盲目购买。用量是根据自己种植的方式，开畦作垄的长度，算出地膜的需要量。

市场上的劣质膜主要有 3 种表现形式：一是缺斤少两。根据有关规定，一捆农膜的标准净含量为 5 千克，国家允许每捆偏差为 75 克；二是产品为再生膜。这种膜透明度差、强度差，手感发脆；三是薄膜厚度低于 0.008 毫米。购买的时候，一定要注意有无合格证、厂名、厂址和品名，并要多拽拽，测试其韧性，查看其透明度，千万不要让不合格农用地膜误了一年的收成。

（3）品种选择

玉米覆膜可增加有效积温 200℃ ～ 300℃，弥补温、光、水资源的不足，可使玉米提早成熟 7 ～ 15 天。因此，可选用比当地裸地主栽品种生育期长，需有效积温多的中晚熟高产杂交种。盖膜后玉米播种期提前、生育进程加快、早出苗、早成熟。在品种选择上选择生育期偏长的株形较紧凑，不易早衰、抗逆抗病性强的品种为宜。

2. 栽培方式和密度

（1）栽培方式

玉米覆膜大多采用比空方式，即覆膜两垄，空一垄，少数采用大小垄栽培，即两垄覆膜，空大垄沟。不管垄距大小，二比空的是把不空的两垄合二为一，在新起的大垄上做床种两行。

（2）栽培密度

每公顷株数一般要比裸地栽培增加 20% ～ 40%，平均为 6 万～ 6.75 万株，紧凑型玉米要达到 6.75 万株以上，最少收获株数不能低于 6.75 万株。当然种植过密，极容易造成空秆或生长后期脱肥，影响产量。

3. 整地做床与施肥

（1）整地做床

整地时主要围绕蓄水保墒进行，即秋耕蓄墒，春耕保墒。玉米覆膜要合垄做床，床面宽 70 厘米，床底宽 80 厘米，床高 10 厘米，两犁起垄、埋肥、镇压、做床一次完成，床两边用锹切齐，基肥合于床中两厚垄台内。床面要平、净、匀，耕层要深、松、细。

（2）增施基肥

地膜玉米茎叶茂盛，对肥料需求量大，必须增加施肥量。要重视施基肥，基肥以有机肥为主，化肥为辅，高产田一般每公顷施有机肥60～75吨，磷、钾肥全部基施，缺锌田应施15～30千克硫酸锌，氮肥总量的60%～70%应做基肥。

4. 播种与覆盖

（1）种子处理

播前要精选种子，做好发芽试验（发芽率要达95%以上），然后进行晒种、浸种或药剂拌种。浸种就是用冷水浸泡12～24小时，或用55℃～58℃温水浸泡6～12小时。用25%的粉锈宁或羟锈宁，按0.3%剂量拌种，防治黑穗病。可利用种子包衣剂，防治病虫害。也可用50%辛硫磷50克，对水2.5升，闷种25千克，防治地下害虫。

（2）适时播种

地膜覆盖的增温效果主要在前期，占全生育期增加积温的80%～90%。因此，播种时间要比露地玉米提早7～10天，当10厘米地温稳定在8℃～10℃时就可播种。

（3）覆膜

覆膜方式有两种：一种是先覆后播。主要是为了提高地温，冷凉山区比较适用，干旱地区可抢墒、添墒覆膜，适期播种。播种时用扎眼器扎眼播种，播后注意封严播种口；二是先播种后覆膜，采用这种方式要连续作业，做床、播种、打药和覆膜一次完成，可抓紧农时，利于保墒。

（4）药剂灭草

防杂草主要采取综合措施：一是利用膜内高温烧死杂草幼苗；二是在播种后盖膜前垄面喷药，边喷药边盖膜；三是结合追肥进行中耕除草。草害较重地区，每公顷可用阿特拉津或杜尔、乙草胺各3千克，混合后对水1125升喷雾除草，草害较轻的用药量可降至各2.25千克，播种后盖膜前均匀喷施，用药后立即覆膜。

（5）加强田间管理

播种后要经常检查田间，设专人看管检查，防止牲畜践踏，风大揭膜和杂草破膜。发现破膜及时覆土封闭，膜内长草要压土。待出苗50%时开始分批破膜放苗。放苗应坚持阴天突击放，晴天避中午、大风的原则。一般在播后7～10天发现幼苗接触地膜就应破膜放苗，在无风晴天的上午10时前或下午4时后进行，切勿在晴天高温或大风降温时放苗。定苗后及时封堵膜孔。缺苗时，结合定苗，采用坐水移栽，或在雨天移栽，齐苗后，对床沟进行早中耕、深中耕，提高地温促苗生长。注意旱灌、涝排。因为仅靠基肥难以满足玉米生长后期对肥料的需求，大喇叭口期要扎眼追肥，要因地、因种、因长势确定合理施肥量，防止早衰和贪青。

（6）促早熟增加粒重

由于选用生育期较长的杂交种，要千方百计地促进早熟，确保霜前成熟：一是在

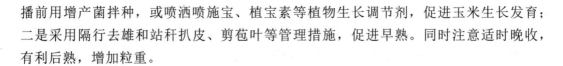

播前用增产菌拌种，或喷洒喷施宝、植宝素等植物生长调节剂，促进玉米生长发育；二是采用隔行去雄和站秆扒皮、剪苞叶等管理措施，促进早熟。同时注意适时晚收，有利后熟，增加粒重。

（二）玉米地膜选用

1. 低密度聚乙烯地膜，又名 LDPE 地膜

这种膜透光性好，光反射率低，覆盖测定透光率为 68.2%，反射率为 13% ～ 30%；热传导性小，保温性强，白天蓄热多，夜间散热少，增温、保温效果显著；透水、透气性低，保水、保墒性好；耐低温性优良，脆化温度可达 -70℃；柔软性和延伸性好，拉伸和撕裂强度高，不易破损；耐酸碱，无毒无味，化学稳定性好，不会因沾染农药、化肥而变质。

可焊接性好，便于拼接修补。质轻，成本低，每公顷用量 120 ～ 150 千克。是我国用量最大、用途最广泛的品种。其厚度有 0.02、0.014、0.012、0.01、0.008 毫米不等。每卷重量小于 20 千克，端头小于 3。注意该地膜从生产日期起以不超过 1 年使用为好。

2. 线性低密度聚乙烯地膜

又称 LDPE 地膜，这种地膜的拉伸、撕裂和抗冲击强，抗穿刺性和抗延伸性等均优于 LDPE 地膜。

适合于机械化铺膜，能达到 LDPE 地膜相同的覆盖效果，但厚度却比 LDPE 减少了30% ～ 50%，大大降低覆膜成本。其他性能与用途和 LDPE 膜相同。

3. 高密度聚乙烯地膜

又名 HPPE 地膜，这种地膜除具有 LDPE 地膜的优点外，最大特点是强度大，比较薄，每公顷用量 60 ～ 75 千克，成本可降低 40% ～ 50%，但对气候的适应性不如 UPE，更比不上 LDPE 地膜。

四、玉米抗旱栽培

（一）秋翻地，春保墒

秋季施入有机肥料，耕翻后及时耙糖，保蓄秋雨后的土壤水分。

春季不再耕翻，而在开始化冻时，多次横竖相间耙糖，破坏毛细管，使土壤上虚下实，耕层的水分不易散失，保蓄冬春土壤中的水分，以保证种子吸收发芽。

播种时，畜力开沟，开沟的深度视墒情而定。一般深拾浅盖土，点播踩籽，使种子与底土紧密结合利于吸水。覆土镇压，连续一次完成，不可拖延时间，避免跑墒；

机播跑墒少，利于出苗。最好是边播种边镇压，播完压完。镇压的目的，是封住播种沟保住墒情，同时提升下层水到种子部位，供种子吸水发芽。

（二）低温抢墒，催芽早播

低温抢墒播种，这是旱地玉米习惯做法，利用返浆水，保证玉米出苗。这种方法最大的弱点是种子在土壤内时间较长，约1个月，且容易粉种、霉烂，影响出苗率。催芽低温早播，既利用土壤返浆时的水分，又争取到自然热量。是抗寒栽培和抗旱栽培中一项切实可行的技术措施。

浸种催芽。用55℃～60℃的温水浸种，当水温下降到25℃～30℃时，浸泡种子12～24小时，滤水后用麻袋等保温物品覆盖种子催芽，有70%以上的种子露白时即可播种。下种时间，应在地表5厘米处的地温连续5天稳定在6℃以上时方可播种。覆土深度不超过5厘米。播种时按照垄沟栽培法，开沟深度以种子接触适宜的底墒为好。

增产的主要原因：一是抓住冬季受冻层阻隔积蓄的水分和春季返浆水融合的时机，利用尚好墒情早播保全苗。此时5厘米深度地温稳定在6℃以上，蒸发量最低，日蒸发量约为3.7毫米，春旱的几率最低。二是促使根系生长发育，吸收深层养分和水分，有利于植株生长发育，提高抗旱能力。三是热量利用率高，避开伏旱。可使早播玉米比常规播期玉米增加积温216℃，与当地的气候条件相吻合。垄沟低温早播玉米，可充分利用自然条件，争取有利的水分，避过干旱影响，从而节约开支，增加收入。

（三）抗旱坑栽培

秋翻整地后，每亩配加磷钾肥混合施粪肥2000～2500千克。挖坑的时间，最好在上冻前进行，越早越好。目的是接纳雨雪和熟化土壤。田间坑穴排列呈梅花形，横竖成行，行距为67厘米，坑距1米左右，每亩1000个坑。挖坑深50厘米，长67厘米，宽50厘米。

先将10～15厘米的表土移在一边，再将底部挖一铁锹深，铲松土而不取出，再将混合肥料放入坑中，与土壤混合均匀。封顶有两种方法：

一是土壤墒情很好，可将表土封在坑顶，略呈馒头状，用锹拍实，使坑不漏风，以免跑墒；另一种方法，是当时不封顶，在冬春雨雪后，将雪及时扫入坑内，再用表土封顶，当雪融顶塌后，要及时补封顶部，保住墒情。后一种方法虽然费工，但保墒效果极好，又能熟化土壤提高肥力。由于坑内土壤疏松，墒情充足，故可提早播种。播前进行耙糖，将地整平。每坑种3～4穴，每亩种3000～3500株。其增产的主要原因是蓄水保墒，苗齐苗壮，深翻而不乱土层，集中施肥，培肥地力，熟化土壤，提高土壤供肥能力。

（四）田间秸秆覆盖栽培

将麦秸或玉米秸铺在地表，保墒蓄水，是旱地玉米一项省工、节水、肥田、高产的有效途径。秸秆覆盖在秋耕整地后和玉米拔节后在地表面和行间每亩铺 500 ～ 1000 千克铡碎的秸秆，起到保墒作用，同时改善土壤的物理性状，培肥地力，提高产量。

秸秆覆盖增产的主要原因是改善根系环境的生态条件，根系发达，吸收养分和水分能力增强，为穗大粒多奠定了基础。

（五）膜侧播种抗旱法

膜侧栽培玉米，是抗旱保墒的有力措施。具体做法是，玉米种在地膜两边距离膜边 3 ～ 5 厘米处，利用地膜传导热和保水作用，使玉米种子发芽和生长发育有足够的温度和水分。玉米为大小行种植，小行 40 ～ 50 厘米宽，大行 80 ～ 90 厘米宽，地膜覆盖小行，大行可以套种豆子、蔬菜等作物。地膜完成任务后，可以于雨季来临前揭去，地膜不受损失，洗净晾干后妥善保存，明年再用。

第四章

蔬菜栽培技术

第一节　根菜类与白菜类蔬菜栽培

一、萝卜

萝卜品种多，能在各种季节栽培，耐贮运，供应期长，产量高，不仅可熟食，还可生食，或加工成腌制品，是我国人民喜爱的重要蔬菜之一。

（一）对环境条件的要求

1. 温度

萝卜属耐寒性作物，种子发芽适宜温度为 20～25℃，苗子生长适温为15～20℃。温度由高到低，有利于肉质根的肥大，当温度降到6℃以下时，肉质根不再膨大，即可采收。

2. 水分

萝卜的叶片大，根系浅，不耐旱，从播种到出苗是叶片和根系旺盛生长期，是需水较多的时期。

3. 土壤和营养

选择湿润、富含有机质、排水良好而深厚的沙壤土栽培萝卜为最好，黏重土仅适宜根入土浅的品种。土壤过浅、坚硬，则易引起肉质根分叉，影响商品性，土壤酸碱度（pH值）以 6.5 较为适宜。在营养元素中，钾吸收最多，其次是氮，磷虽吸收最少，但对促进植株新陈代谢有重要作用。所以在肉质根生长盛期，土壤中应有充足的钾肥、磷肥，以满足萝卜迅速增长的需要。

4. 光照

萝卜生长中需要充足的光照。光照充足，植株生长健壮，光合作用强，是肉质根肥大的必要条件。如果在光照不足的地方栽培，或种植密度过大，杂草过多，植株得不到充足的光照，则产量降低，品质变差。

（二）栽培技术

1. 栽培区域及季节

（1）浅丘平坝地区（海拔 500 米以下）

秋冬萝卜 8 月下旬～10 月中旬播种，10 月～翌年 1 月采收；春萝卜 10 月下旬一翌年 2 月播种，次年 2～5 月采收；四季萝卜 3～10 月均可播种，4 月～翌年 1 月采收。

（2）中山地区（海拔 500～800 米）

秋冬萝卜 8 月中旬～9 月下旬播种，9 月～翌年 2 月采收；春萝卜 2～3 月播种，5～6 月采收；四季萝卜 4～9 月均可播种，5～12 月采收。

（3）高山地区（海拔 800 米以上）

高山夏秋萝卜一般是 5～8 月上旬播种，7～11 月采收。

2. 技术要点

（1）土壤选择

萝卜适宜生长在疏松的沙壤土（长根型品种要求更严格），因此要选择土层深厚的中性或微酸性的沙壤土，最好是前作施肥多而消耗少的菜地（如种植瓜类、豆类和葱蒜类）。

（2）整地施肥

耕翻深度因品种而异，一般深耕 25～35 厘米。抗病博士春光等韩国长萝卜品种一定要深耕，入土较浅的品种可适当浅耕。每亩撒施腐熟有机肥 2500 千克、过磷酸钙 30 千克、硼砂 1 千克、3% 高效氯氰菊酯颗粒剂 0.25 千克，深耕细翻。以长白萝卜以 75 厘米包一面沟开厢，以圆白萝卜以 100 厘米包一面沟开厢。萝卜一般都进行直播，要求土地平整、土壤细碎，否则会使种子入土深浅不匀而影响出苗，并容易引起死苗，造成缺苗断垄。萝卜施肥是萝卜丰产的基础。

（3）播种

一般采用点播，按每厢2行，长萝卜退窝20～25厘米，圆萝卜退窝30～40厘米，把种子点播厢上，生命力强的种子每穴播1～2粒种，播种深度约为1～1.5厘米，不宜过深。播后用铁耙轻搂细土覆盖种子，亩用种量90克左右。冬春萝卜播后覆盖地膜。

（4）田间管理

①匀苗

播后4～5天幼苗出土后，进行查苗补种。子叶展开时，进行一次间苗，每穴留1株苗。出现第2～3片真叶时，进行第二次间苗，每穴留1株苗。

②追肥

第一次追肥在播种后12天左右，出现2～3片真叶时用清粪水+1千克硼砂/亩追施促苗肥，离根部2～3寸处浇施。第二次追肥在第一次追肥后7天（即播种后19天），亩施尿素15千克、氯化钾5千克混合后，在离根部10厘米处浇施，肥水比例1：150。第三次追肥在第二次追肥后6天左右，亩施尿素6千克、氯化钾10千克混合后，在离根部10厘米处浇施，肥水比例1：150。

（5）采收

萝卜应根据市场行情及时采收，一般在肉质根充分膨大、肉质根的基部"已圆根"、叶色开始变为黄绿时及时采收。若采收过迟，会引起肉质根空心起布现象。

3. 病虫害防治

（1）病害

萝卜病害主要有病毒病、霜霉病、软腐病及根肿病。

①病毒病

症状：苗期受害多呈花叶型，叶脉呈半透明或褪绿花叶状；重病株心叶畸形或老叶枯黄或全株矮化僵死。成株染病多引起皱缩花叶。发病条件：该病主要由芜菁花叶病毒（TuMV）、黄瓜花叶病毒（CMV）、烟草花叶病毒（TMV）侵染所致，主要由蚜虫及汁液接触传播。春秋两季为蚜虫发生高峰期。菜地管理粗放，土壤干燥、缺水、缺肥时发病重。防治方法：a. 适期晚播，躲过高温及蚜虫猖獗季节。b. 苗期防蚜。c. 药剂防治：用20%病毒A可湿性粉剂500倍液喷雾，或1.5%植病灵乳剂1000倍液喷雾，或金病毒600倍液喷雾。

②霜霉病

症状：从菌期至成株期均可发生。多从茎下部发病，先在叶正面出现较小褪绿斑，扩大后形成不规则坏死斑。空气潮湿时，叶背病斑表面产生稀疏白霉。发病严重时，病斑连片，病叶枯死。发病条件：该病由寄生霜霉芸薹属真菌侵染所致，适温16～20℃。重庆冬春两季普遍发生。花梗抽出及花球形成期遇阴雨连绵、气温低时易发病。防治方法：a. 种植抗病品种。b. 反季节栽培时，因地制宜，确定播种期。c. 加强田间管理，合理密植，施足底肥，适期蹲苗。d. 适时追肥，定期喷施增产菌每亩 30 毫升兑水 75 千克，或植宝素 6000 倍液，以防早衰。e. 药剂防治。哈茨木霉菌 300 倍液，或 72% 克露可湿性粉剂 800 倍液，或科佳乳剂 1000 倍液，或 69% 安克锰锌可湿性粉剂 1000 倍液喷雾。采收前 7 天停止用药。

③软腐病

症状：该病从莲座期到包心期均可发生。菜株心腐，从顶端向下或从基部向上发生腐烂，有恶臭味，是本病的重要特征，有别于黑腐病。发病条件：该病由欧氏杆菌属的细菌性侵染所致，通过雨水、灌溉水、肥料和昆虫进行传播，病菌从伤口侵入。最适温度 27～30℃，阴雨多湿易发病。防治方法：a. 选用抗病品种，清洁田园，减少土地病菌残留量，发现病株及时拔除，并用生石灰粉进行消毒。加强肥水管理，实行轮作。b. 防治虫害。发现小菜蛾、菜青虫等虫害，应及时防治，减少植株伤口。c. 药剂防治。100 万单位农用链霉素粉剂 4000～5000 倍液，或新植霉素 5000 倍液，或 47% 加瑞农可湿性粉剂 800 倍液喷雾，或 50% 消菌灵水溶性粉剂 1000 倍液喷雾。

④根肿病

症状：主要为害植株根部。播种后 10 天开始，胚轴（叶）内部黑变，苗呈黑脚症状。当根如小指大小时，侧根基部的根面上出现不规则形的淡褐色或紫黑色小斑点。严重时根面出现凹点，病斑随根部膨大而扩大，呈典型的带状龟裂褐变病斑。病斑中央部为褐色，周边为黑色，斑内伴有粗浅纵向龟裂。发病条件：根肿病属芸薹根肿菌，病菌能在土中存活 5～6 年；土壤偏酸 pH 值 5.4～6.5、土壤含水率 70%～90%、气温 19～25℃ 有利发病；9℃ 以下，30℃ 以上很少发病。在适宜条件下，经 18 小时，病菌即可完成侵入。低洼及水改旱菜地，发病常较重。防治方法：a. 合理轮作。与禾本科作物实行 2～3 年轮作。b. 土壤处理。结合整地亩施石灰氮 50 千克与土壤混合，用地膜全覆盖 15～20 天后播种。c. 药剂防治。播种后用科佳 1000 倍液喷窝，将土壤喷湿即可。

（2）虫害

萝卜的虫害主要有黄曲条跳甲和蚜虫等，传播病毒病及软腐病。

①黄曲条跳甲

为害症状：成虫吃食叶、蕾、嫩茎，幼虫剥食菜根，蛀成弯曲虫道，并传播软腐病及病毒病。发生时期：成虫在地面的蔬菜残株落叶、杂草和土隙中越冬，次春温度回升到 10℃ 时开始活动取食。每年发生 4～8 代，以春秋两季为害最重。防治方法：a. 农业防治。清除田间病株，减少虫源。b. 药剂防治。20% 护瑞（呋虫胺）2000 倍液，或 48% 乐斯本乳油 1000～1500 倍液，或 50% 辛硫磷乳油 2000 倍液喷雾。

②蚜虫

包括桃蚜、萝卜蚜和甘蓝蚜。为害症状：主要以成虫和若虫群集在嫩叶、嫩茎及花梗上吸食汁液。能传播病害，常使蔬菜叶片失绿变黄、萎蔫、皱缩。发生时期：蚜虫体型很小，分有翅蚜和无翅蚜两种。蚜虫一年两个高峰，4月中旬～6月上旬第一个高峰，秋8～9月形成第二个高峰，高温干旱发生严重。防治方法：a.预测预报。加强测报，发现虫量陡增，及时进行药剂防治。b.药剂防治。10%吡虫啉10克/亩，或20%护瑞（呋虫胺）2000倍液，或好年冬20%乳油3000～4000倍液，或3%避蚜雾可湿性粉剂3000倍液。

③小菜蛾

防治参照甘蓝小菜蛾防治方法。

二、胡萝卜

胡萝卜，又称"五寸人参"。胡萝卜的肉质根富含糖、胡萝卜素及无机盐类，营养丰富，常食胡萝卜有益人体健康。

（一）对环境条件的要求

1. 温度

胡萝卜耐热、耐寒能力都比萝卜强。种子发芽适温为20～25℃，幼苗既耐低温又耐高温，叶片生长的适温为23～25℃。肉质根肥大适温为20～22℃，但在25℃时形成的肉质根短且质地粗糙。

2. 水分

胡萝卜根深，吸水力强，叶片细，消耗水分较少，其耐旱力比萝卜强，但土壤和气候不能过于干燥和炎热，否则，所形成的肉质根小而粗硬，特别是水分供应不均时，易引起肉质根开裂。

3. 土壤和营养

胡萝卜同萝卜一样，喜欢富含有机质、土壤肥力高、排水良好而深厚的沙壤土。土壤pH值以6.5为宜。胡萝卜吸收钾最多，其次是氮、磷，所以土壤中应有充足的钾、磷肥，以满足其对钾、磷的需要。

4. 光照

胡萝卜同萝卜一样，都属于根菜类，其生长发育的过程与萝卜基本相同，亦分为营养生长期（发芽期、幼苗期、肉质根生长期）和生殖生长期两个时期。

（二）栽培技术

1. 栽培区域及季节

（1）浅丘平坝地区（海拔500米以下）

以栽培秋胡萝卜为主，7月下旬～8月播种，12月～翌年2月收获。

（2）中山地区（海拔500～800米）

以栽培秋胡萝卜为主，7月上旬～8月中旬播种，11月～翌年3月收获。

（3）高山地区（海拔800米以上）

以种植春胡萝卜为主，3月播种，7～8月收获。

2. 技术要点

（1）选地、开厢、施肥

胡萝卜适于土层深厚、肥沃、富含有机质、排水良好的壤土或沙壤土，特别是河谷冲击土；黏重而排水不良的土壤易引起歧根、裂根，甚至烂根。土壤应适当深耕，保持一定的湿润（土壤湿度为60%～80%），然后锄细整平。

胡萝卜应采取深沟高效栽培，厢面宽一般以1.6米开厢为宜。开好厢后施底肥，底肥以腐熟有机肥为主，占总施肥量的60%～70%。一般用腐熟有机肥1000千克/亩、复合肥50千克/亩，撒施于厢面或沟施。

（2）适时播种

①播种期

胡萝卜适于在较冷凉的气候条件下生长，但苗期较耐旱和耐热，且生长期长，可以适当早播。农谚有"七大、八小、九丁丁"之说，因此，重庆胡萝卜的播种期一般是7月下旬～8月为主。播种前，将种子上的刺毛搓去，风选后将种子放入清水中浸泡24小时，换水2～3次。然后晾干，拌以谷壳和细沙子播种。夏季播种要轻、浅、匀，覆土后要稍镇压，并盖上遮阳网或其他覆盖保持土壤湿度，降低土温，以利出苗。

②密度

胡萝卜的栽培密度一般根据播种方式而定，采用撒播者，其行株距为8厘米×8厘米为宜；采用条播者，多以16厘米行距开沟播种。

③间苗

胡萝卜喜光，充足的阳光有利于肉质根的形成。若光照不足，胡萝卜的叶柄变细长，叶色变淡，叶片变薄，光合作用大大减弱。因此，当幼苗出齐后，要及时匀苗，除去过密的苗、劣苗和杂苗，防止幼苗拥挤。当幼苗出土2～3片毛叶时进行第一次匀苗，5～6片毛叶时定苗（8厘米×8厘米株行距），条播者定苗后退窝亦留16厘米，正方形留苗有利于胡萝卜的侧根都平衡发展。

④及时采收

胡萝卜肉质根的形成主要在生长后期，肉质根的颜色越深，营养越丰富，品质柔嫩，甜味增加。所以，胡萝卜宜在肉质根充分肥大成熟时收获。采收过早会影响产量和品质；采收过迟易引起肉质根木栓化或植株抽薹，影响品质。

3. 病虫害防治

（1）病害

胡萝卜的主要病害有软腐病、黑腐病及灰霉病。

①软腐病

症状：主要为害地下部肉质根，田间和贮藏期间均可发生。菜株得病后叶片变黄、凋萎，根部被害呈水渍状灰色或褐色病斑，内部组织软化溃烂，汁液外溢有恶臭。防治方法同大白菜软腐病。

②黑腐病

症状：从幼苗期至采收期和贮藏期均可发生，主要为害根、茎、叶片及叶柄。被害根呈黑色或黑褐色，叶片、叶柄、茎呈不完整的圆形及梭形，边缘深褐色，内部赤褐色。发病条件：在潮湿环境下表面密生黑色霉状物（即分生孢子及分生孢子梗）。该病为真菌侵染所致，借气流传播或伤口侵入侵染。防治方法同甘蓝黑腐病。

③灰霉病

症状：灰霉病是胡萝卜贮藏期间的重要病害，主要为害肉质根。感病初期组织呈水渍状，浅褐色，病部表面密生灰色霉状物，然后逐渐腐烂，病组织干缩呈海绵状。发病条件同芹菜灰霉病。防治方法：a. 贮藏期管理。收获后晾晒几天，剔除有伤口和腐烂的肉质根，贮藏期温度控制在13℃以下，湿度保持在90%～95%。b. 药剂防治。见芹菜灰霉病。

（2）虫害

胡萝卜的虫害主要有黄曲条跳甲和蚜虫等，防治方法可参阅"萝卜虫害防治"部分。

三、大白菜

大白菜又名结球白菜，因品种多、适应性广、产量高、耐贮运而备受人们喜爱。

（一）对环境条件的要求

1. 温度

大白菜属半耐寒蔬菜，适宜温度15～25℃，高于25℃和低于10℃都会引起生长不良，5℃以下停止生长。种子发芽温度4～35℃，最适温度18～22℃；莲座期适宜温度17～22℃；结球期适宜温度12～18℃。栽培上一般要求把结球前中期安排在日均温 12 ～ 19℃的季节，有利于植株生长、叶球膨大、优质高产。

2. 水分

大白菜含水量较高（90% ～ 96%），全生育期需水量较多，呈高一低一高需水形式；播种—出苗期要求土壤相对湿度 85% ～ 95%；苗期土壤相对湿度 75% ～ 90%；莲座期—结球初期要求土壤相对湿度 75% ～ 85%；结球期土壤保持相对湿度 85% ～ 94%；大白菜生长要求空气相对湿度 75% ～ 80%。

3. 土壤和营养

大白菜适宜 pH 值为 6.5 ～ 7、保肥水力强的壤土或黏质壤土。需肥量以钾最多，其次为氮，磷最少。苗期以氮为主，占总量 1%，莲座期占 10% ～ 30%，结球期占 70% ～ 90%；氮、磷、钾配合施肥比例为 1：0.5：2。此外，大白菜为喜钙作物，缺钙会引起干烧心的发生而降低产量。

4. 光照

大白菜属长日照作物，对日照时数要求并不严格，在 12 ～ 13 小时日照和较高温度（18 ～ 20℃）下就能满足光周期要求。大白菜在 750Lx 时，光合作用明显，光补偿点 750 ～ 1500Lx，光饱和点 4 万 ～ 5 万 lx。短日照促进叶球的形成，但最低日照时数不能少于 8 小时／日。总日照时数早熟种 500 ～ 600 小时，中熟种 650 ～ 700 小时，晚熟种 800 小时以上。

（二）栽培技术

1. 栽培区域及季节

（1）浅丘平坝地区（海拔 500 米以下）

以秋冬季和春季栽培为主。浅丘平坝菜区秋冬大白菜安全播期为 8 月中下旬；春大白菜栽培采用大棚育苗可在 2 月上中旬播种，3 月上旬加地膜移栽。

（2）中山地区（海拔 500 ～ 800 米）

以秋冬季和春季栽培为主。中山晚菜区降温早、快，春季栽培适当延后至 3 月播种，秋冬季可提早到 7 月播种。

（3）高山地区（海拔 800 米以上）

以夏大白菜为主。高山夏大白菜可在 4 月下旬 ～ 7 月下旬采用小拱棚加地膜播种育苗，5 月中旬开始陆续移栽定植。

2. 技术要点

（1）播种育苗

大白菜属种子春化型作物，苗期在 2 ～ 10℃条件下经过 10 ～ 15 天即可通过春化。

因此选择适宜的播期、保证苗期温度高于13℃是避免早期抽薹、获得高产的关键。

育苗可采用苗床或穴盘育苗。苗床育苗，选土壤肥沃、灌排方便、靠近栽培大田的土地作苗床。苗床一般宽1～1.5米，长8～10米。每亩大田约需苗床20～25平方米。苗床土要充分施肥，亩施腐熟厩肥100～150千克、硫酸铵2～3千克、过磷酸钙1～2千克。将肥料混合后撒于畦面，翻耕15～18厘米深，耙平耙细。为防止烈日、暴雨危害，可在苗床上设遮阴棚。穴盘育苗，选择72穴的标准穴盘（长53厘米，宽27厘米）。基质可购买专用基质或自行配制。自行配制育苗基质可采用75%腐熟食用菌废料+20%珍珠岩+5%有机肥配制。将育苗基质装入穴盘中，将穴盘整齐地摆放在育苗床上。

（2）整地施肥

①整地

大白菜不宜连作，合理轮作对于减轻病害的蔓延有重要意义。栽培大白菜一般选前作为黄瓜、四季豆、番茄等的地块。因为大白菜的根系较浅，对土壤水分和养料要求高，宜选择保水保肥力较强、结构良好的土壤。为了增强土壤的保水保肥能力，使土层松软，根系发育好，扩大吸收水分、养分范围，要求深耕。

②施肥

大白菜的生长期长，生长量大，需要营养较多，要有肥效持久的肥料打基础，因此要重施底肥。以有机肥为主，因为有机肥对大白菜有促进根系发育、提高抗性的作用。还可适当配搭化肥。基肥的用量可根据前作物的种类、土壤肥力以及肥料的质量而定。一般每亩可用质量较好的厩肥3000～4000千克，或堆肥5000～6000千克、过磷酸钙15～25千克、氯化钾10～15千克、复合肥25千克。

（3）定植

秋冬大白菜和夏大白菜苗龄20天左右，春大白菜苗龄30天左右，叶片数6～7片，选晴天及时定植。整成畦宽1米，每畦种2行，依据不同品种确定栽培密度。栽前覆盖地膜，要求地膜平贴地面，栽后浇稀人粪尿作定根水，促成活，膜孔用泥土封实。

（4）田间管理

①肥水管理

大白菜是需肥较多的作物，应及时追肥。结球白菜生长期较长，不但需肥量多一些，而且氮、磷、钾应合理配合施用，才能形成充实的叶球。移栽成活后，用清粪水配0.5%的尿素浇施，既抗旱又促苗生长。莲座期生长速度快，需肥量增大，一般每亩施人粪水500～1000千克、复合肥25～30千克，或尿素10千克、草木灰50～100千克，并配以适量磷肥。结球期是叶球形成盛期，需肥量最大，一般每亩施人粪水2500～3000千克，尿素15千克，草木灰50～100千克，磷、钾肥10千克，混匀后在行间开沟深施。

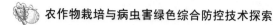

②中耕除草

秋、冬季杂草多，生长快，消耗土壤养分，病虫害较重，必须及时中耕除草。一般在大白菜封行前按照"前期深，后期浅；行中深，近苗处浅"的原则进行，减少土壤水分蒸发，防止土壤板结，清除田间杂草。

（5）采收

叶球形成后应及时采收，若结球时间过长，易感病腐烂叶球。春大白菜收获越迟，抽薹的危险越大，且后期高温高湿软腐病和病毒病严重，因此尽量在6月上中旬之前收完。

3. 病虫害防治

（1）病害

大白菜的主要病害有霜霉病、软腐病、病毒病、黑腐病和干烧心等。

①霜霉病

症状：病菌主要为害叶片，苗期、成株期均可发病。病斑呈黄绿色，受叶脉限制扩大后呈多角形或不整齐形病斑。天气潮湿时，病斑上产生一层白色霜状霉，受害严重时全叶枯萎。发病条件：该病是由寄生霜霉或芸苔霜霉侵染所致的真菌病害，10～16℃时易发生和流行，在气温稍高而忽暖忽冷和多雨潮湿的条件下病害发生严重。此外，土壤黏重、低洼积水、过分密植也会造成发病严重。

防治方法：

a. 农业防治

选用抗病品种，菜田轮作。用种子重量0.3%的25%甲霜灵可湿性粉剂拌种；深沟高效，合理施肥。

b. 药剂防治

72%克露600～700倍液，或58%甲霜灵锰锌500倍液，或70%代森锰锌500倍液，或25%瑞毒霉1000倍液防治。

②软腐病

症状：该病从莲座期到包心期均可发生。心腐型，植株心腐，从顶端向下或从基部向上发生腐烂；基腐型，植株基部腐烂，外叶萎垂贴地，包球外露，稍触动即全株倒地。有一种恶臭味，这是本病重要特征，有别于黑腐病。发病条件：该病由欧氏杆菌属的细菌侵染所致，病菌从伤口侵入。最适温度27～30℃，阴雨多湿易使该病害发生。春季发病植株繁殖细菌，在田间藉灌溉的流水和雨水、介体昆虫或农事操作而不断地传播和侵染。

防治方法：

a. 农业防治

选用抗病品种，清洁田园，减少土地病菌残留量，发现病株及时拔除；用生石灰粉进行消毒；加强肥水管理；实行轮作。

b. 防治虫害

发现小菜蛾、菜青虫等虫害，应及时采取措施，减少植株伤口。

c. 药剂防治

用中生菌素 1200 倍液，或 90% 新植霉素可溶性粉剂 4000 倍液，或 47% 加瑞农可湿性粉剂 800 倍液，或 50% 消菌灵水溶性粉剂 1000 倍液喷防。

③病毒病

症状：植株感病后，先在幼嫩叶上产生明脉，随后呈花叶症状。重病株矮化畸形，叶片皱缩，有时在叶部形成密集的黑色小环斑，严重时植株不包心、不结球。发病条件：该病是由芜菁花叶病毒引起的系统性病害，由蚜虫和汁液接触传染。如遇上高温干旱天气，植株长势弱、抗逆性差等，有利于病毒的增殖和蚜虫的繁殖。此为该病大发生的诱因。

防治方法：

a. 农业防治

选育抗病品种，大白菜选用日本的极品和四季王。

b. 药剂防治

苗期应注意防蚜与避蚜，2.5% 功夫乳油 4000 ～ 5000 倍液，或 10% 吡虫啉 4000 ～ 6000 倍液喷雾。用银灰色或乳白色反光塑料薄膜或铅光纸培育白菜幼苗，具有拒蚜传播作用，定植前一周、定植后一周和二周各喷一次 5% 植病灵水剂 300 倍液，或 20% 病毒 A 可湿性粉剂 200 倍液。

c. 加强田间栽培管理

水旱轮作，增强植株的抵抗力，铲除田边杂草，减少病毒传染机会。

④黑腐病

症状：受病植株从叶边缘或虫伤等伤口开始发病，形成"V"字形，病部发黄，叶脉变黑。空气干燥时，病部变干变脆，空气潮湿时病部腐烂。发病条件：该病由黄单胞杆菌侵染所致，从气孔、水孔和伤口侵入。适温 25 ～ 30℃，高温多湿或连作种植利于发病。

防治方法：

a. 无病田留种。b. 温汤浸种消毒，50℃ 30 分钟；用种子重量 0.5% 的 50% 福美双可湿性粉剂拌种。c. 药剂防治。90% 新植霉素可溶性粉剂 4000 倍液，或 77% 可杀得可湿性粉剂 600 ～ 800 倍液喷杀。

⑤干烧心病

症状：该病为生理性病害。受害叶球顶部边缘向外翻卷，叶缘逐渐干枯黄化，叶部组织呈水渍状，后呈干纸状。发病条件：田间发病始于莲座期。土壤中活性锰严重缺乏是发病的主要原因，其次是水溶性钙缺乏，导致营养失调引起的。

防治方法：

a. 喷洒 0.7% 硫酸锰、硫酸钙，每亩每次用药液 50 千克，隔 6～7 天喷 1 次，连喷 2～3 次；或在大白菜莲座期开始，每 7～10 天向心叶喷洒 0.7% 氯化钙和 50 毫克/千克萘乙酸和新高脂膜 800 倍混合液。喷施时注意重点向心叶喷洒，一般喷施 4～5 次即可达到 80% 的防治效果。可增产 8%～10%。b. 白菜包心期向心叶喷施天达 2116，在苗期、莲座期即包心前共喷 3 次，每亩用药 450 克，兑水 50 千克。c. 用拌种型大白菜干烧心防治丰拌种防治，将播种前用的种子略加水润湿，每亩用种量加细干土 30 克拌匀，再加入 225 克药剂拌匀播种。

（2）虫害

为害大白菜的主要害虫有小菜蛾、菜青虫、斜纹夜蛾。

①小菜蛾

为害症状：幼虫啃食菜叶，严重时将菜叶吃成网状，形成伤口易引起软腐病、黑腐病流行。发生时期：在重庆一年繁殖 12～14 代。一年有两个为害高峰：春季 3 月下旬～5 月下旬，秋季 8 月下旬～10 月下旬。

防治方法：

a. 农业防治

合理布局，避免连作，夏秋之间注意"断桥"，及时清除田间病叶。

b. 生物药剂和化学药剂防治

杜邦康宽，或 BT 乳剂（苏云金杆菌），或 5% 抑太保乳油 3000 倍液喷雾。

②菜青虫

为害症状：幼虫啃食叶肉，留下一层透明的表皮，3 龄以上的幼虫食量显著增加，将叶片吃成孔洞或缺刻，严重时仅存叶脉、叶柄。幼虫排出的粪便污染叶球和叶片，遇雨可引起腐烂。被害的伤口易诱发软腐病。发生时期：又名菜粉蝶，一年中有 3～6 月和 8～10 月两个为害高峰。

防治方法：

a. 农业防治

合理布局，避免连作。注意夏秋"断桥"，清洁田园等。

b. 生物药剂防治

气温 20℃ 以上时，可用 500～800 倍的 BT 乳剂。

c. 化学药剂防治

5% 阿维菌素，或 5% 抑太保乳油喷雾。

③斜纹夜蛾

为害症状：以幼虫食叶、蕾、花和果实，钻入叶球可造成整株腐烂。发生时期：

每年 6 ～ 10 月严重发生。

防治方法：

a. 农业防治

蔬菜收获后及时深翻土壤可深埋部分蛹，根据二龄前群集为害习性，及时摘除卵块和纱窗状被害叶。

b. 诱杀成虫

发蛾高峰期用糖、酒、水、醋按 3 ：1 ：2：4 比例加少量敌百虫配成糖醋液诱杀。

c. 药剂防治

杜邦康宽、凯恩 1 袋 / 桶水，或甲维盐，或阿维菌素喷雾。

四、瓢儿白

瓢儿白也称小白菜、普通白菜、不结球白菜、青菜、油菜等，是重庆及南方地区普遍栽培的蔬菜。瓢儿白类型品种繁多、适应性广、生长期短、适于密植、产量高，是间套作优良蔬菜之一。可排开播种、陆续定植、分期收获，特别是对缓解春秋两淡、增加淡季叶类蔬菜品种和市场供应具有重要的作用。

（一）对环境条件的要求

1. 温度

瓢儿白喜冷凉湿润环境，在 18 ～ 20℃气温条件下生长最好，在零下 2 ～ 3℃也能安全越冬；在 25℃以上高温、干燥环境，生长衰弱，易受病毒病危害，而且品质下降，产量锐减，商品性极差。因此应利用适宜生长季节，排开播种，陆续种植收获，满足市场，特别是春秋市场需要。

2. 水分

小白菜根系分布浅、吸收能力弱，加上叶片多、水分蒸发量大，所以在整个生长期对土壤湿度和空气相对湿度都有较高的要求。干旱时，植株生长缓慢，叶片小，品质差，产量低，易感染病害；土壤水分过多时，易引起田间积水，使根系窒息，严重的会发生沤根而使植株萎蔫死亡。

3. 土壤和营养

瓢儿白对土壤的适应性较强，但以富含有机质、保水保肥力强的黏土或冲积土最适宜。土壤水分含量对品质影响也大，水分不足，生长缓慢，组织硬化粗糙；水分过多，根系窒息，影响养分的吸收，严重时沤根、萎蔫、死亡。瓢儿白对肥水的需要量随植株的生长而增加。生长初期植株生长量小，对肥水的吸收量也少；生长盛期植株的生长量大，对肥水的吸收量也大。由于瓢儿白以叶为产品，且生长期短而迅速，氮肥施用尤其重要，其次是钾肥。

4. 光照

瓢儿白为长日照植物，对光照要求与大白菜相似，即通过春化阶段的植株，给予较长的日照，就会抽薹开花。小白菜对光照的要求不严格，低温短日照（12～13小时）有利于瓢儿白生长，高温长日照利于抽薹开花。因此，根据不同光照、温度等环境条件，选用适宜品种极为重要。

（二）栽培技术

1. 栽培区域及季节

（1）浅丘平坝地区（海拔500米以下）

一年四季均可栽培，以秋冬季和春季栽培为主。夏季栽培宜选用抗热品种，防虫网全覆盖栽培效果更佳。

（2）中山地区（海拔500～800米）

一年四季均可栽培，春季栽培播种期适当延后，避免低温造成抽薹。秋季降温快，秋冬栽培播期适当提前。

（3）高山地区（海拔800米以上）

以夏、秋瓢儿白为主。可在4月下旬～7月下旬，采用小拱棚加地膜播种育苗，5月中旬开始陆续移栽定植。

2. 技术要点

（1）播种育苗

瓢儿白根系的再生能力较强，为了管理方便，一般多用育苗移栽，也可进行直播。早春及夏季育苗，苗床用种量为1.5～2千克/亩，苗龄30天左右；秋季气温适宜，苗床用种量为1～1.5千克/亩，苗龄20天左右。苗床地需要深翻炕土，增施腐熟有机肥。遮阴，防高温和暴雨危害幼苗，需采用遮阳网等设施进行覆盖。若采用直播（穴播），出苗后应及时匀苗1～2次。

（2）整地施肥

选用疏松肥沃、水源条件好的土壤，深翻20～26厘米炕土7～10天后，锄细整平，施1500～2000千克/亩腐熟人畜粪作基肥。畦（带沟）宽1.1～1.2米。

（3）定植

植株密度据品种、季节和栽培目的而异。春夏季栽培每亩可植10000株以上，株距为20厘米。秋冬季栽培，气候适宜，植株生长旺盛，应稀植，每亩植5000～6000株，株距为30厘米左右。

（4）田间管理

瓢儿白根系少，分布浅，吸收能力弱，植株生长期间应不断地施用充足肥水，促进生长发育，提高品质和产量。定植后气温较高、干旱时，勤施淡施人畜粪水，促进幼苗发根成活；幼苗转青、心叶生长时，施肥量适当增加，使植株迅速生长发育；当瓢儿白植株进入莲座初期（即生长盛期），重施二次人畜粪水，促进瓢儿白生长增加叶片数量，增大叶面积，提高单株产量。采收前 10～15 天，停止施肥，促进植株养分转化，充实组织，提高单位面积产量和品质。

（5）采收

瓢儿白自播种至采收需 25～60 天，依栽培季节而异。采收标准是外叶叶色开始变淡，基部外叶发黄，叶簇由旺盛生长转向闭合生长，心叶伸长到与外叶齐平，俗称"平口"。春夏季每亩产量可达 1000～2000 千克，秋冬季产量可达 2000～2500 千克。

3. 病虫害防治

（1）病害

瓢儿白的病害主要有病毒病和软腐病。

①病毒病

症状：苗期受病多呈花叶型，沿脉呈半透明或叶脉褪绿花叶状，病重时株心叶畸形或老叶枯黄或全株矮化致死。成株染病多引起皱缩花叶。发病条件：该病主要由蚜虫及汁液传播。春、秋两季蚜虫高峰时，或菜地管理粗放、土壤干燥、缺水缺肥时发病重。

防治方法：

a. 选用抗病品种；b. 适期早播，躲过高温及蚜虫猖獗季节；c. 合理间套作、轮作，发现病株及时拔除；d. 苗期加强蚜虫防治，用 20% 病毒 A 可湿性粉剂 500 倍液，或 1.5% 植病灵乳剂 1000 倍液喷防。

②软腐病

症状：主要为害柔嫩多汁的叶片及茎基部或根部。病害自患部伤口始，由初呈水渍状半透明病斑逐渐扩大，病部变褐，软化腐烂，渗出鼻涕状黏液，终致全株软腐枯死，并散发恶臭味。发病条件：该病由胡萝卜欧氏杆状细菌胡萝卜软腐致病型细菌侵染所致，病菌从伤口侵入。病菌借风雨、灌溉水及昆虫（跳甲、小菜蛾、菜青虫等）活动而传播。病菌发育适温为 25～30℃，要求高湿度，不耐干燥和日晒。任何影响寄主伤口的形成、愈合和有利病原细菌及昆虫活动的高温多湿或低温多雨天气条件，皆有利于本病发生流行。连作地、低洼排水不良地、漫灌或串灌地、施用未腐熟堆肥地易发病。

防治办法：可参见"大白菜软腐病防治"部分。

（2）虫害

瓢儿白的虫害主要有小菜蛾、菜青虫、蜗牛及蟋蟀等。

①小菜蛾

为害症状：幼虫啃食菜叶，严重时将菜叶吃成网状，形成伤口易引起软腐病、黑腐病流行。发生时期：又名吊丝虫，在重庆一年繁殖 12～14 代。一年有两个为害高峰：春季 3 月下旬～5 月下旬，秋季 8 月下旬～10 月下旬。

防治方法：

a. 农业防治

合理布局，避免连作，夏秋之间注意"断桥"，及时清除田间病叶。

b. 生物药剂和化学药剂防治

杜邦康宽，或 BT 乳剂（苏云金杆菌），或 5% 抑太保乳油 3000 倍液喷雾。

②菜青虫

为害症状：幼虫啃食叶肉，留下一层透明的表皮，3 龄以上的幼虫食量显著增加，将叶片吃成孔洞或缺刻，严重时仅存叶脉、叶柄。幼虫排出的粪便污染叶球和叶片，遇雨可引起腐烂。被害的伤口易诱发软腐病。发生时期：又名菜粉蝶，一年中有 3～6 月和 8～10 月两个为害高峰。

防治方法：

a. 农业防治

合理布局，避免连作。注意夏秋"断桥"、清洁田园等。

b. 生物药剂防治

气温 20℃以上时，可用 500～800 倍的 BT 乳剂。

c. 化学药剂防治

5% 阿维菌素，或 5% 抑太保乳油喷雾。

③蜗牛。

为害症状：取食作物茎、叶、幼苗。发生时期：常在雨后爬出来为害蔬菜。防治方法：可用 8% 灭蜗灵颗粒剂，或 10% 蜗牛敌颗粒剂 1.5 克 / 平方米防治。

④蟋蟀

为害症状：常为害蔬菜幼苗。发生时期：阴暗潮湿的环境易于发生。

防治方法：

a. 农业防治

清除田间杂草，排除积水，深翻炕土，清除蟋蟀栖息和产卵场所。

b. 药剂防治

可用 3% 灭旱螺，或 8% 灭蜗灵颗粒剂，或 10% 蜗牛敌颗粒剂，1.5 克 / 平方米防治。

第二节 甘蓝类与芥菜类蔬菜栽培

一、结球甘蓝

结球甘蓝简称甘蓝,其别名很多,如莲(花)白、洋白菜、包心菜、卷心菜、圆白菜等,是甘蓝类中栽培面积最大的蔬菜。利用不同生态条件和品种,排开播种,分期收获,可周年生产供应。

(一) 对环境条件的要求

1. 温度

结球甘蓝为半耐寒蔬菜,喜温和气候,能抗严霜和较耐高温,宜在 15~25℃ 的气温条件下生长。种子在 2~3℃ 开始发芽,18~25℃ 时发芽最快;幼苗期能耐 -15℃ 低温和 35℃ 的高温,但 30℃ 以上易出现"高脚苗";20~25℃ 适宜外叶生长;进入结球期后,以 15~20℃ 为宜,适应的温度范围为 7~25℃。

2. 水分

结球甘蓝要求较高的湿度,一般在 80%~90% 的空气相对湿度和 70%~80% 的土壤湿度条件下,生长和结球最好,因此充足的水分是甘蓝丰产的一个重要条件。

3. 土壤和营养

结球甘蓝对土壤的适应性强,但以有机质多而肥沃的黏土或壤土栽培最好。结球甘蓝为喜肥和耐肥作物,整个生长期中需大量的肥料。在幼苗期和莲座期需氮肥较多,结球期需磷、钾肥较多,全生长期吸收氮、磷、钾的比例约为 3:1:4。

4. 光照

甘蓝为长日性作物,对光强适应性较宽,光饱和点为 30000~500001x。

(二) 栽培技术

1. 栽培区域及季节

(1) 浅丘平坝地区(海拔 500 米以下)

以春季、秋冬季和越冬栽培为主。牛心型春甘蓝 10 月中下旬播种,平头型春甘蓝 10 月下旬~翌年 1 月播种,秋冬甘蓝 6 月下旬~7 月下旬播种,越冬甘蓝 7 月下旬~8 月中旬播种。

（2）中山地区（海拔 500～800 米）

以春季、秋冬季和越冬栽培为主。牛心型春甘蓝 10 月上中旬播种，平头型春甘蓝 10 月下旬～翌年 2 月播种，秋冬甘蓝 6 月上旬～7 月上旬播种，越冬甘蓝 7 月中旬～8 月中上旬播种。

（3）高山地区（海拔 800 米以上）

以春季和秋季栽培为主。春甘蓝 11 月下旬一翌年 4 月上旬播种，秋甘蓝 5～6 月播种。

2. 技术要点

（1）播种育苗

①播种

播种时间是甘蓝栽培的关键技术之一，生产上往往由于春甘蓝播种过早导致未熟先期抽薹、秋冬甘蓝播种过迟导致不结球。重庆地区因海拔高度不同而异，海拔每升高 100 米，温度降低 0.6℃。春甘蓝海拔越低播期越早，海拔越高播期越晚；秋冬甘蓝海拔越低播期越晚，海拔越高播期越早。

②育苗

秋冬甘蓝播种时正值高温多暴雨的时期，大多采用大棚加盖遮阳网避雨遮阳育苗。现在生产上多采用营养钵或穴盘育苗，条件差的地方仍采用育苗床育苗。

（2）整地施肥

最好选前茬为非十字花科作物的地块，土层深厚肥沃、疏松、保水保肥力强、排灌水方便的土壤。栽前应深翻炕土 10 天左右。采用深沟高效栽培，畦宽 130 厘米、高约 20 厘米。亩施渣肥或腐熟人畜粪 5000 千克、40% 的复合肥 100 千克、过磷酸钙 25 千克作基肥。

（3）定植

当苗龄 40 天左右、苗高 10 厘米、真叶 6～8 片时，选晴天下午或阴天移栽。在定植前一天下午或当天上午喷水浇湿畦面或淋窝，定植后浇足定根水。早秋及秋冬甘蓝的定植期正逢高温干旱季节，定植后要根据天气、苗子及土壤湿度情况等及时覆盖遮阳网等遮阳降温，保证苗齐苗壮。

关于定植密度，合理密植的标志是：当植株进入莲座末期到结球初期时，莲座叶封垄，叶丛呈半直立状态。密度过大，则外叶增多，叶球不紧实。品种不同，栽培密度有差异。如西园四号、秋实 1 号栽培密度为每亩 2000～2200 株，行株距 60 厘米×50 厘米；寒胜栽培密度为每亩 2700～3200 株，行株距 50 厘米×40 厘米。

（4）田间管理

结球甘蓝喜湿耐肥，整个生长期一般追肥 3 次以上，追肥重点应在莲座期、结球前期和结球中期。第一次莲座期即开盘期，通过控制浇水蹲苗 7～10 天，促进根系生长。

结束蹲苗后结合中耕除草追施一次粪水和亩施尿素 3～5 千克，同时用 0.2% 的硼砂溶液叶面喷施 1～2 次，促进叶片生长和结球紧实。第二次即结球前期，要保持土壤湿润，结合追施粪水亩施尿素 2～4 千克、氯化钾 1～3 千克。同时用 0.2% 的磷酸二氢钾溶液叶面喷施 1～2 次，促进结球和提高品质。第三次即结球中期，结合追施粪水亩施尿素 2～4 千克、氯化钾 1～3 千克。结球后期控制肥水，以防止裂球。

（5）采收

叶球停止膨大且紧实时，即可采收。雨水多时应及时采收，避免因水分过多而造成裂球，或因冻伤而引起腐烂，影响产量和品质。

（6）春甘蓝的未熟抽薹和防止措施

①未熟抽薹

甘蓝在幼苗期至结球之前，遇到一定的低温影响，满足了它的春化要求，一旦遇到长的日照就不形成叶球，而直接通过发育进入孕蕾、抽薹、开花、结实的现象称未熟抽薹或先期抽薹。这是秋播甘蓝越冬栽培的春甘蓝经常遇到的问题，植株抽薹后，就失去了商品价值，给生产者带来重大损失。

②防治措施

a. 品种选择

选择冬性强的春甘蓝栽培品种，不易抽薹，如京丰一号、牛心 1 号等。

b. 严格掌握播种期

重庆地区春甘蓝播种期一般安排在 10 月下旬末至 12 月初，如遇气温较高则播种期要适当推迟，气温较低可适当提前播种。

c. 选小苗移栽

春甘蓝大株最易通过春化阶段，即幼苗茎基部粗 0.6 厘米以上，叶 6 片以上，遇到 0～12℃的低温 15～30 天或 1～4℃的低温条件易通过春化阶段而发生未熟抽薹。因此可通过控制苗期施肥，适当进行假植（1～2 次），抑制幼苗大小。

3. 病虫害防治

（1）病害

结球甘蓝的病害主要有猝倒病、黑腐病、菌核病、软腐病、根肿病等。

①猝倒病

症状：猝倒病是苗期最常见的病害之一，幼苗未出土或出土后均可发病。未出土时发病，胚茎和子叶腐烂；出土后幼苗发病，幼茎基部初呈水渍状病斑，后变褐色，缢缩成线状，幼苗倒地死亡，死亡时子叶尚未凋萎，仍为绿色。高温高湿时，病株附近的表土可长出一层白色絮状菌丝。发病条件：本病由鞭毛菌亚门真菌瓜果腐霉菌侵染所致。病菌以卵孢子随病残体在土壤中越冬，可营腐生生活。条件适宜时卵孢子萌发，产生芽管，直接侵入幼芽，或芽管顶端膨大后形成孢子囊，以游动孢子借雨水或灌溉水传播到幼苗上，从茎基部侵入。湿度大时，病苗上产生的孢子囊和游动孢子进行再侵染。病菌虽喜34℃高温（30～36℃），但土温15～20℃时繁殖最快，在8～9℃低温条件下也可生长。故当苗床温度低时，幼苗生长缓慢，再遇高湿，则感病期拉长，特别是在局部有滴水时，很易发生猝倒病。尤其苗期遇有连续阴雨雾天，光照不足时，幼苗生长衰弱发病重。

防治方法：

a. 农业措施

播种时结合浇水用50%多菌灵800倍液土壤消毒和种子消毒，出苗后加强排湿，使土壤适度干燥，抑制发病。

b. 药剂防治

及时拔除病苗，用甲霜灵锰锌、甲基托布津等杀菌药剂，按每平方米苗床用药3克掺加1千克细土，掺匀后撒苗床。撒后扫掉幼苗叶片上的药土，或用64%的杀毒矾600倍液等药剂喷洒。

②黑腐病

症状：病菌主要为害叶片、叶球和球茎。病菌由水孔侵入，多从叶缘发生，再向内延伸呈V字形的黄褐色枯斑，在病斑的周围常具有黄色晕圈；有时病菌沿叶脉向内扩展，产生黄褐色大斑或者叶脉变黑呈网状，病菌如果从伤口侵入，可在叶片的任何部位形成不规则形的黄褐色病斑。发病条件：甘蓝黑腐病是由甘蓝黑腐黄单胞杆菌侵染引起，病地重茬、播种过早、地势低洼、浇水过多、施带菌的粪肥，或耕作、喷药人为造成的伤口多，往往发病严重。病菌生长的温度范围较广，5～39℃均可生长发育，适温为25～30℃。湿度高、叶面结露或叶缘吐水，或高温多雨均有利于病菌侵入和发生发展。

防治方法：

a. 种子消毒

温水浸种或农用链霉素1000倍液浸种2小时，或用50%福美双可湿性粉剂拌种处理。冲洗后晾干播种。

b. 加强田间管理

适时播种，合理灌溉，防治虫害。

c. 药剂防治

用50%消菌灵水溶性粉剂1000倍液，或25.9%植保灵水剂800倍液，或47%加瑞农可湿性粉剂800倍液喷雾。

③菌核病

症状：主要为害茎基部、叶片、叶球及种荚，受害部位呈湿腐状，紫褐色。在潮湿环境下，病部迅速腐烂，并产生白色絮状菌丝体和黑色鼠粪状菌核。发病条件：十字花科菌核病菌侵染所致。该菌对温度要求不严，在 0 ~ 30℃之间都能生长，以 20℃为最适宜，是一种适合低温高湿条件发生的病害。病菌以菌核在土壤中或混杂在种子间越冬、越夏或度过寄主中断期，至少可存活 2 年，是病害初侵染的来源。翌春，在温湿度适宜时，菌核便萌发产生子囊盘。子囊盘开放后，子囊孢子已成熟，稍受震动就一齐喷出，并随气流传播、扩散进行初侵染。花瓣和衰老的叶片极易受侵染。多雨潮湿时，病害还会迅速蔓延。发病后期，在病茎、病荚内外或病叶上产生大量菌核，落入土壤、粪肥、脱粒场或夹杂在种子、荚壳及残屑中越冬。温暖、高湿的环境条件易造成病害猖獗流行。

防治方法：

a. 农业措施

实行轮作，最好是水旱轮作；增施磷、钾肥，不要偏施氮肥；加强开沟排水，使土壤适度干燥；去掉病叶或严重的整株拔除深埋。

b. 药剂防治

发病初期去掉病叶，用 50% 速克灵可湿性粉剂 2000 倍液或 40% 菌核净可湿性粉剂500 倍液等喷洒。每隔 10 天左右防治 1 次，连续防治 2 ~ 3 次，重点喷洒植株茎基部、老叶及地面。

④软腐病

症状：由叶基部向茎部和根部扩展，造成植株腐烂发臭。一般始于结球期，初在外叶或叶球基部出现水渍状斑，植株外层包叶中午萎蔫，早晚恢复。数天后外层叶片不再恢复，病部开始腐烂，叶球外露或植株基部逐渐腐烂成泥状，或塌倒溃烂，叶柄或根茎基部的组织呈灰褐色软腐，严重的全株腐烂，病部散发出恶臭味，别于黑腐病。发病条件：咀嚼式口器昆虫密度大、早播株衰、多雨湿热气候、土壤干裂伤根、肥料未腐熟地块连作、植株自然裂口多及黑腐病严重时，此病易大发生。

防治方法：

a. 农业防治

选用抗病品种。推广高效栽培，清洁田园，及时拔除病株，并用生石灰粉进行消毒，加强肥水管理，施用充分腐熟的肥料，实行轮作。

b. 及时防治虫害

及时防治小菜蛾、菜青虫和跳甲等虫害，减少植株伤口。

c. 药剂防治

中生菌素 1200 倍液，或新植霉素 4000 倍液灌根或喷洒。

（2）虫害

结球甘蓝的虫害主要有小菜蛾、菜青虫及斜纹夜蛾等。

①小菜蛾

为害症状：幼虫啃食菜叶，严重时将菜叶吃成网状，形成伤口易引起软腐病、黑腐病流行。发生时期：在重庆一年繁殖12～14代。一年有两个为害高峰：春季3月下旬～5月下旬，秋季8月下旬～10月下旬。

防治方法：

a. 农业防治

合理布局，避免连作，夏秋之间注意"断桥"，及时清除田间病叶。

b. 生物药剂和化学药剂防治

杜邦康宽，或BT乳剂（苏云金杆菌），或5%抑太保乳油3000倍液喷雾。

②菜青虫

为害症状：幼虫啃食叶肉，留下一层透明的表皮，3龄以上的幼虫食量显著增加，将叶片吃成孔洞或缺刻，严重时仅存叶脉、叶柄。幼虫排出的粪便污染叶球和叶片，遇雨可引起腐烂。被害的伤口易诱发软腐病。发生时期：又名菜粉蝶，一年中有3～6月和8～10月两个为害高峰。

防治方法：

a. 农业防治

合理布局，避免连作。注意夏秋"断桥"、清洁田园等。

b. 生物药剂防治

气温20℃以上时，可用500～800倍的BT乳剂。

c. 化学药剂防治

5%阿维菌素，或5%抑太保乳油喷雾。

③斜纹夜蛾

为害症状：以幼虫食叶、蕾、花和果实，钻入叶球可造成整株腐烂。发生时期：每年6～10月严重发生。

防治方法：

a. 农业防治

蔬菜收获后及时深翻土壤可深埋部分蛹，根据二龄前群集为害习性，及时摘除卵块和纱窗状被害叶。

b. 诱杀成虫

发蛾高峰期用糖、酒、水、醋按3：1：2：4比例加少量敌百虫配成糖醋液诱杀。

c. 药剂防治

杜邦康宽、凯恩1袋／桶水，或甲维盐，或阿维菌素喷雾。

二、花椰菜

花椰菜又称花菜、菜花，食用部分是花球，营养丰富，风味鲜美，粗纤维少，深受消费者欢迎。

（一）对环境条件的要求

1. 温度

花椰菜喜温暖湿润气候，忌炎热干旱。从种子发芽到幼苗的生长发育过程基本上与结球甘蓝相同。种子发芽的最低温度为 2～3℃，但发芽缓慢；15～20℃时，发芽较快；25℃发芽最快，播种后 2 天便可出土。幼苗耐寒、抗热能力较强，15～20℃为最适生长温度，10～20℃是花球形成适宜温度。但早熟品种，气温即使在 25℃时，仍能形成良好的花球。

2. 水分

花椰菜喜温和湿润环境，但不耐涝，营养生长和花球形成都需要充足的水分。若过分湿润，则植株生长不良，花球也易发病霉烂。

3. 土壤和营养

花椰菜是需肥水量多的蔬菜，适宜保肥保水力强的壤土和黏壤土栽培。在生长发育过程中，需要氮肥较多，在花球形成期还需要大量的磷、钾肥，以利叶、花球生长。

4. 光照

花椰菜为喜光作物，但花球在阳光直射下常长毛变黄，品质下降。故花球生长过程中应多行束叶或遮盖，或选自覆盖好的品种。

（二）栽培技术

1. 栽培区域及季节

（1）浅丘平坝地区（海拔 500 米以下）

以秋冬季和春季栽培为主。早秋花菜 6 月下旬～7 月上旬播种，秋冬花菜 7 月中下旬播种，春花菜播种期为 10 月上中旬。

（2）中山地区（海拔 500～800 米）

以秋冬季栽培为主。早秋花菜 6 月播种，秋冬花菜 7 月上中旬播种。

（3）高山地区（海拔 800 米以上）

以秋冬季栽培为主。早秋花菜 4 月上旬～6 月中旬播种，秋冬花菜 6 月中旬～7 月上旬播种。

2. 技术要点

（1）播种育苗

根据不同栽培季节，安排好适宜的播种时间。依地方条件选用不同的育苗方式，如育苗床育苗、穴盘基质育苗、营养钵育苗（具体方法参见甘蓝育苗）。冬季育苗采用大棚，注意保温；秋季育苗注意遮阳防高温。

（2）整地施肥

花椰菜对土壤营养条件要求比甘蓝严格，栽培地应选择向阳、土层深厚、保肥力强又不易积水的壤土或黏质壤土。定植前 15～20 天，深翻炕土，熟化土壤。施足底肥，每亩施腐熟人畜粪或渣肥 2500 千克、复合肥 50 千克。底肥撒施田间后耕耙均匀（或窝施，要与土壤充分拌匀后，带土移栽），一般 1.33 米开厢植 2 行，退窝 40～50 厘米，每亩 2200～2500 株。

（3）定植

移栽时间应根据苗龄及花球上市时间决定。秋季栽培，苗龄 40 天左右，一般 7 月下旬至 8 月上旬移栽，10 月中旬至 12 月中旬上市，晚熟品种至次年 1 月、2 月均有上市。春花菜栽培，苗龄 50～60 天，以 10 月中下旬播种、12 月移栽为最佳，花球在 4 月中下旬大量上市。

（4）田间管理

①追肥

移栽后，秋花菜栽培（7～8 月）正值高温时期，应用遮阳网或其他覆盖物遮阳，待苗成活后揭去覆盖物。幼苗成活后，要勤施淡粪水，促进幼苗快速生长。在花球形成期，气温适宜，生长快，需肥量急增，于花球形成初期和中期重施追肥两次。每次每亩追肥一般用较浓的、腐熟的人畜肥 2000 千克，加 5～10 千克尿素氮肥混合施用，满足叶簇生长，花球形成、膨大的需要。

②中耕除草

一般进行 2～3 次（地膜覆盖除外）。在大雨后或追肥后进行较好。

③束叶

是保证花球品质的重要措施之一（自覆盖品种除外）。一般在花球长出时进行，用花球外面的大叶将花球遮盖，再用稻草等物捆扎一圈，但不要损伤叶片，防止直晒或粉尘污染，以提高品质和产量。

（5）采收

花球采收因品种而异。花球充分长大、球面圆正、花蕾紧实尚未散开即可采收。

3. 病虫害防治

（1）病害

花菜的主要病害有霜霉病、黑腐病及软腐病等。

①霜霉病

症状：主要为害叶片，引起局部病斑，也可为害茎、花梗等。受害叶片产生不规则形或多角形病斑。天气潮湿时，叶斑背面产生一层白色霉状物。病斑中部后期干枯，形成黄褐色至枯黄色病斑，严重时全叶枯萎。茎部、花梗受害呈肥肿或畸形。发病条件：该病由寄生霜霉菌侵染所致，借流水、风雨、农事操作传播。适温 15 ～ 20℃，天气潮湿、低洼积水、土壤黏重时发病重。

防治方法：

a. 加强田间管理

选择地势高燥、通风透光、排水性能良好的地块，深沟高效栽培。合理施肥，适当控制氮肥，增施磷、钾肥。

b. 药剂防治

用 64% 杀毒矾 500 倍液，或 75% 百菌清 600 倍液，或 65.5% 普力克水剂 600 倍液，或 72% 烯酰吗啉可湿性粉剂 600 ～ 800 倍液喷雾等交替喷施 2 ～ 3 次，间隔 7 ～ 10 天喷 1 次。

②其他病害防治参见"结球甘蓝病害防治"部分。

（2）虫害

花菜的虫害主要有小菜蛾和菜青虫，防治参见"结球甘蓝虫害防治"部分。

三、茎瘤芥（榨菜）

茎瘤芥是茎用芥菜中的一种，其显著特点是茎部发生变态，上面着生若干瘤状突起，形成肥大的瘤状茎（俗称瘤茎）。瘤茎不仅可以鲜食，经过专门腌制加工便成榨菜。产区农民多把茎瘤芥称作青菜头或榨菜。

（一）对环境条件的要求

芥菜一般作为二年生蔬菜栽培，秋季播种，冬季或次年春季收获食用产品，春夏季开花结实。茎瘤芥的生长发育过程可分为四个时期：（1）发芽出土期，指种子播种后到第一片真叶长出前这段时期。（2）苗期，指菜苗出现第一片真叶到茎部开始膨大的阶段，这一时期的主要特点是叶片的生长和营养体的增大。（3）茎瘤膨大期，指茎部开始膨大至现蕾（俗称"冒顶"）的阶段，此时期瘤茎增大及瘤茎上的叶片同时生长。（4）抽薹开花结实期，就是从现蕾、抽薹、开花到种子成熟的阶段。

1. 温度

芥菜属于喜凉蔬菜，适宜冷凉环境，不耐高温和霜冻，生长适宜温度在 10 ～ 25℃。不同生长阶段对温度要求不同，温度是影响茎瘤芥栽培成功与否的重要因素。种子发芽与出苗的最适温度是 25 ～ 28℃，在旬平均气温 25℃ 左右、苗床土壤水分充足的情况下，播种后 3 ～ 4 天即可出苗。茎瘤芥苗期生长需要较高的温度。出苗后到第一叶环（达到 5 片真叶）形成生长适宜温度在 20 ～ 25℃，第二叶环（6 片真叶后）形成叶丛生长适宜温度为 15 ～ 20℃。以涪陵沿江海拔 500 米以下的地区为例，9 月上旬 ～ 10 月上旬，气温范围 15.5 ～ 26.2℃，很适宜茎瘤芥的幼苗生长。茎瘤的膨大要求两个条件：一是叶片数量在 11 片以上，二是对温度条件的要求尤为严格，茎瘤膨大的最高气温在 16℃，秋季播种后气温逐渐下降，当降至旬平均气温 15℃ 左右时，具有一定营养体的植株茎部才开始膨大，肉瘤逐渐突起。旬平均气温 6 ～ 10℃ 是瘤茎膨大的最适温度，这一时期是瘤茎膨大盛期。

2. 水分

茎瘤芥生长适宜冷凉湿润的环境，对水肥需求较大，忌涝畏旱，喜土壤湿度相对稳定。如土壤缺水，则生长缓慢甚至停止；水分充足时，又迅速生长。在遇到干旱时，茎内生长迅速的细胞很容易失水，导致部分细胞破裂，很容易产生空心现象。尤其在肉质茎膨大期，土地干湿交替或者水分供应不均衡是造成空心的主要原因。

3. 土壤和营养

茎瘤芥栽培宜选择排灌良好、土层深厚、质地疏松、富含有机质而肥沃的壤土、轻壤土或沙壤土，不宜在土壤黏重板结或过于沙质、排水或保水过差的土壤中栽培，否则将导致生长不良，软腐病或病毒病加重，并严重降低产量。

茎瘤芥对氮、磷、钾养分的吸收主要集中在 13 ～ 18 叶片时期，这个时期为营养生长最旺盛的阶段。中等肥力土壤需要的氮素为 25 千克／亩，五氧化二磷为 5.5 千克／亩，氧化钾为 6.5 千克／亩。

4. 光照

芥菜属于低温长日照作物。茎瘤芥苗期要求较充足的光照，有利于光合作用。光照不足，则养分制造不足，不能满足茎膨大时细胞分裂对养分的需求。茎瘤芥抽薹开花，对低温和光照要求不严格。如果播种过早、温度高、日照强，则容易引起先期抽薹。

（二）栽培技术

1. 栽培区域和季节

茎瘤的膨大对温度要求特别严格，一般作为二年生蔬菜栽培，秋季播种，冬季或次年春季收获食用产品。在海拔 1000 米以下地区均可种植，海拔越高，播种期可适当提前。

2. 技术要点

（1）播种育苗

①播种期

由于茎瘤芥的膨大对气候要求严格，应根据品种的不同特性以及不同地区气候条件确定适宜的播种期。播种过早，不仅病毒病严重，而且容易发生先期抽薹；播种过迟，营养生长不够，茎瘤膨大不充分，严重影响产量。在重庆市海拔500米以下的榨菜主产区，"永安小叶"宜在9月10～15日播种，"涪丰14"可在白露节气至9月15日播种；海拔500～800米地区播种期可较500米以下地区提早2～3天。作为鲜食早熟栽培，尽量选择在海拔500米以上、气候相对冷凉地区，播种可提前到8月下旬。

②育苗

a. 选好床土

应选择土层深厚、质地疏松、富含有机质、地势向阳、排灌方便的地块作苗床地，同时应尽可能远离十字花科蔬菜地，减少病毒侵染。

b. 施足底肥

整地时，深耕炕土，每亩苗床施腐熟的土杂肥1000～1500千克、较浓腐熟的人畜粪水50～60担、过磷酸钙15～20千克、草木灰40～50千克，并与床土混匀，欠细打平。

c. 整地作厢

床土必须及早翻挖，清除草根、石块，锄细整平。播种前开沟作厢，厢宽1.3～1.5米，厢面要细碎疏松，厢间沟宽20～25厘米，沟深15厘米左右。床土四周开排水沟。

d. 稀播匀播

发芽率在75%以上的种子，每亩苗床用种控制在400～450克以内。播种时力求均匀，宜在阴天或晴天下午进行。播前泼施粪水使厢面湿润，播后以草木灰或细泥沙盖种。

e. 苗期管理

播种后，用草帘或双层遮阳网覆盖，防止暴雨冲刷。子叶出土后及时除去覆盖物。在秧苗出现2～3片真叶时间苗，拔出杂草、劣苗、病苗、纤弱苗、长势过旺的特大苗（生物学混杂苗），苗距保持5～7厘米。匀苗后和当幼苗出现第五片真叶时进行苗期的两次追肥，亩用2000千克腐熟的稀薄人畜粪水兑3～4千克尿素提苗。如遇干旱，施肥结合抗旱进行，增加施肥次数，降低肥料浓度。苗期要特别注意防治蚜虫、跳甲、菜螟等虫害。

壮苗的标准是：短缩茎粗壮，植株矮健整齐，5～6片真叶，无病虫害。推荐使用50穴的穴盘育苗。

（2）整地施肥

菜地、放干的水稻田、坝地、缓坡地都适宜种植茎瘤芥。沙地和土壤黏性过重，则生长不好。整地时，铲除杂草，翻耕炕土。移栽前欠细欠平，然后开厢打窝，厢宽 1.3～1.6 米。基肥亩用腐熟的堆肥 2500 千克，与过磷酸钙 35～45 千克（红棕紫泥土壤 35 千克，灰棕紫泥土 45 千克）混合均匀后集中施于窝内，再欠窝一次，使基肥与泥土混合；或每亩施用榨菜专用肥或复合肥 50 千克。

（3）定植

一般菜苗出现第六片真叶时（苗龄 30～35 天）拔苗移栽，移栽宜在阴天或晴天下午进行。茎瘤芥的种植密度应控制在 6000～7000 株／亩。在此范围内，早播者宜稀，晚播者宜密；株型疏散的品种（如"涪丰 14"）宜稀，株型紧凑者（如"永安小叶"）宜密；肥土宜稀，瘦土宜密。移栽前，用多菌灵进行一次喷雾，使幼苗带肥、带药移栽，以减少病害发生。移栽后 1～2 天，以清淡人畜粪水施"定根水"，促进幼苗成活。

（4）田间管理

茎瘤芥生长可分为前、中、后三个阶段，追肥应掌握"前期轻施，中期重施，后期看苗补施"的原则。移栽后 15～20 天（幼苗成活至第一环叶形成前），每亩施腐熟人畜粪水 60～70 担、尿素 8～10 千克；移栽后 45～50 天（菜头进入膨大前期，形成 2～3 环叶），每亩施人畜粪水 100～120 担、尿素 15～18 千克；移栽后 70～80 天（菜头进入膨大盛期），每亩施较浓人畜粪水 70～80 担。作为鲜食栽培，在进入膨大期后可采取"少吃多餐"的原则，增加施肥次数，减少每次施肥量，在收获前 20～30 天停止施肥。

在第二次追肥后，植株尚未封行前，浅中耕疏松表土，除去杂草。若土壤湿度过大、板结则应提前进行行间深中耕，实行亮行炕土，再配合施提苗肥，增强植株长势。

（5）采收

当菜株现蕾（即"冒顶"，用手分开植株顶部 2～3 片心叶，可见淡绿色花蕾）时，应及时采收，一般采收时间在 2 月中旬左右，此时产量高、加工品质好。如果采收过迟，会出现抽薹、空心的现象，严重影响茎瘤芥的品质。

早熟鲜食栽培，结合市场需要，采取分期分批收获。单个青菜头重量达 150 克左右即可收获，以期获得最大经济效益。

3. 病虫害防治

（1）病害

茎瘤芥的病害主要有病毒病，其次有软腐病及霜霉病。

①病毒病

病毒病在茎瘤芥种植区普遍发生，为害严重。整个生育期均可发生，苗期至瘤茎膨大期是发病盛期。病毒病分花叶和缩叶两种类型。花叶型主要发生在嫩叶上，呈深绿浅绿凹凸不平花叶斑块，病株生长缓慢或萎缩，肉质茎不膨大，呈细棒状，食用价值大减。缩叶型多在新抽出的嫩叶发病，皱缩卷成畸形叶，严重时叶片开裂，病株萎缩或半边萎缩。该病主要由芜菁花叶病毒（TuMV）侵染所致。病毒由蚜虫传播和病株汁液接触传染。高温干旱、植株长势弱、抗逆性差等，有利于病毒病的增殖和蚜虫的繁殖，是病毒病发生的诱因。

防治方法：

a. 气温高利于蚜虫的繁殖，适当推迟播期，降低蚜虫传播病毒病的风险；b. 苗床远离十字花科蔬菜；c. 特别控制蚜虫发生；d. 一旦发生后，用5%植病灵水剂300倍液，或20%病毒A可湿性粉剂400～500倍液，或5%菌毒清可湿性粉剂400倍液，或83增抗剂100倍液喷施。

②软腐病

在茎基部或近地面根部初呈水渍状不规则斑块，然后病部扩大并向内扩展，致内部软腐，且有黏液流出，病部发出恶臭味。该病由胡萝卜软腐欧文氏菌侵染所致，由土壤带菌传病，伤口侵入。平畦栽培，虫害多，遇寒流侵袭或湿度大等发病重。

防治方法：

a. 高畦栽培，防止冻害，减少伤口。b. 合理掌握播种期，不宜早播，播前20天耕翻晒土，施用腐熟有机肥。c. 药剂防治。用14%络氨铜水剂300倍液，或72%农用硫酸链霉素可溶性粉剂3000～4000倍液喷防。

③霜霉病

主要为害叶片，病斑近圆形扩至多角形，黄绿色或逐渐变为黄色。湿度大时叶背长出白色霉层，严重时叶片干枯，影响瘤茎产量和品质。

防治方法：可用雷多米尔可湿性粉剂500倍液，或普力克水剂400倍液，或50%溶菌灵600～800倍液喷雾。

（2）虫害

茎瘤芥的虫害主要有蚜虫，其次是菜青虫等。

①蚜虫

蚜虫在整个生长期均可发生，尤其在苗期高温干旱季节发生最为严重。蚜虫最大的危害就是传播病毒病，严重影响产量和效益。防治方法：可用3%辟蚜雾3000倍液或吡虫啉，每隔7～10天施用一次。

②黄曲条跳甲、小菜蛾、菜螟、菜青虫等

主要啃食叶片，在苗期为害严重。防治方法：可选用70%的艾美东颗粒每亩1.9克兑水60千克，或选用BT乳油每亩100克兑水60千克，或选用20%氰戊菊酯每亩40毫升兑水60千克，进行喷雾。

四、抱子芥（儿菜）

抱子芥是茎用芥菜中的另一变种，又称儿菜、娃娃菜，特点是茎和茎上功能叶的腋芽变态肥大呈肉质状。肥大肉质茎及侧芽质地柔嫩，鲜食清香略带甜味，更优于茎瘤芥。肉质侧芽鲜食品质优于主茎。抱子芥含水量很高，主要用于鲜食。

（一）对环境条件的要求

与茎瘤芥相似，抱子芥的生长发育过程同样分为发芽出土期、幼苗期、肉质茎及侧芽膨大期和抽薹开花结实期四个阶段。栽培重点是前三个时期。

抱子芥耐热能力稍强于茎瘤芥，种子发芽及子叶出土对温度和水分的要求大体跟茎瘤芥相似，实际的播种时间较茎瘤芥提早 15～20 天。在重庆市的广大地区，温度和日照均能满足苗期生长的需要。抱子芥肉质茎膨大期除了继续要求较为充足的水分外，肉质茎及侧芽的膨大对温度条件的要求也是比较严格的。秋季播种后，当气温降至旬均温 17℃左右时，肉质茎开始膨大；当降至 15℃左右时，肉质茎上的侧芽开始抽生并膨大。抱子芥和茎瘤芥一样，虽喜冷凉但不耐严寒，在膨大后期若气温较长时期降至 0℃以下，肥大的茎、芽及叶片易受冻害。

（二）栽培技术

1. 栽培区域及季节

抱子芥在形态上虽然与茎瘤芥有很大区别，但其生物学特性仍大体一致，在栽培区域和季节上也与茎瘤芥大体一致。

2. 技术要点

（1）播种育苗

在重庆海拔 500 米以下地区，宜在 8 月 25 日至 9 月 5 日播种；海拔 500～800 米地区的播种期应相应提早 3 天左右。作为早熟栽培，播种期可提早到 8 月上中旬。育苗与茎瘤芥相似，但播种期提前，特别防治高温干旱或者暴雨，重点防治苗期蚜虫和菜青虫的危害。

（2）整地施肥

栽培抱子芥应选择排灌良好、土层深厚、质地疏松的中性或微酸性壤土，黏壤土和沙壤土亦可栽培。由于抱子芥产量较高，需肥量约高于茎瘤芥。

（3）定植

菜苗出现第六片真叶时（苗龄约 33～40 天）拔苗移栽，密度以每亩 2000～2200 株为宜。早熟栽培密度可提高到 2500～3000 株/亩。

（4）田间管理

田间管理参照茎瘤芥进行。在肉质茎及侧芽膨大期，追肥应适当加大氮肥（如尿素）用量。

（5）采收

抱子芥以叶色浓绿并开始发黄为成熟特征,此时肥大、白色带绿的腋芽已长出小叶,呈分枝重叠状围绕主茎。抱子芥2月中下旬采收产量最高。为错开上市,可提前到1月陆续采收。早熟儿菜可在12月底采收。

3. 病虫害防治

抱子芥病虫害与茎瘤芥相似,防治方法见第一节茎瘤芥病虫害的防治。

第三节 葱蒜类蔬菜栽培

葱蒜类蔬菜含有丰富的糖类、蛋白质、维生素、矿物质及独特的辛辣味,既开胃消食、增进食欲,又是一种抗癌保健食品,具有预防和治疗多种疾病的功效。

一、葱

（一）对环境条件的要求

1. 温度

葱有较强的耐寒性和耐热能力,在不同的生长时期对温度的要求各不相同。种子能在 4～5℃低温下缓慢发芽,随温度升高,发芽速度加快,发芽最适宜温度为 13～20℃。葱苗定植后至葱株上市适宜生长温度为 20～25℃,低于 10℃生长缓慢;高于 25℃植株生理机能失调,抗性降低,叶片发黄;超过 35℃,植株呈半休眠状态,外叶枯萎。

2. 水分

葱根系较弱,根毛少,多分布在土壤表层,吸水能力较差。大葱栽培要求较高的土壤湿度,一般土壤相对湿度60%～80%。幼苗期和假茎膨大期,适当浇水是使大葱高产的重要措施。葱叶表面蜡粉较多,水分蒸发量少,耐旱能力较强。植株生长适宜的空气相对湿度为60%～70%,若空气湿度过大,容易发生病害。

因此,要根据不同生长时期的气候特点及需水情况,进行肥水管理。

3. 土壤和营养

葱根系少,分布在表土层,适于在 pH 值为7的中性土壤生长。葱软化栽培对土质要求比较严格,一般要求在土层深厚、保水保肥力较强、疏松肥沃、通透性良好的沙壤土栽培,既便于松土,又易培土,软化栽培容易获得高产。在大葱栽培上应避免连作。虽然葱的病虫害少,危害轻,但随着连作年限的增加,肥力下降,不增施肥料很难增产。

4. 光照

葱属中光性蔬菜。葱叶筒状,叶面积小,受光状况良好,在密植情况下,不需较强的光照也能良好生长。光照过强时叶片易老化,纤维增多,品质下降,食用价值降低;光照过弱,光合作用差,积累营养物质少,叶片黄化,产量降低。

(二) 栽培技术

1. 栽培区域及季节

(1) 浅丘平坝地区(海拔 500 米以下)

大葱春季 3～4 月播种,6～7 月定植,10～翌年 4 月采收;秋播 9～10 月播种,11～翌年 2 月定植,5～12 月采收。分葱 2～3 月播种,4～5 月定植,7～10 月采收;10～11 月分栽定植,4～6 月采收。小香葱 8 月播种(葱头),10～11 月采收或分栽,10 月～翌年 4 月采收。

(2) 中山地区(海拔 500～800 米)

大葱春季 4～5 月播种,7～8 月定植,11～翌年 6 月采收;秋播 8～9 月播种,10 月一翌年 3 月定植,4～11 月采收。分葱 3～4 月播种,5～6 月定植,8～11 月采收;9～10 月分栽定植,11 月～翌年 7 月采收。小香葱 7 月播种(葱头),9～10 月采收或分栽,9 月～翌年 4 月采收。

(3) 高山地区(海拔 800 米以上)

大葱夏春季 4～5 月播种,7～8 月定植,11 月～翌年 6 月采收;秋播 8～9 月播种,10～11 月定植,翌年 4～7 月采收。分葱 3～4 月播种,5～6 月定植或分栽,8～11 月采收;9～10 月分栽定植,11 月～翌年 7 月采收。小香葱 6～7 月播种(葱头),8～9 月采收或分栽,8 月～翌年 5 月采收。

2. 技术要点

(1) 播种育苗

大葱、分葱需要播种育苗,分葱、小香葱也可以靠分裂繁殖或直接栽葱头而不需要播种育苗。

①苗床地选择

葱育苗应选择地势开阔、向阳、土层比较深厚、疏松肥沃、排水良好、距水源较近的壤土作为育苗地,既有利于幼苗生长发育,又便于苗期管理。

②整地、作畦、施基肥

葱育苗时间较长,一般约 80～90 天,幼苗密度较大。随幼苗的生长发育需肥量亦逐渐增加，播种之前施足基肥对培育健壮苗具有十分重要的作用。一般葱苗床地以 1.33～1.66 米宽开厢。畦面中耕炕土，施基肥一般用腐熟的有机肥 1000 千克/亩、复合肥 75 千克/亩，与苗床土拌混均匀，锄细整平待播种。

③催芽播种

葱种子较小，种皮厚，吸水力弱，出土较慢。出土后幼苗生长缓慢，育苗期较长。在生产上大多采用种子消毒，浸种催芽，播种培育健壮秧苗后再移栽到大田。

④苗期管理

加强苗期管理，才能培育出健壮的秧苗。播种后约 5～6 天幼苗出土，揭去地膜，待子叶伸直后，浇施一次清淡猪粪，促进幼苗根系生长发育。春播幼苗生长期中气温逐渐升高，需肥水逐渐增大，应根据幼苗长势和土壤干湿程度，适当增加农家肥施用次数和施肥数量，使大葱秧苗健壮生长。秋播秧苗，应适当减少施肥数量，使根系和植株强健生长。幼苗具 2～3 片真叶，株高 10 厘米左右，假茎粗 0.4 厘米以下，既可安全越冬，又可防止幼苗过大引起先期抽薹。秧苗具 5 片真叶时匀苗假植，达到培育壮苗的目的。

（2）整地施肥

①土壤选择

在葱栽培上，应选择向阳、疏松肥沃、保水保肥力强、排水良好、酸碱适度（pH 值 7～7.4）的壤土或沿江冲积土作为栽培土，或与其他蔬菜粮食作物轮作栽培，切忌连作。春播大葱定植后气温渐高，选择栽培土时还应选择距水源较近的壤土栽培，以利肥水管理。

②整地筑沟

大葱软化栽培又分为长葱白、短葱白两种，在栽培上视土壤质地、培土方式、栽培沟深浅而异。必须沟植培土软化栽培，才能优质、高产。整地筑沟、施基肥、定植。前作收获后清除残株落叶及田间杂草，深翻炕土 10～20 天。分葱、小香葱栽培不必筑沟，以 1.33～1.66 米宽开厢，翻耕后欠细整平便可定植。软化栽培必须筑沟，施基肥后再定植。

（3）定植

当葱苗高 33 厘米，具 6～7 片真叶时即可定植。定植前除去病、弱苗和抽薹苗，选择叶片较多、高度一致的幼苗，分级定植。角葱 1 窝 3～4 株，窝距 8～10 厘米；钢葱 1 窝 2 株，窝距 3～4 厘米。葱苗靠壁或打孔，将葱秧茎部按入沟底松土内，再覆土埋至葱秧外叶分枝处，然后稍压紧，将葱摆在沟埂上，顺沟浇施清淡畜粪水，使葱苗迅速返青成活。秋播在早春定植，春夏季播种者则在播种后 60 天即可定植。分葱 1 窝 2 株，按 35 厘米×30 厘米的行窝距定植；小香葱 1 窝 3～4 个葱头，按 30×25 厘米的行窝距定植，窝内葱头距离 6～7 厘米，亩需葱头种子 50～60 千克。

（4）田间管理

①培土

大葱定植后，随着植株向上生长，应进行分次培土，使入土部分假茎不被阳光照射而逐渐变白，增加葱白长度，达到软化栽培的目的。

a. 培土时期及厚度

大葱软化栽培一般培土 3～4 次为宜。第一次培土在葱株旺盛生长之前，将沟壁泥土拌细，填沟深的一半；大葱植株旺盛生长时期，进行第二次培土，把沟壁泥土削下拌细，将沟填平；再间隔 15 天左右进行第三次培土，将壁土欠细培在葱株基部形成低埂；再间隔 15 天左右进行第四次培土，将余下的埂土挖松欠细填在低埂上形成高埂。通过四次培土，使栽葱的沟变成埂，取土的埂变成沟，大葱植株随培土次数的增加而向上生长，葱白逐渐增长，品质、商品性和产量逐渐提高。

b. 培土时值得注意的技术问题

每次培土宜在早、晚或阴天进行，防止高温引起烂苗而降低产量。培土时先将葱苗挑起来，以免泥土压倒或损伤葱苗，影响大葱生长发育。若遇夏季高温时，培土宜浅、宜松，增加土壤通透性能，利于葱株生长。最后一次培土时如果遇上低温期，可将葱杈（雅雀口、葱心）以上 10 厘米通过培土埋入土中，既增加葱白长度，又可减少冻害损伤。其余前三次培土泥土埋没到葱杈为度，有利于大葱生长。

②中耕除草

大葱定植后，结合培土进行中耕除草，清除田间杂草，增加土壤通透性能，保持土壤肥力，促进大葱植株生长。分葱、小香葱移栽前用施田补、乙草胺进行土壤处理，防治分葱杂草，在分葱生长期间用禾草克、精稳杀得喷雾防除禾本科杂草。

③追施肥水

大葱肥水管理应根据葱株生长发育和气候变化情况，不误农时地加强水肥管理。春播大葱定植后多处于夏季高温时期，随温度升高植株生长逐渐缓慢，应适时适量浇施腐熟的清淡畜粪水，使葱株能正常生长。每次施肥不宜过足过量，防止葱苗徒长而倒苗。若遇暴雨，要及时理沟排水，清除田间积水。秋后到冬季，气温逐渐降低，葱株进入旺盛生长时，应结合第二、第三次培土进行追肥，以适应葱株生长发育的需要。

分葱、小香葱肥水管理在葱株活棵后及时追施薄粪水或亩施尿素 5 千克作促蘖肥。由于分蘖吸收肥水的能力较弱，不耐浓肥与旱、涝，肥水必须少施、勤施。一般 12～15 天追施 1 次，每次掌握尿素 5～8 千克、氯化钾 4～5 千克。施肥与浇水相结合，保持土壤湿润。收获前 15～20 天增施氮肥，正常亩用尿素 15 千克，同时喷施壮三秋，或喷施宝等生化制剂，以促植株嫩绿。

（5）采收

大葱从幼苗期至葱白形成时期，随市场销售行情，均可陆续采收上市。大葱栽培季节不同，栽培方式不同，生长期长短不同，其含水量和耐贮运性也不相同。露地不培土栽培、生长期短、含水量较高、收获较早的春播大葱含水量较高，不耐贮藏运输；生长期较长、培土次数较多的软化栽培、立冬前后采收的大葱，含水量较少，品质好，产量较高，耐贮运性强，经济效益较高。因此，距销售市场较远的区县菜区，适宜发展大葱软化栽培，增加葱白长度，提高商品性和品质，增强耐贮运能力。

分葱、小香葱栽后 3 个月株丛繁茂，达到采收标准时即可采收。采收前 1 天在田间适量浇些水，起好的葱株去枯、黄、病叶，收获后适当晾干葱表水珠，及时用通透性好、大小适中的竹筐或塑料箱装箱运输，严防挤压，减少腐烂损失。

3. 病虫害防治

（1）病害

葱的病害主要有葱霜霉病、葱锈病、葱灰霉病及葱紫斑病等。

①葱霜霉病

症状：霜霉病主要为害叶片及花梗。叶片染病干枯下垂，花梗上呈纺锤形或椭圆形病斑，其上产生白霉。病株矮缩，叶片畸形或扭曲，湿度大的长出大量白霉。该病由葱霜霉菌侵染所致，借风雨及昆虫传播。发病条件：适温 20～25℃，地势低洼、排水不良、阴凉多雨时发病重。

防治方法：

a. 浸种或拌种

50℃温水浸种，种子重量 0.3% 的 35% 雷多米尔拌种。

b. 药剂防治

用盛丰 1+1 枯草芽孢杆菌每组兑水 15 千克，或 70% 丙森锌可湿性粉剂 150 克/亩，或科佳 1000 倍液，或阿米西达 32～48 克/亩。用药时加有机硅，可增加药液的黏着性。

②葱锈病

症状：主要为害叶、花梗及绿色茎部。发病初期表皮上长出椭圆形稍隆起橙黄色疱斑，后表皮破裂向外翻，散出橙黄色粉末。发病条件：该病由香葱柄锈菌侵染所致，适温 9～18℃，气温较低、肥料不足及生长不良时发病重。

防治方法：

a. 田间管理。施足底肥，增施磷钾肥。b. 用 15% 粉锈宁 2000 倍液防治，或 25% 敌力脱乳油 3000 倍液喷雾。用药时加有机硅，可增加药液的黏着性。

③葱灰霉病

症状：主要为害叶片。初在叶上生白色斑点，椭圆或近椭圆，多由叶尖向下发展，逐渐连成片，使葱叶卷曲枯死。湿度大时，在枯叶上生出大量灰霉。发病条件：该病由葱鳞葡萄孢真菌侵染所致，病菌随气流、雨水、灌溉水传播蔓延。较低的温度和较高的湿度是此病流行的条件。防治方法：见蔬菜苗期病害。

④葱紫斑病

症状：主要发生在叶片和花梗上，发病初期病斑小，呈灰色至淡褐色，中央微紫色，其上有黑色煤污点状物。病斑很快扩大为椭圆或纺锤形，凹陷，暗紫色，常形成同心轮纹。发病条件：环境条件适宜时，引起外叶大量枯死。病斑常扩大到全叶，或绕花梗一周，使花梗和叶倒折。防治方法：发病初期，喷洒75%百菌清可湿性粉剂500倍液，或64%杀毒矾可湿性粉剂500倍液，或50%扑海因可湿性粉剂1500倍每隔7天1次，连续防治3～4次，均有较好的效果。用药时加有机硅，可增加药液的黏着性。

（2）虫害

大葱的虫害主要有葱蓟马、葱斑潜蝇及葱地种蝇。

①葱蓟马

为害症状：成虫、若虫以锉吸式口器为害葱的小叶、嫩芽，使葱形成许多长形黄白斑纹，严重时葱叶扭曲枯黄。发生时期：在25℃和相对湿度60%以下时利于葱蓟马发生。高温高湿、暴风雨可降低虫量。防治方法：20%护瑞（呋虫胺）2000倍液，或好年冬20%乳油2000倍液。

②葱斑潜蝇

为害症状：幼虫在叶组织内蛀食成隧道，呈曲线状或乱麻状，影响作物生长。幼虫体长4毫米，淡黄色。发生时期：美洲斑潜蝇一般一年发生13～14代，世代重叠，露地以蛹越冬，保护地以幼虫或蛹越冬。翌年春季气温回升，3月平均温度11～13℃时，成蝇开始羽化。防治方法见菜豆虫害中美洲斑潜蝇。

③葱地种蝇

为害症状：幼虫蛀入葱蒜等鳞茎，引起叶片枯黄、萎蔫、腐烂，甚至成片死亡。老熟幼虫腹部末端有7对突起。发生时期：一年发生5～6代，世代明显重叠。成虫以晴天9～15时最活泼，晚上不活动，对未腐熟的粪肥有明显的趋性，交尾大多在9～10时进行。幼虫有强烈的背光性和趋腐性，喜潮湿，常在土面下活动。防治方法：成虫防治在成虫发生盛期用糖、醋、水为1：1：2.5加少量敌百虫诱成虫；幼虫防治在为害初期用50%辛硫磷可湿性粉剂800倍液，或48%乐期本乳油1000倍液防治，或0.9%集琦虫螨克乳油1500～2000倍液喷雾。

二、大蒜

大蒜别名蒜，各地均有栽培。蒜苗、蒜黄、蒜薹、蒜头均可食用，既可鲜销，又可加工出口创汇。大蒜含有人体必需的营养物质，具辛辣味，不仅是人们生活中不可缺少的调味品，而且具有较多的药用价值，也是广泛用于医药、化工、食品等工业的重要原料。由于用途广泛，其栽培面积迅速扩大，是国内外栽培面积较大的蔬菜作物之一。

（一）对环境条件的要求

1. 温度

大蒜是喜冷凉、耐寒能力较强的蔬菜，南方地区露地越冬栽培。适宜温度范围 -5 ～ 25℃，在 3 ～ 5℃低温下即可萌发，蒜瓣萌发适温 12℃以上；幼苗期生长适宜温度 12 ～ 16℃；花芽及鳞茎发育的适宜温度 15 ～ 20℃。当气温超过 26℃以上，植株生理失调，茎叶逐渐干枯，鳞茎便会停止生长。

2. 水分

大蒜是喜湿润怕干旱的蔬菜，湿润、肥沃的土壤环境有利于大蒜的生长发育。播种后，土壤含水量适宜，蒜瓣萌芽发根迅速，出苗整齐；幼苗期适当减少浇水数量，促进根系生长，增强根系吸收肥水能力，若浇水过多过勤会引起种瓣湿烂；种瓣是幼苗生长重要的养分来源，种瓣养分耗尽后，应加强肥水管理，促进大蒜生长发育；花茎伸长和鳞茎膨大期是大蒜生长发育最旺盛阶段，需水量多，注意肥水施用；蒜薹接近成熟时，应控制施水量，防止采收蒜薹时折断；蒜薹收获后，适当浇施肥水，促进蒜株生长，使养分顺利地运送到鳞茎中去，使鳞茎充分膨大；即将采收鳞茎（蒜头）之前，控制肥水，使蒜头尽快老熟，提高品质和耐贮能力。

3. 土壤和营养

大蒜能在多种类型土壤上生长，但以疏松肥沃、保水保肥力强、排水性能好、有机质丰富、pH 值 5.5 ～ 6 的壤土为最好。大蒜吸收养分的能力较弱，需氮、磷、钾齐全的肥料供给植株生长发育。苗期以种瓣供养为主，不施速效肥，而以充分腐熟的迟效性农家肥作基肥。叶片生长和鳞茎膨大的前、中期需要较多的养分，少量多次，适时进行追肥，满足植株生长、蒜薹生长和鳞茎（蒜头）膨大的需要。在土壤选择上，不与葱、韭、洋葱等葱类蔬菜连作，避免土壤养分不足和减少病虫危害。

4. 光照

无论是春播或是秋播，大蒜通过春化阶段后，都要经过夏季长日照和较温暖的外界条件，才会长成蒜头。大蒜品种不同，对日照时数的要求也有一定差异。北方品种对日照数要求严格，要求有 14 小时以上的日照；南方品种对日照时数的要求要低一些，一般在 13 小时左右。在 12 小时以下日照的温暖环境条件下栽培大蒜，适宜叶片生长，不形成鳞茎（蒜头），可以青蒜苗供应市场。无光照条件下，大蒜产品为蒜黄。

（二）栽培技术

1. 青蒜（蒜苗）栽培技术

（1）栽培区域及季节

①浅丘平坝地区（海拔 500 米以下）

6 月下旬～9 月下旬播种，10 月～翌年 4 月上市。

②中山地区（海拔 500 ～ 800 米）

5 月上旬～9 月上旬播种，9 月～翌年 5 月上市。

③高山地区（海拔 800 米以上）

3 ～ 6 月播种，6 ～ 10 月上市。

（2）技术要点

①品种选择

为使蒜苗早熟丰产、供应期长，应选用早熟、蒜瓣小、用种量少、萌芽发根早、叶肥嫩、蜡粉较少、适宜密植的品种，如四月蒜、软叶子及成都的"云顶早""二水早"等品种。

②整地施肥

大蒜根系浅，分布在表土层，吸收养分能力弱，应选疏松肥沃、土层深厚、保水保肥力强、排水性能良好的壤土栽培。深翻炕土后稍欠细整平，按 2 米开厢作畦，沟深 20 厘米。厢面施充分腐熟的人畜粪水 1000 ～ 1500 千克／亩，隔 1 ～ 2 天后耙平整细待播种。

③播种

为延长蒜苗上市时间，陆续供应市场，可利用重庆冬季暖和的气候条件和早熟品种能早萌芽早发根的特点，排开播种，陆续收获，以延长蒜苗供应时间。重庆地区利用早熟品种进行蒜苗栽培可提早到 6 月下旬后陆续播种，到 10 月上旬上市。若播种较早，气温较高，则蒜瓣必须进行低温处理，以促进蒜瓣早萌芽早发根，才能在栽培过程中实现早播、早发、早收，达到提高产量、增加效益的目的。

④田间管理

大蒜是喜冷凉湿润的蔬菜，播种较早，气温较高，旱情较重。故播后应加强肥水管理，降低土温，保持土壤湿润，使蒜苗出苗快而整齐。幼嫩蒜苗出齐后，应淡施腐熟的人畜粪水，促进蒜苗生长；采收前 20 ～ 25 天，根据土壤干湿和蒜苗生长情况，追施腐熟人畜粪水要适当勤一点、淡一点，旱时追施次数多些，湿度大可少些，以有利于蒜苗生长为度。

⑤采收

青蒜栽培，一般蒜苗长到 20 厘米以上，叶肥厚嫩绿时可分期分批陆续选收，或隔株采收上市，每采收一次再追施淡肥水一次，促进余下蒜苗生长。

（3）病虫害防治

①病害

大蒜的主要病害有大蒜疫病、大蒜紫斑病、大蒜叶枯病及大蒜煤斑病等。

a. 大蒜疫病

症状：主要为害叶片，叶片染病之初在叶片中部或叶尖上生苍白色至浅黄色水渍状斑，边缘浅绿色，病斑扩展快，不久半个或整个叶片萎垂，湿度大时病斑腐烂，其上产生稀疏灰白色霉；花茎染病亦呈水渍状腐烂，致全株枯死。发病条件：病菌喜高温、高湿条件，发病适温 25～32℃，相对湿度高于 95% 并有水滴存在条件下易发病。防治方法：发病初期喷洒 72% 克露可湿性粉剂 800～1000 倍液或 72% 普力克水剂 800 倍液，或 58% 甲霜灵锰锌可湿性粉剂 500 倍液，或 64% 杀毒矾可湿性粉剂 400～500 倍液。对上述杀菌剂产生抗药性时，可选用 69% 安克锰锌可湿性粉剂 1000 倍液。

b. 大蒜紫斑病

症状：大田生长期为害叶和薹，贮藏期为害鳞茎。田间发病始于叶尖或花梗中部，呈黄褐色纺锤形或椭圆形病斑，湿度大时病部产生黑色霉状物，病斑多具同心轮纹。贮藏期染病的鳞茎颈部变深黄色或红褐色软腐状。发病条件：该病由香葱链格孢菌侵染所致，发病适温 25～27℃。一般温暖多雨、多湿或夏季时发病重。防治方法：种子用 40% 甲醛 300 倍液浸 3 小时，浸后及时洗净；鳞茎可用 40～45℃温水浸 1.5 小时消毒。药剂防治：用 40% 大富丹可湿性粉剂 500 倍液，或 58% 甲霜灵锰锌可湿性粉剂 500 倍液喷雾。

c. 大蒜叶枯病

症状：主要为害叶或花梗。受害部位呈不规则或椭圆形灰褐色病斑，其上长出黑色霉状物，为害严重时不抽薹。发病条件：大蒜病感病生育期在成株期。该病由枯叶格孢腔菌侵染所致，该病常伴随霜霉病或紫斑病混合发生。病菌对温度的适应性较强，但需要较高的湿度，降雨和田间高湿是病害流行的必要条件。大蒜叶枯病的主要发病盛期在梅雨季节。防治方法：用 75% 百菌清可湿性粉剂 600 倍，或 50% 扑海因可湿性粉剂 1500 倍液喷雾。

d. 大蒜煤斑病

症状：主要为害叶片。病斑为椭圆形或梭形，中央深橄榄色，叶尖扭曲枯死，湿度大时呈绒毛状，干燥时呈粉状。发病条件：该病由葱芽枝孢真菌侵染所致，适温 10～20℃。植株生长不良、阴雨潮湿时发病重。防治方法：加强田间管理，增施磷、钾肥，清除病残株；用 1∶100 波尔多液，或 65% 代森锌可湿性粉剂 500 倍液喷雾。

②虫害

大蒜虫害主要有葱蓟马、葱斑潜蝇及葱地种蝇。防治见葱虫害防治。

2. 蒜薹、蒜头栽培技术

（1）栽培区域及季节

①浅丘平坝地区（海拔 500 米）以下

早熟品种一般在 8 月播种，当年可抽生蒜薹，收获上市；中熟品种多在 9 月播种；迟熟品种 9 月下旬～10 月上旬播种，年前长蒜苗，经越冬低温通过春化阶段，于翌年 3～5 月抽薹，4～6 月收蒜头。

②中山地区（海拔 500～800 米）

重庆及长江流域以南地区以秋播栽培为最多。早熟品种一般在 7 月播种，当年可抽生蒜薹，收获上市；中熟品种多在 8 月播种；迟熟品种 8 月下旬～9 月上旬播种，年前长蒜苗，经越冬低温通过春化阶段，于翌年 3～5 月抽薹，4～6 月收蒜头。

③高山地区（海拔 800 米以上）

大蒜一般 2～4 月播种，6～7 月前后抽薹，7～8 月收蒜头。

（2）技术要点

①品种选择

根据播期及栽培目的，决定选用什么品种。南北各地大蒜品种较多，近年来，由于市场开放，北方地区干大蒜在重庆销售较多。大蒜生产上不能盲目用北方地区作调味的大蒜作栽培种，因为重庆地区冬春日照时数少，满足不了鳞茎（蒜头）形成对长日照的要求。因此，选用本地区或成都等生态环境相似地区的适应性广、抗逆能力强、丰产稳产、品质好的品种作蒜薹、蒜头栽培比较可靠。

②种瓣处理

选用脱毒品种，挑选无病虫为害的大蒜瓣做种蒜。播种前先用清水洗涤种瓣，后用 77% 多宁可湿性粉剂拌种，每 100 千克种瓣用药粉 150 克兑水 8 千克拌种，或用 3000 倍 96% 天达恶霉灵浸种 20 分钟，晾后播种。

③整地施肥

大蒜根系浅，分布在表土层，吸收养分能力弱，应选疏松肥沃、土层深厚、保水保肥力强、排水性能良好的壤土栽培。深翻炕土后稍欠细整平，按 2 米开厢作畦，沟深 20 厘米。厢面施充分腐熟的有机肥 1000 千克/亩、复合肥 50 千克/亩，隔 1～2 天后耙平整细待播种。

④种植密度

蒜薹、蒜头单位面积产量是由种植数、薹重、蒜瓣重构成的，只有三个相关数量性状均好，才能获得高产。早熟品种植株较矮，叶片数较少，生长期较短，种植密度可适当增大，一般行距 14～17 厘米，株距 7～8 厘米，5 万株/亩较为适宜。中、晚熟品种生育期较长，植株较高，开展度较大，叶片数较多，应适当稀植，一般行距 16～18 厘米，株距 10 厘米，4 万株/亩左右，用种量约 150 千克/亩。

⑤田间管理

蒜薹、蒜头栽培生育期长，叶片多，经过花芽、鳞芽分化，花芽伸长鳞茎（蒜头）膨大成熟等生育时期。随大蒜植株生长发育，需肥量逐渐增多，若追肥不及时，蒜苗叶尖变黄，假茎纤细倒苗，影响蒜薹、蒜头产量。

一般追肥 3 ～ 4 次，追肥以速效性肥料为主，适时适量追肥，促进生长发育。催芽肥，大蒜出苗后，施清淡的人畜粪水提苗，保证幼苗正常生长；蒜苗旺盛生长之前，即播种后约 60 天左右，母瓣营养耗尽时，重施一次，腐熟人畜肥 1000 ～ 1500 千克 /亩、尿素 8 千克 / 亩、氯化钾 5 千克 / 亩，促进幼苗旺盛生长，茎粗叶肥厚而不黄尖；花芽、鳞芽分化，花茎伸长时，追施孕薹肥，施腐熟人畜粪 1000 ～ 1500 千克 / 亩，氮、钾肥 8 千克 / 亩，促进蒜苗生长及提早主蒜薹抽薹和分蒜薹伸长，蒜薹采收前，以追施钾肥为主，适量拌施腐熟人畜粪水，进行最后一次追肥，保证蒜薹采收后供蒜苗返青生长，促进蒜头膨大成熟，这次追肥不宜过多、过浓，否则会引起已形成的蒜瓣发芽，降低蒜头产量。一般蒜薹收后 20 ～ 25 天即可采收蒜头。

⑥采收

a. 采收蒜薹

一般蒜薹抽出叶鞘，并开始甩弯时，是收藏蒜薹的适宜时期。采收蒜薹早晚对蒜薹产量和品质有很大影响。采薹过早，产量不高，易折断，商品性差。采薹过晚，虽然可提高产量，但消耗过多养分，影响蒜头生长发育；而且蒜薹组织老化，纤维增多；尤其蒜薹基部组织老化，不堪食用。

采收蒜薹最好在晴天中午和午后进行，此时植株有些萎蔫，叶鞘与蒜薹容易分离，并且叶片有韧性，不易折断，可减少伤叶。若在雨天或雨后采收蒜薹，植株已充分吸水，蒜薹和叶片韧性差，极易折断。

采薹方法应根据具体情况来定。以采收蒜薹为主要目的，为获高产，可剖开或用针划开假茎，蒜薹产量高、品质优，但假茎剖开后，植株易枯死，蒜头产量低，且易散瓣。以收获蒜头为主要目的，采薹时应尽量保持假茎完好，促进蒜头生长。采薹时一般左手于倒 3 ～ 4 叶处捏伤假茎，右手抽出蒜薹。该方法虽使蒜薹产量稍低，但假茎受损伤轻，植株仍保持直立状态，利于蒜头膨大生长。

b. 收蒜头

收蒜薹后 18 天左右即可收蒜头。适期收蒜头的标志是：叶片大都干枯，上部叶片褪色成灰绿色，叶尖干枯下垂，假茎处于柔软状态，蒜头基本长成。收藏过早，蒜头嫩而水分多，组织不充实，不饱满，贮藏后易干瘪；收藏过晚，蒜头容易散头，拔蒜时蒜瓣易散落，失去商品价值。收藏蒜头时，硬地应用锹挖，软地直接用手拔出。起蒜后运到场上，后一排蒜叶搭在前一排头上，只晒秧，不晒头，防止蒜头灼伤或变绿。经常翻动 2 ～ 3 天后，茎叶干燥即可贮藏。

（3）病虫害防治

同青蒜（蒜苗）栽培病虫害防治。

第五章

经济作物栽培技术

第一节　马铃薯

一、春马铃薯栽培技术

（一）栽植

栽植可用整薯，也可用切块。用切块栽植，种薯先切成立体三角形块。暖晒的种薯可选用芽切块。未暖晒的种薯，中小块取纵切法，以利用顶芽优势；大块按芽眼切，用锋利切刀靠着芽切。

马铃薯播期因品种、气候等而不同，主要是使结薯盛期处在月平均温度17～25℃的时间段，避过当地的高温季节和病害流行期。一般春播适期的早限在终霜前30～35天、10厘米地温为6～8℃。马铃薯苗芽在4～5℃时便可生长，早播有利于根系生长。但种植过早，温度低不抽芽，会在种薯上形成小块茎的仔薯代替芽苗。

种植时应结合株行距合理配置。实践证明，适当放宽行距，缩小株距，既便于中耕、培土、灌水、施肥，也利于通风透光，防止郁蔽徒长。同时株间距缩小，还能遮阴防旱，降低地温，有利结薯。因此，生产中多采用宽窄行种植或宽垄双行种植，增产效果显著。

（二）播种方法

马铃薯以垄作为主，播种方法多种多样，根据播种后薯块在土层中的位置可分为以下三类。

1. 播上垄

薯块播种在地平面以上，或与地平面同高，称播上垄。此法适于涝灾多的地区，或易涝地块。其特点是覆土薄、地温高，能提早出苗。因覆土浅，抗旱能力差，遇严重春旱时易缺苗。为防止春旱缺苗，可以把薯块的芽眼朝下摆放，同时加强镇压，用这种方法播种时不宜多施肥。为了保证结薯期能多培土，避免块茎外露，以防晒绿，垄距不宜过窄，用小犁深趟。常用的播上垄方法是在原垄上开沟播种，即用犁破原垄而成浅沟，把薯块摆在浅沟中，同时施种肥，然后用犁趟起原垄沟上面的土壤，将其覆到原垄顶上合成原垄并镇压。

2. 播下垄

薯块播在地平面以下，称播下垄。多春旱的地区或早熟栽培时多采用此法。这种播法的特点是保墒好、土层厚、利于结薯、播种时能多施有机肥，但易造成覆土过厚，地温低而导致出苗慢、苗弱。所以，生产中一般在出苗前耥一次垄台，减少覆土，提高地温，消灭杂草，促进早出苗、出齐苗。常用播下垄的方法有：点老沟、原垄沟引墒播种、耕台原沟播种等。

（1）点老沟

这种方法省工省时，利于抢墒，但不适于易涝地块。

（2）原垄沟引墒播种

在干旱地区或地块，为保证薯块所需水分，在原垄沟浅趟引出湿土后播种，如播期过晚，可采用原垄沟引墒播法。

（3）耕台原沟播种

在垄沟较深、墒情不好时采用此法。沟内有较多的土，种床疏松，地温高，但晚播易旱。有秋翻地基础的麦茬、油菜茬等地，可采用平播后起垄或随播随起垄的播法。平播后起垄可以播上垄，也可播下垄，主要取决于播在沟内还是两沟之间的地平线上，播时多采用铧犁开沟，深浅视墒情而定，按株距摆放薯块，滤肥，而后再用土铧犁在两沟之间起垄覆土，随后用木碌子镇压一次，这样薯块处在地面上为播上垄。此法适于春天墒情好、秋天易涝的地块。

3. 平播后起垄

播种时覆土厚度不小于 7 厘米。在春季风大的地区，覆土可加厚至 12 厘米，出苗前耕地，使出苗整齐健壮。

此外，马铃薯种植方法还有芽栽、抱窝栽培、苗栽、种子栽培、地膜覆盖栽培等。芽栽和苗栽是用块茎萌发出来强壮的幼芽进行繁殖。抱窝栽培是根据马铃薯的腋芽在一定条件下都能发生匍匐茎结薯的特点，利用顶芽优势培育矮壮芽，提早出苗，采取深栽浅盖、分次培土、增施粪肥等措施，创造有利于匍匐茎发生和块茎形成的条件，促进增加结薯层次，使之层层结薯、高产高效。种子栽培能节省大量种薯，并可减轻黑胫病、环腐病及其他由种薯传带的病害。因种子小而不宜露地直播的，需育苗定植。地膜覆盖栽培，可提高土壤温度、湿度，利于保墒保肥，对土壤有疏松作用，还可抑制杂草生长。

合理密植能充分利用土地、空间和阳光，由于茎叶茂密，可降低地温，对块茎的形成有利。密植程度要根据不同地区、品种和土壤肥力等而定，一般行距 50～60 厘米，株距 20～27 厘米。播种后盖土 10 厘米厚，过浅表土易干，不能扎根，影响出苗。覆土后加盖薄膜，能提早出苗 10 天，增产 20% 左右。

秧苗栽植采用开沟贴苗法，盖土至初生叶处，然后浇透水，浇后随即中耕，促根系生长。第二次浇水时结合追肥，以后还要分次追肥提苗发棵。秧苗每亩栽 6000～8000 株。

（三）田间管理

春薯栽培管理要点在一个"早"字，围绕土、肥、水进行重点管理，满足一个"气"字。

出苗前土壤墒情好，发芽期的管理在于始终保持土壤疏松透气，降雨后应耙破土壳。

出苗到团棵应利用马铃薯苗期短、发棵早、生长快的特点，提早追施速效氮肥，每亩施纯氮 2.5～5 千克，随后浇水、中耕。第一遍中耕应深锄垄沟，使土壤松软如海绵，以利气体流通交换；团棵到开花，浇水与中耕紧密结合，土壤不旱不浇，可进行中耕保墒。结合中耕逐步浅培土，直到植株拔高即将封垄时进行培土。培土时应注意保留住茎的功能叶。

发棵期追肥应慎重，需要补肥时可放在发棵早期，或等到结薯初期。若发棵中期追肥，或虽然早施但肥效迟，则会引起秧棵过旺，延迟结薯。发棵到结薯的转折期，如秧势太盛，控制不住，可喷矮壮素 B9 等抑制剂。开花后进入块茎猛长时期，这时马铃薯的生育特点是营养生

长与生殖生长同时并进，茎叶生长与块茎形成、膨大同时进行。马铃薯各器官的生长发育是有机联系的，前期茎叶的壮大发展是后期块茎迅速膨大的必要条件，因此本阶段前期的中心任务是促进茎叶健壮生长，同时防止茎叶徒长，避免延迟块茎形成。后期的中心任务是稳定叶面积，增强同化功能，防止早衰，促进块茎迅速膨大。为此，生产中应采取：继续中耕培土，在封行前抓紧中耕培土 1～2 次，注意中耕要浅，以免伤及匍匐茎和幼薯；培土要厚，以防薯块外露，并降低地温。增施"催蛋肥"。现

蕾时结合中耕培土追施"催蛋肥"，特别要增施钾肥，这时若秧苗长势弱，每亩可配合施硫酸铵5千克左右。据试验，现蕾期每亩追施草木灰100千克，可增产26%。

土壤应始终保持湿润状态，尤其是开花期的头三水更为关键，所谓"头水紧，二水跟，三水浇了有收成"。一般在块茎形成前，灌水能增加薯块数量；薯块形成后，灌水能提高块茎重量。结薯前期对缺水有3个敏感阶段：早熟品种在初花期、盛花期和终花期；中晚熟种在盛花期、终花期和花后一周。

结薯后期，水分不仅是植株生长需要，还有调节地温的作用，特别是结薯期正值夏初，灌水可以降温。灌水必须均匀，尤其是块茎膨大间，要尽量避免忽干忽湿。块茎形成时，若土壤过旱，则会使薯块表面形成厚肥的木栓化表皮，块茎停止膨大；以后若重新遇到雨水、土壤湿润，块茎又重新开始生长，但因肥厚表皮的包围，使原块茎膨大困难，致使其又从芽眼中重新抽生短匍匐茎，继而膨大形成新的次生块茎，这就极大地降低了商品的品质。

春薯中耕宜早，特别是出苗前，每次雨后必须中耕，这样能使表土疏松，不仅可保持水分，对发芽出苗也很有利。从出苗后直至封垄前可再中耕1～2次。为使养分集中，结合中耕尽早除去过多的萌蘖，每穴留苗数量依播种密度、肥力及品种等而定，一般为1～2株。留苗过多时仔薯增加。

马铃薯块茎是由腋芽尖端膨大形成的，腋芽成枝条或成块茎，这完全取决于该枝条个体发育时的生态条件。匍匐枝暴露在光照下先端不膨大而变成普通枝条，或把普通枝条放置于黑暗中先端长成肥大块茎，证明黑暗是形成块茎的必要条件，而加厚土层是造成黑暗条件的有效措施，所以生产中马铃薯必须经常培土。马铃薯培土应做到早培、多培、深培、宽培，一般应从株高10厘米左右时开始培土，每15天1次，共2～3次，厚达13～17厘米即可。

在马铃薯整个生长发育期需钾最多，氮次之，磷最少。苗期肥水不可过多，特别是氮肥不能过量，否则很易引起徒长，尤其是晚熟品种更甚。出苗后，结合中耕每亩施硫酸铵10～15千克，若不太干旱，尽量不浇水。当块茎开始膨大后对肥水的需求量剧增，由于块茎开始发育的时期常与现蕾期相一致，而块茎的迅速膨大期与开花期相吻合，所以当植株现蕾后，即薯块有拇指大时起，可以顺水灌人粪尿1～2次，这对促进茎叶生长、延长同化器官寿命、加速块茎肥大、提高产量有决定作用。到开花盛期，每亩可施草木灰600千克左右，以利块茎的形成和膨大。采收前约1个月时，为加强同化物质向块茎转运，提高淀粉含量，可用1%硫酸镁溶液，或1%硫酸钾溶液，或1%过磷酸钙浸出液叶面喷施。

有机质含量高或肥水条件特别好的地块，遇到高温天气会造成植株徒长，出现"光长秧子不结豆"现象。可选择在现蕾末期至开花初期，喷洒15%多效唑可湿性粉剂每升60～90毫克溶液。使用后若仍有旺长趋势，可隔一周再喷施一次。喷药最好选择在晴天上午露水消失后或下午 2 时后进行，如喷药后 6 个小时遇雨，需补喷一次。早熟品种、植株较矮的中早熟品种一般不施用，否则会抑制营养生长，造成减产。

块茎是马铃薯的储藏器官，块茎的发生是在团棵前后、茎顶花芽分化时开始的，块茎的形成是在开花后进行的。马铃薯各个生长时期都有特定的形态特征为标志，栽培条件和农艺措施对各个生长时期有决定性影响。张远学等曾在现蕾期采用切除茎尖的方法，解除顶端优势，结果表明，自茎尖向下第五叶带叶切除最佳，其单株茎块数、平均产量、商品薯率分别比对照提高 48%、49%、12%。这说明马铃薯切除茎尖后，顶端优势消失，块茎增大，块茎数量增多，单株产量提高。当切除的茎尖所带叶片上升至 5 片时，块茎随之增大，数量增多；当切除的茎尖所带叶片多于 5 片后，块茎各性状趋于下降，说明茎尖切除的适宜大小为自茎尖向下 5 叶左右。此外，为防止马铃薯早春冻害，可在寒流来临前，叶面喷施草木灰浸出液，或覆盖稻草、杂草等保温，待冷空气或霜冻过后及时揭除，然后视苗情进行根外追肥，促进生长。

（四）收获

1. 收获期的确定

马铃薯生理成熟时产量最高，干物质含量也最高，还原糖含量则最低。因此，一般商品薯生产和原种薯生产应在生理成熟期收获，尽量争取最高产量和成熟的薯块。马铃薯成熟的标志是植株大部分茎叶由绿色变为黄色并逐渐枯黄，匍匐茎干缩，易与块茎脱离，块茎表皮形成较厚的木栓层，块茎停止增长。但若此时收获不能获得最高的经济效益，则应根据市场规律，早收 10 天或晚收 10 天，以获得最大经济效益。马铃薯达到商品成熟期，块茎有 70 克以上即可收获。生产中可根据栽培块茎的用途、当地的气候、土质及市场等情况灵活掌握。在城郊，可以根据品种成熟期和市场需要分期收获，冬藏的可适当晚收，地势低洼或排水不良处，为了避免涝灾应考虑提前收获。同时，还应考虑下茬作物的播种时间，尤其是种植早熟马铃薯或地膜覆盖的中早熟马铃薯，为了及时播种，下茬作物应早收，以提高土地的经济效益。

2. 收获前杀秧

一般商品薯生产在收获前 1～2 周杀秧，供鲜食用的可在植株还比较青绿时杀秧，利用后熟作用加速块茎表皮木栓化。也可采用机械和化学药剂杀秧。机械杀秧是利用专用机械或镰刀等将马铃薯地上部茎叶割除或打碎，使之死亡。化学药剂杀秧是利用触杀灭生性除草剂或触杀性作物催枯剂，每亩可用 20% 敌草快水剂 200～250 毫升，兑水 80～100 升喷施。

3. 收获方法

尽量选择晴天收获。收获前 7～10 天，先割掉秧棵，使块茎在土中后熟，表皮木栓化，这样收获时不易破皮。用木犁翻或机械收获，块茎翻出后人工捡拾放成小堆。人工捡拾时应同时分级，把破损薯、病薯单放。晾晒 1 ～ 2 天后运回，放置在贮藏窖附近预贮 20 天左右，预贮时注意覆盖防冻。

二、秋马铃薯栽培技术

（一）选种催芽

1. 选种

秋马铃薯一般采用当年春薯作种，若用休眠期长的品种，则发芽延迟，出苗后不久即遇寒流，产量低。所以，秋薯应尽量选生长期短又容易发芽的品种，如丰收白、白头翁、双季一号、红眼窝。费乌瑞它是农业农村部从荷兰引进的早熟品种，生长快，品质好，淀粉含量 12% ～ 14%、粗蛋白 1.6%、维生素 C 每 100 克 13.6 毫克鲜薯，适合出口，是优质的秋薯品种。

选中小薯作种，尤其以小整薯为好。种薯用 64% 噁霜·猛锌或 50% 多菌灵可湿性粉剂 500 ～ 600 倍液浸泡 15 ～ 20 分钟消毒杀菌。

2. 催芽处理

秋播时春薯正处休眠状态，所以打破休眠和催芽是秋播的第一关。秋播时尽量选用薯块上半部作种，并从贴近芽眼处切开。为了避免种薯在高温高湿条件下腐烂，种薯切开后要用清洁的凉水把切口上的渗出液和淀粉洗去，晾干水分后再进行催芽。催芽应选阴凉、通风、避雨的地方，先在地上铺厚约 10 厘米的湿沙，再将种薯一层一层摆上去，共 3 ～ 5 层，层间用沙隔开，上面盖好。催芽期间温度保持 25 ～ 28℃，湿度以手握沙能成团即可（湿度过大易烂种），经 7 ～ 10 天，当芽长 0.5 ～ 1 厘米时即可播种。

种薯发芽后也可进行摊晾，这样可使幼芽由细变粗、由白变绿，更加粗壮，播种后出苗快、烂种少。

赤霉素无药害，催芽速度快，还有促进生长的效果，是打破休眠的理想药剂。配制时先用白酒或酒精溶解，再加水配成溶液，配好的赤霉素溶液可连续使用 1 天，用 1 克赤霉素配制的溶液可浸泡 1000 ～ 1500 千克种薯。

（1）切块处理法

种薯经挑选后，选择雨后晴朗天气或傍晚时刻、气温 27℃ 以下的阴凉通风场所进行切块。边切块边浸种，不可堆成堆，否则薯堆产生呼吸生热，切伤面易感染酵母菌，使切面发黏，浸种后不易晾干。浸种用的赤霉素浓度因品种、种薯贮存天数、催芽或直播而有差别，如丰收白为每升 0.2 ～ 0.23 毫克、白头翁为 0.4 ～ 0.6 毫克，切块浸泡 10～15 分钟。浸种后捞出摊放在凉席上，切面朝上晾干，选择通风、阴凉的地方，使切面能在 0.5～2 小时内晾干。晾干的标准，用食指轻触切面无丝毫黏滞感，手指轻轻滑过切面感到滑溜。切块也不可晾得过干，否则切块边缘会变色，周皮与薯肉易分离，烂块常由此处发生。

切块晾干后，即可置于土床上分层催芽。芽床应设在通风遮阴避雨处，床土以沙壤土为宜，透气保墒的黏壤土次之。床土事先备好，湿度达到手握成团、丢下散开为宜。过湿会引起烂块，过干不能发芽。切忌上床前后喷水。切块上床后 6～8 天、芽长度达 3 厘米时拔出切块，堆放在原地，经散射光照使芽绿化变紫，如此锻炼嫩芽 1～3 天。

（2）整薯处理法

用整薯播种可有效控制细菌病害导致的烂秧死苗。整薯有完整周皮保护，不容易吸收赤霉素，因此处理时药液浓度应大些、时间应长些。休眠期短的品种，或芽已萌动的种薯，可用每升 2～5 毫克赤霉素溶液浸种 0.5～1 小时，捞出后随即直播于湿润的土壤中，以免薯皮和土壤干燥，致使赤霉素作用失效。休眠期较长的品种如白头翁、克新号等，可用每升 10～15 毫克赤霉素溶液浸种 0.5～1 小时，捞出后随即堆积在阴凉通风避雨处，薯堆上盖湿润细土 6～7 厘米，再覆盖草棚保墒，出芽后经绿化锻炼即可播种。收获 1～2 个月的整薯发芽不齐，一般分 3 批 20 天完成催芽。少数品种如万农 4 号，整薯用赤霉素溶液浸泡无效，可用甘油赤霉素溶液涂抹法。

（3）整薯甘油赤霉素处理法

甘油有亲水保水性，与赤霉素混合使用效果好。方法是赤霉素浓度为每升 50～100 毫克，甘油与水的比例为 1：4，将两种溶液混合，在种薯收获后 20 天用棉球蘸药液涂抹薯顶或喷雾。

在催芽过程中为防止烂薯，应确保做到"三净三凉"（水净、沙净、刀净，凉时切块、凉水洗冲、凉沙催芽）、控制苗床水分、防止雨淋、保证通气良好等。

（二）适时播种保全苗

陕西关中地区秋薯播期，晚熟品种以 7 月中下旬为好，早熟品种以 7 月下旬为好。

秋薯生育期短、发棵小，播种密度应大，一般每亩留苗 6000～7000 株。秋薯播种期间，常由于高温干旱、土壤板结或土壤阴湿紧实而引起薯块腐烂造成严重缺株、断垄现象。生产中防止烂块、力争全苗是秋薯丰产的重要前提，为此必须保证土壤具备发芽所需的凉爽、湿润、通气条件。

1. 偏埂深播

秋薯种浅了怕高温，种深了又怕雨涝，生产中可采用东西畦、南高北低的方式，把薯块种到埂北腰部，这样太阳晒不着且排灌方便。同时，因播于埂侧，土壤疏松，覆土可稍深些。当快要出苗顶土时再把垄顶土壤扒开，这样更利于出苗。也可采取挖浅沟深 5 厘米，平放种薯，然后在两行种块中间开沟起垄，耙平垄面，种薯表面距垄面 10 ～ 12 厘米，种薯处于垄底与垄面之间，高于地表，可避免湿度过大烂种。

2. 凉时抢种，小水勤浇

播种要避开雨天，最好在下午或早晨地凉时趁墒播种，这时地温低，不易伤芽。播后缺墒的趁早晚小水灌溉，既可降温，又可避免垄背板结，有利出苗。播后最好用玉米秸秆或遮阳网覆盖地面，降低土壤温度，减少水分蒸发。

3. 早中耕，勤保墒

出苗前过多灌溉，特别是大水漫灌，极易造成土壤板结，引起烂薯。故中耕要早，尤其是出苗前后松土更为重要。出苗前若能进行土面覆盖，更有利于促进出苗。

（三）加强管理促早发

秋薯生长后期易受早霜危害，生长期短，要抓住有利的生长时期，特别是生长前期要加强管理，培育壮苗，促进早发，形成强大的同化器官，为中后期块茎肥大奠定基础。所以，秋薯栽培除基肥要充足外，出苗后要进行抗旱降温、小水勤灌、及时中耕，严防板结，同时早施苗肥，猛促生长。后期又要注意保温，以延长收获期，提高产量。方法是增加培土厚度和压秧。压秧就是把植株地上部顺垄压在垄南，这样即使有轻霜，秧苗也不至于全部枯死。

（四）二季作地区秋薯稻草覆盖栽培技术要点

播种秋薯时，正是二季作地区高温多雨季节，所以秋薯栽培与春薯有所不同。

1. 选用良种

稻草覆盖栽培秋播马铃薯应选东农 303、中薯 2 号、克新 4 号等块茎膨大快、结薯早、产量高、较耐高温、经济效益好的品种。

2. 施足基肥

稻草覆盖，出苗后不中耕、不追肥，所以播种时必须一次性施足基肥，一般每亩施优质农家肥 1000 ～ 1500 千克、腐熟人粪尿 500 ～ 700 千克、三元复合肥 50 ～ 70 千克。农家肥可撒施在畦面上，也可浅盖种肥；复合肥则应施在离种薯 7 ～ 8 厘米的行间，不可直接与种薯接触。

3. 浸种催芽与播种

秋薯栽培容易发生环腐病和青枯病而造成烂薯死苗，所以提倡采用整小薯播种。如用当年春播收获的马铃薯做种薯，在播前 7 ～ 10 天用每升 3 ～ 5 毫克赤霉酸溶液浸种 0.3 ～ 1 小时，取出晾干后催芽，然后分级播种。一般在 8 月底至 9 月初播种。播种稻田要开沟整畦，一般畦宽（连沟）1.6～1.8米，畦沟深0.15～0.2米。将开沟挖起的泥土敲碎均匀铺在畦面上，使畦面呈弓形。如土壤过干，应先灌水使之湿润，于翌日上午9时前，趁土温凉爽时播种，将种薯直接摆放在畦面，稍压实后在种薯上盖些细土，促进早发芽根、早出苗。秋马铃薯生育期较短、单株结薯少，因此要提高种植密度，一般按行距0.4～0.5米、株距0.15～0.2米为佳。播种后将肥料施于行间，其上盖8～10厘米厚的新鲜干稻草。出苗后注意抗旱保苗，生长期内一般不中耕除草，也不施肥，生长中后期如发现叶片早衰，需叶面喷施0.2%磷酸二氢钾和0.5%尿素溶液，连喷1～2次。

4. 及时收获

秋马铃薯应在初霜来临前收获。收获过早，块茎未充分膨大，产量低；收获过迟，种薯容易受冻，失去种用价值。

三、马铃薯地膜覆盖栽培技术

（一）选种备种

生产中应选用早熟性好、生长发育快、结薯早的优良品种，争取早上市，获得高效益。一般选用适合春季早熟高产栽培、生育期为55～65天的早熟品种，采用脱毒种薯或直接从高纬度或高海拔地区调来适栽品种的原种小整薯作为种薯。播种前精选种薯，然后进行催芽处理，以促进幼芽提早发育并减轻环腐病、晚疫病危害。

选用优良脱毒种薯是马铃薯丰产优质的关键技术措施。脱毒种可选用"G2"或"G3"作大田商品薯生产用种，每亩备种薯150千克左右，切块可以稍微大些。播前25天左右将种薯从贮藏处取出，选择薯形规整、符合品种特征、薯皮光滑色鲜、大小适中的薯块做种。切块应大小均匀一致，以利出苗整齐健壮。

（二）覆膜

地膜厚度一般为0.03毫米，幅宽应根据马铃薯垄的宽度确定，如70厘米宽的垄，需用幅宽80厘米的地膜覆盖。生产中常采用幅宽80～90厘米的地膜。高畦覆盖栽培可选用有色地膜，双行垄的用幅宽90～100厘米，中间的种植带用幅宽30～35厘米、厚度0.005～0.008毫米的超薄透明膜，每亩用膜4～5千克。可播两行，斜对角播种，播种时应打线对直，覆盖时对准地膜种植行。高垄覆盖可选用幅宽90～100厘米的透明膜。严格按地膜覆盖要求，精细整地，畦面无坷垃，地膜严密扣紧，压好膜边，防止风吹，以保障地膜升温保墒的效果。

畦床做好后立即喷洒除草剂，马铃薯常用除草剂有乙草胺、氟乐灵、异丙甲草胺、氟草醚等。一般每亩用 90% 乙草胺 100～130 毫升，或 50% 氟草醚 130～180 毫升，或 48% 氟乐灵 100～150 毫升，或 72% 异丙甲草胺 120～130 毫升，加水 30～40 升喷施。

覆膜时膜要拉紧，贴紧地面，畦头和畦边的薄膜要埋入土里 10 厘米左右，并用土埋住压严，用脚踩实。盖膜要掌握"严、紧、平、宽"的要领，即边盖膜边压严，膜要盖紧，膜面要拉平，见光面要宽。为防止薄膜被风揭起，可在畦面上每隔 1.5～2 米压一小堆土。

（三）提早催芽播种

地膜覆盖栽培可采用催大芽提早播种方法。在 1 月底至 2 月初进行种薯切块催芽，即播前 15～20 天将块茎切成带 1～2 个芽眼、重 25 克左右的薯块，在温暖处晾 1～2 天。然后，按 1：1 的比例与湿润细沙混合均匀，并将其按宽 100 厘米、厚 25～30 厘米摊开，上面及四周覆盖湿润细沙 6～7 厘米厚。也可将湿润的沙摊成宽 10 厘米、厚 6 厘米、长度不限的催芽床，上面摊放一层马铃薯切块、厚 5 厘米左右，然后盖一层沙，依次一层切块一层沙，可摊放 3～4 层，最后在上面及四周覆盖湿润细沙 6～7 厘米厚。温度保持 15～18℃，不低于 12℃，不超过 20℃，严防温度过高引起切块腐烂。待芽长至 3 厘米左右时，即可将切块扒出播种，生产中一般气温平均稳定在 5℃ 以上、10 厘米地温稳定在 10℃ 以上时播种。

地膜覆盖栽培 2 月底播种，选择晴朗天气，在上午 9 时至下午 4 时播种为宜。播种深度一般为 10 厘米，地膜覆盖栽培，适宜覆土厚些。采取宽垄双行密植，一般以垄宽 60～80 厘米、垄高 20～25 厘米、垄距 15～20 厘米为宜。

先播种后盖膜：顺序是先开沟，施入种肥并与土混合，然后播种，每垄双行，一垄宽 100 厘米。按计划株距摆薯块，摆在沟底向垄背处，然后用沟边的土覆盖成宽垄，用菜耙镇压后再耧平，播种结束后覆盖地膜。这种方法可以掌握播种深度，达到深浅一致。由于播种深度适宜，有利于结薯，后期可以不进行培土。

先铺膜后播种：顺序是先起垄，铺膜后经几天的日光照射，垄内温度升高后再播种。播种时用移植铲或打孔器按株距打孔破膜播种，孔不要太大，深度 8 厘米左右，深浅力求一致。芽块或小整薯播下后，用湿土盖严，封好膜孔。这种方法由于铺膜后地温上升快出苗也较快，如遇天旱，还可坐水播种。缺点是一般播种较浅，不易达到播种的标准深度，人工开穴其深浅不一致，出苗不整齐。

地膜覆盖栽培，一般播后 25 天出苗，要及时破膜放苗。出苗后及时查苗补苗，剔除病、烂薯块，补栽提前准备的大芽薯块，保证苗全苗齐。

（四）田间管理

地膜覆盖马铃薯以保温、增温为目的。由于地膜覆盖，土壤蒸发量极少，只要播种时土壤墒情好，出苗期一般不需浇水和施肥。出苗后，及时破膜。放苗时用土将苗基部的破膜封严，以免幼苗接触地膜烧伤或烫死。当幼苗拱土时，及时用小铲或利器对准幼苗将膜割一个"T"字形口，把苗引出膜外后，用湿土封住膜孔。出苗率达70%时，及时查苗补种。晴天膜下温度很高，出苗后如不及时放苗，膜内的幼苗会被高温烫伤，引起叶片腐烂。先覆膜后播种的，播种时封的土易形成硬盖，如不破开土壳，苗不易顶出，因此也需要破土引苗。但引苗时破口要小，周围用土封好，以保证膜内温度、湿度。喷施除草剂的地块，更应及时破膜，使幼苗进入正常生长。如有寒流，可在寒流过后进行破膜放苗。在生长过程中，要经常检查覆膜，如果覆膜被风揭开或被磨出裂口，要及时用土压住。

田间管理的重点是壮棵，注意加大肥水管理，以水促肥，对基肥施用不足的地块，可酌情补施速效肥料。土壤不旱不浇，注意耕松沟底土壤，结合中耕浅培土。结薯期管理重点是防止茎叶早衰，延长茎叶的功能期，促进块茎形成与膨大。要使垄内土壤始终保持湿润状态，确保水分供应，浇水避免大水漫灌，灌水量不宜超过垄高的一半，不可漫垄或田间积水过多，遇大雨应及时排水。收获前5～10天停止浇水，促使薯皮木栓化，以利收获。对因雨水或浇水冲刷造成的垄土塌陷处，要及时培土，防止产生青皮块茎。对茎叶早衰田块，可进行根外追肥，同时注意防治病虫害。结薯期若有小薯露出土面或裂缝较大，要及时掀起地膜培土，然后重新盖严地膜，以免薯块见光发绿。

马铃薯地膜覆盖栽培，由于地膜的韧性，马铃薯幼芽不能自行穿破地膜，需进行人工放苗。晴天中午地膜下温度高，放苗不及时，极易造成马铃薯幼芽热害，严重者直接烫伤腐烂，因此不适合规模化种植的需要。马海艳等人根据土壤压力研究，推广了马铃薯膜上覆土技术，即马铃薯出苗前，在地膜上覆盖适当厚度的土，让幼苗自行穿破地膜出苗。研究结果表明，在马铃薯顶芽距离地表2厘米时，于地膜上覆土2～4厘米厚，可以有效提高马铃薯出苗率，而且出苗整齐，块茎青头率低，商品薯率高，产量高。

（五）适时收获，提早上市

根据生育期及市场行情，一般在5月底至6月初收获，宜在上午10时以前和下午3时以后收获。收获时尽量不伤薯皮，以便贮存和运输。收获后及时清理残留的地膜，保护土壤环境。随刨收随运输，严防块茎在田间阳光下暴晒。运输不完时，将块茎在田间堆积成较大的堆，用薯秧盖严，严防暴晒，以免块茎变绿。

四、马铃薯早春拱棚栽培技术

早春利用拱棚栽培马铃薯，使收获期提早至 4 月底至 5 月初，较露地栽培收获期可提早 30 天左右。

（一）建棚与扣棚

1. 建棚

生产中常用的拱棚有小拱棚、中拱棚、大拱棚 3 种。可以单独使用，也可以在大拱棚内套中拱棚、中拱棚内套小拱棚、小拱棚内覆地膜，进行多重覆盖。

（1）小拱棚

一般采用 5～8 厘米宽的毛竹片或小竹竿做骨架，每 1～1.5 米间距插 1 根，拱架高度 50 厘米左右，一般 1 个拱棚覆盖 2 行或 4 行马铃薯。为提高拱棚牢固程度，可在棚的顶点用塑料绳固定串在一起，并在畦两头打小木桩固定。播种后及时搭建小拱棚并覆棚膜，用土将棚膜四边压紧，尽量做到棚面平整。通常 4 垄马铃薯为一棚，拱杆长 2.5～3 米，2 根竹竿搭梢对接，做成高 90 厘米、宽 3～3.2 米的拱棚。选用幅宽为 2 米、6 米、8 米的农膜，分别覆盖种植 2 垄、6 垄、8 垄马铃薯的拱棚，设置 1 行立柱或不设立柱，用 0.08 毫米厚的薄膜覆盖。

（2）中拱棚

以 6～8 垄马铃薯为一棚，棚宽 1.2～1.6 米，棚高 3～6 米，棚长 50～80 米，棚体多为竹木结构，棚中间设 1～3 行立柱，用 0.08～0.12 毫米厚的薄膜覆盖。拱杆长 3.5～6 米，直径 2 厘米。

（3）大拱棚

标准钢管大棚、竹木结构大棚或简易大棚均可。生产中大多选用 GP-825 或 GP-622 型单栋塑料钢管大棚，以 10 垄马铃薯为一棚，棚宽 8 米，设 4 行直径 6 厘米的立柱，用直径 4 厘米、长 5 米的竹竿做顺杆，将各行立柱连接起来，用直径 3 厘米、长 5 米的竹竿对接成拱杆，各种接头用 14 号铁丝扎牢，用厚 0.1～0.12 毫米的薄膜覆盖。大棚需要在播种前 20 天搭建完成，以南北走向为好，棚与棚保持 1 米以上的间距。

2. 扣棚

播种后应及时扣棚，用土将农膜四边压紧，尽量做到棚面平整。棚两边每隔 1.5 米打一小木桩，用 14 号铁丝或塑料压膜线拴住两边小木桩并绷紧，以达到防风固棚的目的。

拱棚栽培最好采用南北走向，这是因为南北向受光好，棚内温度均匀；春季北风、西北风、东南风多，南北向棚体受压力小。

（二）种薯准备及处理

1. 精选种薯

早熟脱毒品种可选用豫马铃薯 1 号和 2 号、鲁引 1 号、津引 8 号、荷兰 15 号、费乌瑞它、中薯 3 号、早大白、东农 30 号等。若早熟与丰产兼顾，可选用鲁引 1 号、津引 8 号等品种。播种前精选种薯并进行催芽处理，以利幼芽提早发育，减轻环腐病、晚疫病等危害。每亩备种薯 150 ～ 200 千克，选晴暖的中午晾晒 1 ～ 2 天，并剔除病薯、烂薯和畸形薯。北方一季作区繁育的种薯由于收获早，已通过休眠期，种薯可在 10 ～ 15℃条件下存放。中原二季作区秋繁种薯，从收获到播种时间短，正常放置很难通过休眠期，应把种薯放在 20 ～ 25℃条件下 10 ～ 15 天进行预醒，待幼芽萌动时预醒结束，也可在切块后用赤霉素溶液喷洒或浸种。切块可以稍大一些，50 克左右的小种薯纵切成 2 等份，100 克左右的种薯纵切成 4 等份，大薯按螺旋状向顶斜切，最后把芽眼集中的顶部切成 3 ～ 4 块，发挥顶端优势。切块时，若切刀被病薯污染，需用75% 酒精消毒。

2. 种薯催芽

采用催大芽提早播种，在 12 月底至翌年 1 月初进行切块催芽。催芽可在冬暖大棚、土温室、加温阳畦或较温暖的室内进行，在避光条件下把切块分级催芽。芽床适宜温度 15 ～ 20℃，低于 10℃易烂种，高于 25℃出芽虽快但芽子徒长、细弱。苗床土最好用高锰酸钾或硫酸链霉素溶液消毒杀菌，床土湿度以手握成团、落地散碎为宜。块茎切块后，按 1：1 的比例与湿润的细沙或土混合掺均匀，然后摊开，宽 100 厘米，厚25 ～ 30 厘米，上面及四周覆盖湿润的细沙 6 ～ 7 厘米厚。另一种方法是将湿润的沙摊开，使之呈宽 100 厘米、厚 6 厘米，然后摊放一层马铃薯切块，盖一层沙，依次一层切块一层沙，可摊放 3 ～ 4 层，然后上面及四周覆盖湿润的细沙 6 ～ 7 厘米厚。温度保持 15 ～ 18℃，不低于 12℃，不超过 20℃，待芽长至 3 厘米左右时，将切块扒出即可播种。如播种面积大，切块催芽量多，可将切块装入篓内叠放 2 ～ 3 层，催芽前3 天温度保持 5 ～ 6℃，使伤口愈合，然后将温度升至 15 ～ 18℃，篓的四周及上面用湿润的麻袋或草苫盖严，待芽长出后即可播种。

3. 培育壮芽

当薯块芽长至 1.5 ～ 2 厘米时，将其取出移至温度为 10 ～ 15℃、有散射光的室内或冬大棚内摊晾炼芽，直到幼芽变绿，一般需 3 ～ 5 天。二季作区秋季繁殖的种薯进行早熟拱棚栽培时，需采用赤霉素浸种催芽，切块用每升 0.3 ～ 0.5 毫克赤霉素溶液浸种 30 分钟，整薯用 5 毫克赤霉素溶液浸种 5 分钟。

（三）适时播种

当气温稳定在 3℃以上、10 厘米地温稳定在 0℃以上时即可播种，一般在 11 月下旬至翌年 2 月中旬。选择无大风、无寒流的晴天上午 9 时至下午 4 时播种，开 1 个宽沟或 2 个小沟，用桶溜水后播种，2 行间距 15～20 厘米，播后盖土起垄，垄顶至薯块土层厚 15～18 厘米，用钉耙整平。下种时隔穴施肥，一般每亩用硫酸钾复合肥 70～100 千克、尿素 10 千克，有条件的可增施硼肥 0.5 千克、锌肥 1 千克。播后，每亩用乙草胺 60～80 毫升，兑水 750 升均匀喷洒垄面，然后用宽 90 厘米的地膜覆盖。

为防止匍匐茎过长致使结薯晚，可在出苗后及时撤除地膜，然后扣棚膜，一般以 5 垄为一小棚，2 个小拱棚上再搭 1 个大拱棚。小拱棚选用 4 米宽、0.008 毫米厚的农膜覆盖。棚内生长期间不宜覆土，可采用一次起垄覆土方式。

（四）田间管理

1. 破膜放苗

定植后 10～15 天薯苗破土顶膜时人工破膜，破膜后用土盖严周围，确保膜下土壤温度，确保苗全苗壮。

2. 及时通风

马铃薯光合作用必须有充足的二氧化碳，拱棚马铃薯出苗后不通风，二氧化碳供应不足，影响光合作用，植株生长不良，叶片发黄，因此需要及时通风。幼苗时期，由棚的侧面通风，防止冷风直接吹到幼苗，以减少通风口对植株的伤害。拱棚马铃薯栽培还有顺风和逆风两种通风方式，前期气温低，一般顺风通风，即在上风头封闭，下风头开通风口；后期温度回升，一般采用双向通风，即上风头和下风头均通风，使空气能够对流，利于降低棚温。另外，还要轮换通风，锻炼植株逐渐适应外部环境的能力，以便气温高时将膜全部揭掉。

3. 温度和光照调节

生长期要严密监视温度变化，及时通风换气。生育前期可在中午开小口通风排除有害气体。3 月下旬当气温达到 20℃时，每天上午 9 时即开始打开棚的两端通风，或在棚中端揭开风口，白天棚温控制在 22～28℃、夜间 12～14℃，下午 3 时左右关闭通风口。进入 4 月可视气温情况由半揭棚膜到全揭棚膜，由白天揭晚上盖到撤棚。到终霜期视天气状况及时撤棚，此时平时气温已达 17℃，最高温度 25℃，是马铃薯生长的最佳时期。撤棚前最好浇一次透水，等升温后撤棚。影响棚内光照的主要因素是棚膜上水滴对光的反射和吸收，水滴多影响光的投射，因此生育期间可经常用竹竿振荡棚膜，使膜上水滴落地，以增加膜的透光性。生产中最好选用无滴膜，生育期间要经常用软布擦棚面上的灰尘，以保证充分采光。

4. 防止低温冷害

拱棚马铃薯播种期比露地早 30 天左右，早春气温变化大，应随时注意天气变化，气温在 2 ~ 5℃，马铃薯不会受冻害，但降到 1℃，则受冻害，应及时采取防冻措施。浇水可降低低温冷害影响，对短期的 -3 ~ 2℃低温防冻效果较好，或夜晚棚外加盖草苫等覆盖物进行保温。马铃薯受冻害后应及时浇水并控制棚温过高，棚温上升至 15℃时及时通风，不宜超过 25℃。冻害严重的及时喷施赤霉素溶液可恢复生长。

5. 肥水管理

拱棚内不方便追肥，应在播前一次施足基肥。拆棚后喷 1 ~ 2 次 0.2% 磷酸二氢钾溶液。由于拱棚升温快，土壤水分蒸发量大，一般要求足墒播种。出苗前不浇水，如干旱需要浇水时要避免大水漫垄。出苗后及时浇水助长，以后根据土壤墒情适时浇水，保持土壤见湿见干，田间不能出现干旱现象。生育后期不能过于干旱，否则浇水后易形成裂薯。苗高 15 ~ 20 厘米时开始喷施叶面肥，整个生长期内喷 3 次叶面肥，一般在浇水前 2 天喷施。浇水应在晴天中午进行，尽量避开雨天，防止棚内湿度过大而导致晚疫病发生。

6. 适时收获，提早上市

一般出苗后 80 天左右进入收获期，收获前 5 ~ 7 天停止浇水，以便提高马铃薯表皮的光洁度。收获时大小薯分开放，操作时注意防止脱皮、碰伤和机械创伤，以保证产品质量。

五、马铃薯稻田覆草免耕栽培技术

(一) 马铃薯免耕栽培技术的优势

马铃薯稻田覆草栽培，收获时稻草已腐烂，同时马铃薯残株翻耕还田作水稻基肥，增加了土壤有机质，改善了土壤结构，培肥了地力，同时减少了化肥用量，有利于保护农业生态环境。免耕种植只需开沟做垄，将垄面稍作平整后将种薯直接摆放在垄面上，盖上稻草即可。马铃薯生育期间不需中耕除草和培土，收获时改挖薯为捡薯，只需移开覆盖的稻草就能采收，显著降低了劳动强度。稻草覆盖可明显调节土壤温度，有利于促进块茎生长，并能减少土壤表面水分蒸发和雨水淋失土壤肥力。提高土壤保水保肥的能力，促进植株健康生长。采用稻田免耕种植马铃薯，实行水旱轮作，减少种薯与土壤的接触，降低了土壤带菌传染的机会，也可以减少病虫害发生概率。同时，稻草全程覆盖能有效地抑制杂草的生长，稻田内长出的小草和稻茬不影响马铃薯的生长，若杂草较多也可人工拔除，无需使用除草剂，从而减少农药的使用量，降低生产成本，确保产品食用安全卫生。免耕种植马铃薯收获时不伤块茎，块茎整齐，薯形完整，薯皮光滑，块茎鲜嫩，病害轻，破损率低，商品性好，提高了马铃薯的商品品质和贮藏性。

（二）马铃薯免耕栽培技术要点

1. 选地整地

选择土壤肥力中等以上、排灌方便的沙壤土，晚稻收获前不浇水，收割时留茬不宜过高，以齐泥留桩为宜。播前分垄开沟，沟宽 30 厘米、深 15 厘米，挖好排灌沟。挖排灌沟时，部分沟土用于填平垄面低洼处，将厢面整成龟背形，以利淋水和防渍。其余的沟土在施肥播种后用来覆盖种薯和肥料，或在覆盖稻草后均匀地撒于厢面。采用宽厢种植的厢宽 130～150 厘米，每厢播种 4～5 行，宽窄行种植，中间为宽行，大行距 30～35 厘米；两边为窄行，小行距 20～25 厘米，株距均为 20～25 厘米，厢边各留 20 厘米。按"品"字形摆种薯，每亩种植 6000～7000 株。窄厢种植的厢宽 70 厘米，每厢播种 2 行，行距 30 厘米，株距 20～25 厘米，厢边各留 20 厘米，按"品"字形摆放种薯，每亩种植 5000～6500 株。

2. 品种选择及种薯处理

品种选择要根据当地气候条件和市场需求，应选择生育期适中，适销对路的高产、优质、抗病、休眠期已过的优质脱毒种薯。在播前 15～20 天，按每亩 150～200 千克备足种薯，种薯用 0.3%～0.5% 甲醛溶液浸泡 20～30 分钟，取出用塑料袋或密闭容器密封 6 小时，或用 0.5% 硫酸铜溶液浸泡 2 小时，然后催芽，芽长至 0.5～1 厘米时在散射光下炼芽，待芽变成紫色后即可播种。

3. 适时播种

马铃薯覆草免耕栽培主要适于秋播或冬播，因此有霜冻的地方要通过调整播种期避开霜冻危害。一般秋播于 9 月中下旬进行，冬播于 12 月中下旬进行。播种时将种薯直接摆放在畦面上，芽眼向下或向上，切口朝下与土壤接触，可稍微用力向下压一下，也可盖一些细土。播后每亩用灰肥拌腐熟猪粪 1500 千克盖种，再在畦面上撒些复合肥，然后覆盖厚 8～10 厘米稻草。稻草与畦面垂直，按草尖对草尖的方式均匀覆盖整个畦平，随手放下即可，不压紧、不提松、不留空隙，要盖到畦边两侧，每亩需 1300 立方米左右的稻草。稻草覆盖后进行清沟，用从沟中清理出的泥土在稻草上压若干个小土堆，有保护覆盖物和防止种薯外露的作用，但压泥不能过多。播后若遇干旱，需用水浇淋稻草保湿；如遇大风要用树枝压住稻草，防止被风吹走。稻草不足时可用甘蔗叶、玉米秆、木薯皮等覆盖或加盖黑色地膜。

4. 田间管理

出苗后适时破膜放苗，防止膜内温度过高而引起烧苗。破口不宜过大，放苗后立即用湿泥封严破口，防止冷空气进入，降低膜内温度，或遇大风引起掀膜。及时清理排灌沟，将清出来的沟土压在稻草上。如果稻草交错缠绕而出现卡苗，应进行人工引苗。

利用稻草覆盖种植马铃薯生长前期必须保证充足的水分，整个生长期土壤相对含水量应保持在60%～80%。以湿润灌溉为主，一般出苗前不宜灌溉，块茎形成期及时适量浇水，应小水顺畦沟灌，使之慢慢渗入畦内。不能用大水浸灌，注意及时排水，避免水泡种薯。在多雨季或低洼处，应注意防涝，严防积水，收获前7～10天停止灌水。生长前期可施1～2次肥，生长中后期脱肥的可每亩用磷酸二氢钾150克或尿素250克兑清水50升叶面喷洒，连喷2～3次。在施足基肥的情况下，展叶起每10天用0.1%硫酸锰+0.3%磷酸二氢钾+三十烷醇100倍液混合肥液叶面喷施1次，连喷3～5次，能显著提高产量。

覆草栽培，因根系入土浅，薯块也长在地表，无附着力，极易发生倒伏，中后期要注意严格控制氮肥的施用量，防止地上部生长过旺。也可在马铃薯进入盛薯期时每亩用15%多效唑可湿性粉剂50克兑水60～70升叶面喷施，以控上促下，促进块茎膨大。如果有花蕾要及时掐去。

第二节　花生

一、春花生栽培技术

（一）土壤选择与整地施肥

1. 土壤条件

花生对土壤的要求不太严格，除特别黏重的土壤和盐碱地外，均可种植花生。花生是地上开花、地下结果的深根作物，土层深厚、土质疏松通气是高产稳产的基本条件。适宜的土壤条件是耕作层疏松、活土层深厚、中性偏酸、排水和肥力特性良好的壤土或沙壤土。

全土层50厘米以上，耕作层厚度一般为30厘米，上部结荚层厚度一般为10厘米的松软土层。适宜花生种植的土壤pH值为5.5～7.0。

2. 轮作换茬

前作施肥、培肥地力是花生增产的基本环节。花生与禾本科作物（棉花、烟草、甘薯等）轮作，既有利于花生增产，也有利于与其轮作作物增产，但花生不宜与豆科作物轮作。

花生忌连作。连作花生病虫害严重，表现为植株矮、叶片黄、落叶早、果少果小、减产明显。试验表明，花生连作一年减产 8.77% ~ 32.82%，连作两年减产 22.52% ~ 26.88%，连作年限越长，减产越严重，但连作 5 年以后产量已很低，减产幅度也降低。

合理轮作，特别是水旱轮作对防治花生枯萎病（包括青枯病、冠腐病）具有良好的效果。

深耕增肥、防除病虫害、选用耐连作品种等措施，在一定程度上可减轻连作危害，但仍不能根本解决连作的影响。

3. 施足基肥

基肥是花生壮苗、花多、果多、果饱的基础，施用量应占总施肥量的 80% 左右，从而实现花生"三叶三个权，八叶六条丫"（即早分枝、多分枝）的高产基础。

基肥的主要施用方式：一是全层或分层施，肥料数量较多时采用；二是条施（沟施），开行播种时采用；三是集中穴施，肥料数量较少时采用。

（二）播前种子处理

播前要带壳晒种，选干燥的晴天晒种 1 ~ 2 天，最好在土晒场上晒，以免高温损伤种子；在剥壳前应进行发芽试验，以测定种子的发芽势和发芽率，要求发芽率达 95% 以上。北方播种前 10 ~ 15 天剥壳（南方播种前 1 ~ 2 天剥壳，随剥随播，避免过早剥壳使种子吸水受潮、病菌感染或机械损伤）。剥壳后应把杂种、秕粒、小粒、破种粒、感染病虫害和有霉变特征的种子拣出，特别要拣出种皮有局部脱落或子叶轻度受损伤的种子，余下饱满的种子按大小分成两级，饱满大粒的作为一级，其余的作为二级。

（三）播种方式

1. 北方花生栽培方式

主要种植方式有以下两种。

（1）平作、垄作、地膜覆盖等

平作：行距一般为 40 厘米左右，株距一般为 25 厘米。

单行垄作：一般垄距 40 ~ 45 厘米，垄高 10 ~ 12 厘米。

双行垄作：一般垄距 90 厘米，垄高 12 ～ 15 厘米，小行距 35 ～ 40 厘米，大行距 50 ～ 55 厘米，地膜覆盖栽培全部采用双行垄种，露地栽培也可进行双行垄种。

（2）小麦、花生两熟制种植方式

麦行套种、麦后夏直播、大沟麦套种、小沟麦套种。大沟麦套种方式，可覆盖地膜，适于中上等肥力土壤，以花生为主，或晚茬麦等条件进行种植。一般垄距 90 厘米，垄高 10 ～ 12 厘米，小行距 35 ～ 40 厘米，大行距 50 ～ 55 厘米，垄宽 55 ～ 60 厘米。选用早熟、大穗、边行优势强的小麦品种，小麦产量为平种的 60% ～ 70%。小沟麦套种方式，小麦秋播前起高 7 ～ 10 厘米的小垄，沟宽 13 ～ 16 厘米，内播小麦两行或一行。麦收前 20 ～ 25 天垄顶播种一行花生。

2. 南方春花生栽培方式

一般水田花生畦宽 140 ～ 150 厘米（包沟），每畦播种 4 ～ 5 行，行距 23 ～ 27 厘米，垄高 15 厘米，沟底宽 40 厘米，株距 17 ～ 20 厘米；干旱坡地花生畦宽 160 ～ 200 厘米（包沟），每畦播种 6 ～ 7 行，行距 23 ～ 27 厘米，垄高 15 厘米，沟底宽 40 厘米，株距 17 ～ 20 厘米。播种方式为小丛植、单株植和开阔行窄株植 3 种。双粒播行距 23 ～ 27 厘米，穴距 17 ～ 20 厘米；单粒精播行距 20 ～ 25 厘米，穴距 10 ～ 14 厘米。畦种是我国长江以南和美国、印度普遍采用的种植方式，其优点是便于排灌防涝。

3. 播种方法

（1）垄作

开沟深 5 厘米左右，因墒情而定。先施种肥，再以每穴 2 粒等距离下种，均匀覆土，镇压。

（2）覆膜栽培

分先播种后覆膜和先覆膜后播种两种方法。先播种后覆膜可采用机械或人工进行。机械播种可一次性完成整地、施肥、喷施除草剂、播种、覆膜、压土等工序。人工方法是在畦面平行开两条相距 40 厘米的沟，深 4 ～ 5 厘米，畦面两侧均留 13 ～ 15 厘米。沟内先施种肥，再以每穴 2 粒等距下种，务必使肥种隔离，均匀覆土，使畦面中间稍鼓，呈微弧形，要求地表整齐，土壤细碎。然后，喷除草剂乙酰胺，每亩用量 40 ～ 60 毫升，兑水 50 ～ 75 千克喷洒。如墒情不好，要加大兑水量，均匀喷洒，使土壤保持湿润。最后，用机械覆膜或人工覆膜，要求膜与畦面贴实无折皱，两边攒土将地膜压实。最后在播种带的膜面上覆土成 10 ～ 12 厘米宽、6 ～ 8 厘米高的小垄。

（四）施肥与水分管理

1. 施肥方法

花生施肥应掌握以有机肥料为主，化学肥料为辅；基肥为主，追肥为辅；追肥以苗肥为主，花肥、壮果肥为辅；氮、磷、钾、钙配合施用的基本原则。

（1）基肥

花生基肥施用量一般应占施肥总量的 70%～80%，以腐熟的有机质肥料为主，配合过磷酸钙、氯化钾、石灰等无机肥料。基肥的氮、磷、钾可按 1∶1∶2 的比例施用。基肥用量少的，宜集中作盖种肥，以利幼苗生长。草木灰、硫酸钾、石灰等宜结合播前整地，均匀撒施，耙匀后起畦播种。过磷酸钙要提早 15～20 天以上与腐熟土杂肥堆沤，以利于提高磷肥的肥效。

（2）追肥

应以幼苗期追肥为主，花期、结荚期追肥为辅，饱果期根据植株状况决定是否根外追肥。

苗期 3～5 叶期施用速效性氮肥，对促进分枝早发壮旺和增加花、荚数等方面有良好的效果。一般每亩用尿素 5～6 千克，或人畜粪水 1500～2000 千克。

开花、结荚期始花后对养分吸收增加，但根瘤菌也开始源源不断地供应花生氮素营养，如追施氮肥过量，易引起春花生后期茎叶徒长和倒苗现象。因此开花以后一般不进行根际追施氮肥，而主要是抓住花生始花期结合最后一次中耕除草，施用钙肥和钾肥。通常每亩施用石灰和草木灰各 25～50 千克。

2. 花生水分管理

花生的水分管理应该是既要保证有充足的水分供应，尤其是花针期和结荚期，又要防止干旱和水分过多对花生的危害，一般以保持土壤最大持水量的 50%～70% 为宜。当持水量低于 40% 以下时，应注意灌水。灌水方法要采取顺垄沟灌，不能漫灌，灌后适当时间要对垄沟进行一次深中耕保墒防旱。当持水量大于 80% 以上时，应注意排水。不同生育期水分管理的要求有所不同。可概括为"燥苗、湿花、润荚"。就是苗期宜少，土壤适当干燥，促进根系深扎和幼苗矮壮；花针期宜多水，土壤宜较湿，促进开花下针；结荚期土壤润，既满足荚果发育需要，又防止水分过多引起茎叶徒长和烂果烂根。据此，苗期土壤水分控制在田间最大持水量的 50% 左右，花针期 70% 左右，结荚期 60% 左右，饱果期 50% 左右较为适宜。

（五）田间管理

1. 查苗补苗

当花生出苗后，要及时进行查苗，发现缺苗严重，要及时补苗。一般在出苗后 3～5 天进行该项工作。

2. 清棵壮苗

苗基本出齐时进行清棵壮苗。先拔除苗周杂草，然后把土扒开，使子叶露出地面，注意不要伤根。清棵后经半个月左右再填土埋窝。

引升子叶节出土是近年来使用的新技术。花生在出苗过程中顶裂表土，裂缝透光，芽苗见光后下胚轴停止生长是子叶节不出土的根本原因。传统栽培法是花生齐苗后进行清棵蹲苗。引升子叶节出土则改变了传统的平播垄作栽培。即露地栽培要按播种行的宽窄做好垄，然后在垄上播种花生，再覆土成尖形顶的垄，当播种后 7～8 天，留下子叶上面 1 厘米厚的薄土，把上面的浮土撤行上堆成高 7～8 厘米的土垄，当花生出苗时，将膜上的土垄撤掉。据试验，通过引升子叶节可使每株花生增加果实 4～5 个，甚至更多。实现花生种植机械化减粒增穴、单株密植技术和直播覆盖膜引升子叶节出土技术的实施，可实现花生种植机械化。

3. 中耕除草

在苗期、团棵期、花期进行 3 次中耕除草。注意防止苗期中耕拥土压苗；花期中耕防止损伤果针。

4. 控制徒长

北方覆膜花生高产田，或者南方春花生，由于水肥条件较好，前期生长发育快，中期生长旺，结荚初期易发生徒长现象。应用 50 克多效唑兑水 50 千克喷洒，但要避免喷洒在果针上。对徒长严重的田块，隔 7～10 天再次喷药控制。

5. 病虫害防治

花生病害主要有褐斑病、黑斑病、锈病、病毒病、根腐病等。虫害主要有蛴、蚜虫、银蚊夜蛾等。

（六）收获

生产上一般以植株由绿变黄、主茎保留 3～4 片绿叶、大部分荚果成熟，作为田间花生成熟的标志。此时，珍珠豆型花生品种饱果率达 75% 以上，中间型中熟品种饱果率达 65% 以上，普通型晚熟品种饱果率为 55% 以上。

目前生产上花生收获方式有拔收、刨收、犁收、机械收获等。

二、麦套花生栽培技术

麦田套种花生就是在小麦收获前，将花生播种在小麦行间，待小麦收获时，花生已经出苗，借以延长花生生育时期，弥补热量资源的不足，实现小麦、花生一年两熟。

（一）选种与播种

1. 选用优良品种

选用优良品种是提高花生单产的重要途径。麦套花生应选用适应性强的品种。花生由于套种延长了生育期，同时考虑到小麦对花生的影响，要选择中熟或中早熟、株丛紧凑、结果集中、荚果发育速度快、饱果率高的大果型品种，如花育 19 号、豫花 9327 等品种。

2. 晒种

剥壳前晒种 2～3 天，以促进种子后熟，提高种子的活力。播前要带壳晒种，选晴天上午，摊厚 10 厘米左右，每隔 1～2 小时翻动 1 次，晒 2～3 天。剥壳时间以播种前 10～15 天为好。剥壳后选种仁大而整齐、籽粒饱满、色泽好，没有机械损伤的一级大粒、二级大粒作种，淘汰三级小粒。

3. 拌种

提倡利用多菌灵、五氯硝基苯等药剂拌种，防止苗期病害。用钼酸铵或钼酸钠以种子量的 0.2%～0.4% 拌种。

4. 合理密植

种植方式主要根据小麦种植方式，以保证密度为原则。小麦等行距，23～30 厘米均可，以 25～27 厘米为宜，采用"行行套"的方法，每行都套种花生，使行距、穴距大致相当，充分利用空间，也利于保证密度。每穴 2 粒，若行距 27 厘米左右，则穴距 25 厘米左右。麦套花生采用宽行 40 厘米、窄行 20 厘米的宽窄行种植方式，便于田间管理，又能改善田间通风透光条件，有利于发挥边行优势。较垄垄套种和隔两垄套种增产显著。

（二）田间管理

1. 中耕

（1）灭茬

花生出苗后，必须及时进行田间管理。麦收后及时中耕灭茬，消灭杂草，破除板结，促进根系和根瘤发育及侧枝生长。

（2）清棵蹲苗

基本齐苗开始花生清棵，暂不中耕，需要经过一段时间蹲苗，使其第一对侧枝和第二次分枝得到健壮生长，之后再中耕，才不致影响清棵的效果。若中耕过早，把第一对侧枝基部又埋在土中，就失去了清棵的作用。一般清棵后 15～20 天，花生茎枝基部节间由紫变绿，二次分枝开始分生时，即始花前，再进行中耕效果较好。

（3）中耕除草、保墒

结合灭茬，三次中耕，结合施肥、浇水，进行松土保墒，破除板结，消灭杂草和以杂草为中间寄主的蚜虫、红蜘蛛等病虫害，促苗早生快发。头遍深挖，二遍浅刮，三遍细如绣花。第一次在收麦后迅速进行中耕灭茬，此时，花生主茎3～4片叶，结合追肥，灭草保墒。第二次中耕在始花前结合追施钙肥进行，要求浅锄，刮净杂草，尽量使花生茎基部少掩土，以保持蹲苗的环境。第三次中耕在花生单株盛花期，群体接近封行时进行，结合培土迎针（垄顶平、垄腰胖），但要轻、慢、细锄，不能碰伤入土果针和结果枝。

（4）除草剂使用

麦套花生化学除草应选用茎叶处理型除草剂，又称芽后除草剂（地膜覆盖用芽前除草剂）。常用的花生田芽后除草剂有盖草能、苯达松、灭草灵等。一般以杂草3～5叶期使用为宜，选择高温晴天时用药，防除效果好，阴天和低温时药效较差。

2. 施肥

配方施肥：按照每生产100千克荚果需纯氮5千克、纯磷1千克、纯钾2.5千克原则，轻氮、重磷和钾，即生产100千克荚果，氮减半，施2.5千克；磷加倍，施2千克；钾全施，施2.5千克。

微肥：花生出现黄化现象时，用0.2%～0.3%硫酸亚铁水溶液在初花期叶面喷洒3次。

钼肥：钼能提高根瘤菌固氮能力。用钼酸铵或钼酸钠以种子量的0.2%～0.4%拌种、0.1%～0.2%的水溶液浸种，0.02%～0.05%水溶液在幼苗期、花针期叶面喷洒。

硼肥：增加叶绿素含量，促进根瘤的形成，提高结实率和饱果率。每亩施硼酸或硼砂作基肥0.5～1千克，0.02%～0.05%的硼酸水溶液浸种或0.10%～0.25%水溶液于开花期叶面喷洒。

锰肥：可提高单株结果数，降低空果率。以0.1%硫酸锰水溶液浸种或喷叶，或每千克种子用4克拌种。

锌肥：促进花生茎叶生长，以0.02%～0.10%硫酸锌水溶液喷施或浸种，可以促进花生对氮、钾、铁肥的吸收。

（1）小麦施肥

应在小麦播种前施足两作所需肥料或在春季麦田多追施肥料。具体施肥方法：秋收后种麦前，结合耕地每亩铺施优质圈肥3000～4000千克、过磷酸钙50千克、三元复合肥50千克。在第二年春季、小麦返青后，每亩施尿素10千克、三元复合肥20千克，并沟施于麦垄内作为花生种肥。

（2）科学追肥

在麦收后要立即结合一次中耕灭茬及早追肥，促使花生正常生长。一般每亩施尿素 10 ～ 15 千克、过磷酸钙 30 ～ 40 千克、硫酸钾 7 ～ 10 千克，或花生专用肥 30 ～ 40 千克。施肥后遇旱浇水。始花期时（6 月 25 日前后）进行第二次中耕，并注意拔除杂草，并结合中耕，亩施石膏粉 30 千克于结荚层中，以促荚果发育，减少空壳，提高饱果率。盛花期（7 月 15 日前后）进行第三次中耕，达到头遍深、二遍浅、三遍拥土迎果针的目的。

叶面喷肥，防止早衰。从结荚后期（8 月 25 日前后）开始，每隔 7 ～ 10 天，叶面喷施一次 2% ～ 3% 的过磷酸钙澄清液或 0.2% ～ 0.3% 的磷酸二氢钾水溶液（长势弱的喷洒 1% ～ 2% 的尿素和 0.2% ～ 0.3% 的磷酸二氢钾混合液），连喷 2 ～ 3 次，每亩每次 50 千克，以保护顶部叶片，延长叶功能期，促进花生籽粒饱满。此外，花生还需要大量的微量元素。很多花生种植区，由于土壤缺铁，引起叶片黄化，影响光合作用的进行，造成减产。对此可用 0.2% 硫酸亚铁溶液于新叶发黄时喷施，连续喷洒 2 次，一般可使花生增产 10.8% 左右。另外，开花期叶面喷施 0.2% 的硼砂，或在播种前用 0.1% ～ 0.5% 硫酸锌溶液浸种也有明显的增产效果。

3. 浇好关键水

麦收后如遇干旱，要立即浇水，促进壮苗早发；开花下针期和结荚期是花生的需水临界期，要根据降雨情况及时适量浇水；饱果成熟期，如遇秋旱，应立即轻浇润浇饱果水，以增加荚果饱满度。

4. 化学调控

盛花期之后，有效花期结束（7 月下旬后），重点防徒长，主茎高度达到 35 ～ 40 厘米的旺长地块，每亩用壮丰安 30 毫升兑水 50 千克喷雾。

5. 病害防治

（1）枯萎病

枯萎病常见的是根腐病和茎腐病两种。花生茎腐病、根腐病的防治方法为：播种前用 50% 的多菌灵可湿性粉剂按种子量的 0.3% ～ 0.5% 拌种。在苗期和开花前用 50% 多菌灵可湿性粉剂 1000 倍液，或 70% 甲基托布津可湿性粉剂 800 ～ 1000 倍液喷雾防治。

（2）叶斑病

分黑斑病、褐斑病两种。叶斑病在发病初期，田间病叶率达 10% ～ 15% 时，用 50% 多菌灵可湿性粉剂或 70% 甲基托布津可湿性粉剂 1000 倍液喷洒，或 25% 的瑞毒霉 2000 倍液喷雾，7 ～ 10 天喷一次，连喷 2 ～ 3 次，每亩每次喷药液 50 千克。

（3）青枯病

进行轮作 2 年。选用抗病品种。开展化学防治，花生播种后 30 ～ 40 天，每亩用 750 克青枯散菌剂兑水 300 千克喷洒根部。

6. 虫害防治

（1）蛴螬

①农艺措施。轮作；冬季翻耕；增施腐熟有机肥；种植蓖麻诱集带；黑光灯诱杀金龟子，同时诱杀小地老虎。②生物药剂防治。播种时用白僵菌剂每亩1千克施入播种沟。③成虫化学药剂防治。成虫盛发期产卵前，在成虫活动的地边或树木上喷洒40%氧化乐果1000倍液。蛴在培土迎针时，每亩用50%辛硫磷乳油250克，加细干土20～25千克拌匀制成药土，顺垄散施于植株附近，然后中耕培土。

（2）棉铃虫、斜纹夜蛾

幼虫3龄前用增效Bt，或青虫特DP1000倍液，或杨康生物杀虫剂300倍液叶面喷洒防治；成虫期用0.1%草酸喷洒3次。

（3）蚜虫、红蜘蛛

应用EB-82灭蚜菌剂，每亩250毫升兑水50千克；或者用植物提取液百草1号（苦参碱）50毫升兑水50千克，兼治红蜘蛛（氧化乐果）；或用阿维菌素等生物农药防治。

（三）收获

麦套中熟大花生的适收期一般在10月初，成熟的标志是地上部绿叶数控制在5片以下，叶片动态变化消失，地下部钢壳铁嘴。

三、花生覆膜栽培技术

花生地膜覆盖栽培是一项新兴的栽培技术，具有增温调湿、保墒提墒、延长生育期、改善土壤理化性状、防控杂草、减少病害、防风固沙、保持水土等多种作用，因而增产效果显著，比露地栽培增产15%～30%，高者可达50%。

（一）品种选择

可以选用增产潜力大的中晚熟大粒品种，如中花5号、中花8号、豫花15号、豫花9327、花育19号、花育16号、鲁花11号、鲁花14号、花育22号、花育25号、丰花1号、丰花5号、潍花6号、湘花2008、湘花618等。

（二）地膜和除草剂选用

1. 地膜规格

膜宽以85～90厘米为宜，膜厚0.005～0.007毫米，每公顷用量以65～70千克为宜，透光率以≥70%为宜，确保机播覆膜期间不碎裂。近年又生产推广了带除草剂的药膜、双色膜和降解膜。

2. 选用除草剂

由于覆膜花生垄面不能中耕，花生覆膜前必须喷除草剂。目前生产上适宜的除草剂主要有甲草胺、乙草胺、扑草净、噁草酮、异丙甲草胺等，在覆膜前均匀喷施。

（三）增施肥料

地膜花生长势旺，吸肥强度大，消耗地力明显，应选用肥地，并增施肥料，尤其是有机肥　播种前施足基肥，一般不追肥。对于南方瘠薄旱地，如果施肥量少，尤其有机肥少的情况下，不宜全程覆膜，以免花生早衰明显，增产不明显，且地力消耗太大。

（四）做畦与播种

1. 做畦

北方覆膜栽培的垄距85～90厘米，垄高10～12厘米，垄面宽55～60厘米，垄沟宽30厘米，双行种植，垄内小行距不小于35～40厘米，穴距15～18厘米。南方分厢覆膜栽培的膜宽以150～200厘米为宜。起垄标准是：面平埂直无坑洼，墒足土碎无坷垃。覆膜质量标准：趁墒、辅平、拉紧、贴实、压严。

2. 播期

覆膜栽培可使5厘米表层地温提高2～3℃，覆膜栽培比露地栽培播期可提前7～10天。覆膜春花生在4月10～25日播种为宜，覆膜夏播播种越早越好。

3. 播种

双行种植，垄内小行距不小于35～40厘米，穴距15～18厘米，平均每公顷12万～15万穴，春花生适宜密度应为每公顷13.5万～15万穴，夏花生应为15万～18万穴，每穴2粒。目前有两种播种方式：一是采用先覆膜后打孔播种（适用于劳力充足、土壤墒情好的地区），按密度规格打孔播种，一般孔径3厘米，孔上覆土呈5厘米土堆，每穴2粒；二是先播种后覆膜（适用于劳力紧张、土壤墒情差的地区和机械化播种的情况），要求垄畦宽度与地膜规格适应，在播种沟处膜上压厚约5厘米的土壤。

（五）田间管理

1. 查田护膜

经常深入田间细致检查，发现风刮揭膜、膜面封闭不严和破损时，要及时盖严、压实。

2. 开孔放苗

对于播种后覆膜的花生顶土鼓膜时，应及时开孔放苗。

3. 清棵放枝

花生第一侧枝伸展期，应及时清棵放枝，并将植株根际周围浮土扒开，释放第一对侧枝，同时用土封严放苗膜孔。

4. 旱灌涝排

当 0～3 厘米土壤水分低于田间最大持水量的 40%，中午叶片萎蔫，夜间尚能恢复时，应立即采取沟灌、润灌的措施，有条件的也可以进行喷灌或滴灌。由于花生具有"地干不扎针，地湿不鼓粒"的特点，因此，应及时进行浇灌，如遇雨水过多或排水不良时，应及时排涝。

5. 防治病虫害

花生的主要害虫有蚜虫和叶螨，可结合测报喷洒杀虫剂，如乐果、阿维菌素、杀灭菊酯等，结合喷洒 80% 多菌灵可湿性粉剂 1000 倍液，或 75% 百菌清可湿性粉剂 600～800 倍液，或 70% 代森锰锌可湿性粉剂 600 倍液等防治叶斑病（包括黑斑病和褐斑病），10～15 天防治 1 次，连续防治 2～3 次。

6. 控制徒长

覆膜花生田，由于土壤生态环境条件的改善，生长发育快，特别是高水肥田块，结荚初期植株易发生徒长现象，当主茎高达到 40 厘米时，每亩应叶面喷施每千克 150 毫克的多效唑溶液 50 千克，控制徒长。

7. 根外追肥

为防止覆膜花生后期因脱肥早衰，可喷 0.5%～1% 的尿素溶液，或 0.2%～0.4% 的磷酸二氢钾溶液，也可喷 1000 倍的硼酸溶液或 0.02% 的钼酸铵溶液。

8. 收获

盖膜花生一般比露地花生提前 10～15 天成熟，正常情况下，植株呈现衰老状态，顶端生长点停止生长，大多数荚果的荚壳网纹明显，籽粒饱满，应及时收获。

现在推广的地膜在自然界一般不会分解，40% 压在土里，影响耕作和下茬作物根系的生育，妨碍土壤水分运动；30% 粘在果壳上，妨碍机械脱果和污染牲畜饲料；还有 30% 随风漂流，污染环境。因此，收获时应拣出土壤中的残膜，摘下枝叶上残膜。

四、花生覆膜大垄双行机械化栽培技术

花生覆膜大垄双行机械化栽培技术集成了花生覆膜栽培技术、大垄双行栽培技术和机械化栽培技术的优势，以 90 厘米的大垄上播种间距 20 厘米的两垄花生，随后实施覆膜栽培技术。

（一）选择地块与整地

根据花生的生长特点，选择通透性好、保水保肥、土层深厚、质地疏松、排灌方便的沙壤土或壤土的生茬地块，避开低洼易涝与盐碱地块。花生根系发达，应选择土层深厚、耕层疏松、土壤有机质在1%以上，且保水、保肥、不重茬、不迎茬的沙壤土或壤土。花生整地要求深翻20厘米以上，特别是机械覆膜种植花生的地块，用旋耕机必须细耙，彻底清除根茬、石块，达到土壤细碎、平坦，耙后及时镇压，确保墒情。

（二）起垄覆膜

垄距90～100厘米、垄高10～12厘米、上台面宽60～70厘米，或原垄覆膜，用110厘米宽的膜覆在两条50厘米的垄上。起垄的同时施入腐熟的有机肥3000～4000千克，含氮、磷、钾各为15%的撒可富50千克或二铵35千克，加氯化钾15千克，以保证花生整个生育期对养分的需求。起垄后进行覆膜，覆膜前每亩用连丰、乙草胺或都尔100～150克兑水40～60千克均匀喷洒在台面上，进行土壤封闭除草。地膜花生的表层土壤含水量应达到70%～80%。若墒情不好，要造墒覆膜。

（三）合理施肥

由于地膜花生生长发育快、产量高，需要从土壤中吸收的养分多，所以必须增施农肥，并配合施用适量的氮、磷、钾、钙肥及微量元素肥料。一般地力水平条件下，亩产量达到300千克，要求施优质农家肥2000千克基础上，配合施三元复合肥（氮、磷、钾各15%）20千克，或硫酸铵30～40千克，或过磷酸钙40～50千克，或硫酸钾5～10千克。

（四）播种与除草

1. 播种时期

珍珠豆型的早熟花生品种，在5厘米地温稳定在12℃以上时播种；普通型中晚熟花生品种，在5厘米地温稳定通过15℃以上时播种。

2. 播种方法

花生大垄双行机械覆膜作出的垄底宽90厘米，垄面宽70厘米，垄高12厘米。垄上播种2行花生，小行距40厘米，穴距15～17厘米。播种方法：一是由小型拖拉机牵引，播种、施肥、打除草剂、覆膜、膜上培土一次性完成，待花生出苗之后需要破膜引苗。二是用机械先覆膜后人工播种。在花生垄面上播种的2行花生之间按行距35～40厘米、穴距15～17厘米的密度规格用圆木棒打孔，打孔直径4～5厘米，深3.5厘米左右。每孔播放2粒种子，然后用湿土将孔封严实。这样播种可确保一次播种保全苗,自行顶土出苗,无须人工引苗。比机械播种每亩用种量少 2.5 千克,实现精量播种的目的。

3．药剂除草

每亩用 50% 的禾宝乳油 0.15 ~ 0.20 千克,兑水 60 ~ 75 千克,随花生覆膜播种机喷施,除草效果好。花生播完后,在花生垄之间的垄沟每亩用草必净 0.15 ~ 0.20 千克,兑水 60 ~ 75 千克喷雾除草。

（五）病虫害防治

1．花生蚜虫的防治

在花生中前期是蚜虫发生期,防治方法是用 40% 氧化乐果乳油 800 倍液或 20% 广克威乳油 1000 倍液进行叶面喷雾防治。

2．花生叶斑病防治

当植株叶斑病达到 5% 时,叶面喷施 500 倍的多菌灵与代森锰锌的混配液,连续喷 3 次,间隔 12 ~ 15 天喷一次。

3．地下害虫的防治

花生地下害虫主要有蛴、金针虫,可用辛硫磷等农药灌溉。

（六）适时收获

适时收获是花生丰产丰收的重要环节,确定收获时期,要做到"三看":一看地上长相,植株顶端不再生长,中下部叶片大部脱落,上部叶片变黄,傍晚时叶片不再闭合,表明植株衰老,抓紧时间收获。二看地下荚果发育情况,拔起植株,多数荚果网纹清晰,剥开荚果,果壳内的海绵层有金属光泽,籽粒饱满,种皮发红,表明成熟,应立即收获。三看自然气候变化,昼夜平均气温在 15℃ 以下时,荚果不再生长,应立即收获。

五、花生控制下针栽培技术

控制下针栽培法是山东莱阳农学院沈毓骏教授研究发明的一项新技术。它通过控制花生下胚轴的曝光时间和植株基部的大气温度,促进内源激素乙烯的产生,从而控制下胚轴的伸长和果针的入土时间,减少过熟果和空秋果,达到果多、果饱满的目的。

（一）引升子叶节出土（A环节）

主要通过培土,引升子叶节,使其露出地面（或地膜）,以便控制早期花下针。

采用露地栽培的花生，起垄播种时，播种后改扶平顶为尖形顶（其横断面很像一个大写字母"A"，也叫"A环节"）。平地播种时，则在播种后覆土使其成尖形顶的粗垄。

采用地膜覆盖栽培的花生，播种后或在出苗前、芽苗顶土或能辨穴迹但仍未见光时，刨取畦沟土盖至播穴膜上，弄碎，勿压，做成高5厘米的锥形土堆，小土堆重约450克，足可延迟芽苗曝光至子叶节升出膜面0.5厘米左右，重量也足以稳压薄膜，使花生苗自行穿透，将子叶节升出。子叶节出膜后，撤土回沟。先覆膜后播种的花生田，按穴扎一指形孔，播入种子后，随即盖小土堆。若在子叶节升出膜面前遇雨而使土堆结块，应及时采取措施，消除土堆上的裂缝，防止芽苗过早曝光。撤土时个别子叶节还未升出膜面的，仍将继续覆盖小土堆，至子叶节升出后再撤土。

花生出苗后，只要田间基本无草，表土也不板结，一般不进行中耕；需要中耕时，可采用退行深锄垄沟的办法，锄只前拉不推抹，更不能破垄，以利侧根深扎。出苗不全的地块，可就近移苗补栽。移栽时深开穴，并使移栽苗的子叶节高出地面，然后填细土至下胚轴长度的一半，浇两遍水，水下渗后再填土封穴，一般经5天左右即可缓苗，比补种效果好。

（二）控制早期花下针（N环节）

田间可见花生开花时，将会在5～6天内有果针入土结实，必须适期进行控制。在花生初花期，可用锄口突出呈现半圆形的锄板，退着拉锄，轻削垄旁，锄头紧贴花生苗子叶节处，将垄旁土锄到垄沟内，使花生垄形成"n"状窄埂。

（三）适期扶垄促结实（M环节）

主要是通过扶垄，解除对下针的控制。北方春花生一般在6月底或7月初（即花生收获前80天左右）实施M环节。

土壤肥力低的地块，扶垄前可先向"n"状窄埂的植株下面每亩撒施尿素2.5千克、优质过磷酸钙10千克，以促进植株的生长发育。另据研究，花生果针入土后，结实层的土壤水分若低于田间最大持水量的60%，入土果针先端的子房则不能发育成荚果。

六、花生单粒精播高效栽培技术

花生单粒精播高产的基础是充分发挥单株个体的增产潜力，培育健壮个体是精播高产的关键，其中，种肥是培育壮苗的重要措施之一。

（一）土壤与施肥

精播田应选土层深厚、耕作层生物活性强、结实层疏松、中等肥力以上、三年内未种过花生的生茬地。每亩施有机肥300～400千克、尿素15～20千克、过磷酸钙

50～60千克、硫酸钾（或氯化钾）20～25千克。全部有机肥及2/3化肥结合冬耕或早春耕撒施，剩余1/3化肥起垄时包施在垄内。

（二）品种选择与种子处理

宜选丰花1号、花育25号、临花6号、鲁花11号等品种。选择无风、光照好的天气带壳晒果2～3天。晒果能杀死果壳上的病菌，对预防枯萎病有明显的效果，同时促进种子入土后吸水，促进种子萌发，提高出苗整齐度；精选种子，剔除芽米、虫米、坏米及过熟米，选一、二级米做种，确保好种下地；用花生种衣剂进行种子包衣，以防苗期病虫危害，确保一播全苗。

（三）精细播种

当5厘米地温稳定在15℃以上时便可播种。起垄前，先将地耙平耕细，施肥后再起垄播种。为确保花生苗全苗齐，播种前最好将种子浸种催芽，拣发芽种播种。垄距85～90厘米，垄面宽55～60厘米，垄沟宽30厘米，垄高4～5厘米。要求垄直、面平、土细。播种时先在垄上开两条沟，沟心距垄边10厘米，沟深3～4厘米。足墒播种，确保种子出苗期和幼苗期对水分的需求。若墒情不足，应先顺沟浇少量水，待水渗下后，随即播种。穴距10～11厘米。为防地下害虫和苗期蚜虫，可亩施农药0.5千克辛拌磷盖种，并在两粒种子间施种肥磷酸二氢钾5～10千克和尿素3～5千克。覆土耙平，覆膜。

（四）加强管理

1. 苗期管理（出苗至始花期）

待幼苗两片真叶展现时，及时撒去膜面上的土堆，将子叶节暴露在空气中。对于幼苗已出土，但无望自动破膜的苗株，要及时破膜，释放幼苗。如果发生蚜虫或蓟马危害，应及时防治。4叶期可喷施1次叶肥（如NKP植物营养液）。

2. 中期管理（始花期至结英末期）

始花后每隔10～15天，每亩叶面喷施多菌灵与代森锰锌混合液50～60千克，连续2～3次，以防叶部病害。若发现棉铃虫或地下害虫危害，可及时用有关药剂防治。盛花期前后叶面喷肥1次，遇旱及时浇水。当花生株高45厘米左右且有徒长趋势时，每亩用壮饱安20～25克兑水600千克，或50%的矮壮素水剂1000～5000倍液在晴天叶面喷施，避免重喷漏喷，喷后6小时遇雨需补喷，若生长过旺，可隔7天再喷1次。

3. 后期管理（饱果初期至成熟期）

防治网斑病和锈病。喷施富含氮、磷、钾及多微元素的叶面肥1～2次，每间隔7～10

天喷 1 次，以护根保叶。遇旱及时用小水浇；遇涝及时排水，以防烂果。

（五）适时收获

花生单粒覆膜栽培比露地栽培提前成熟，如果不及时收获，会使发芽果、烂果数增加，既降低产量，也影响品质。如荚果籽仁色泽变黄褐（过熟果也叫伏果），含油率、商品率降低，导致丰产不丰收。若收获过早，产量低、品质差。根据品种的特性，在保证不发芽、烂果的前提下，适当推迟收获，使植株营养充分转运到荚果，促进荚果充实饱满，提高产量和品质。

第六章

特色水果与
主要树种的高产栽培新技术

第一节　特色水果高产栽培新技术

一、苗木繁育技术

建立果园要本着"自采、自育、自栽"的原则，按标准选择苗圃地，就近培育果树苗木。这样既能增强苗木在当地的适应性，提高栽培成活率，加快建园速度，又能节约人力物力，降低生产成本。

（一）有性繁殖技术

1. 苗圃地选择

苗圃选择要适地适树，做到三要：一要交通方便；二要环境条件适宜、无污染；三要土壤肥沃疏松。

2. 种子采集、调制和储藏

采种用的果实一般都应在充分成熟后采收（山楂除外）；加工、调制过程中应特别注意防止高温对种子的伤害，如堆积过厚或未干收藏等；多数果树的种子宜在低温、通风、干燥的条件下储藏，特殊树种如樱桃、板栗等，因怕失水而降低发芽率，采后应及时沙藏。

3. 种子生活力测定

有目测法、染色法、发芽试验法。

4. 种子播前处理

有机械破法（处理种皮厚的种子）、化学处理法（处理种壳坚硬或种皮有蜡质的种子）、清水浸种、层积处理（多用沙藏方法）、催芽、种子消毒等措施。

5. 播种技术

要掌握好播种时期、播种量、播种方法、播种深度等要领。

6. 播后管理

掌握出苗期及时揭去覆盖物、间苗移栽、中耕除草、适当施肥灌水等管理措施。

（二）嫁接技术

将一植株上的枝或芽移接到另一植株的枝干或根上，使其形成层对应愈合形成一个新植株的技术，称为嫁接技术。用于嫁接的枝或芽称为接穗或接芽；承受接穗的部分称为砧木。在接穗和砧木亲和力的育导下，形成层分生出新韧皮部和木质部，形成新的输导组织，形成新的周皮，愈合成新的植株。嫁接繁殖主要是为了保持栽培品种的优良经济性状，提早结果年限，利用砧木的环境适应性，扩大栽培区域，提高抗病虫免疫力等；同时利用砧木调节树势，使果树矮化或乔化，加快新品种的推广应用。

1. 影响嫁接成活因素

（1）砧穗亲和力，指砧穗内部组织结构、生理和遗传特性等方面差异的大小，即差异小则亲和力强，差异大则亲和力弱，嫁接成活率小（随着科技分子生物学的发展，已解决远缘分子杂交嫁接难题）。

（2）砧穗质量好指砧木和接穗组织活力强、储藏营养多，嫁接易于成活。

（3）嫁接时的环境条件，天气温度以20℃～28℃为宜。愈伤组织的形成需要一定湿度，但不能浸入水中。某些树种的愈伤组织形成需要一定的氧气，如葡萄硬枝嫁接时，接口应疏松绑扎，不需涂蜡。光线对愈伤组织形成起抑制作用，嫁接苗圃在强光下要蔽阴处理。

（4）嫁接技术掌握的熟练程度，嫁接时动作要快、削面平整、形成层对接准确、绑扎较紧。

（5）某些树种受单宁、伤流和树胶影响，如柿树、核桃等树种在嫁接时在刀口上要涂酒精，动作要快，绑扎要紧，以防伤流，影响成活率。

2．砧木的选择与接穗采集和储运

（1）砧木与接穗亲和力要强，适应性、抗逆性强，对接穗生长无不良影响。

（2）接穗品种优良、长势旺盛，选择无病虫侵害、无检疫对象、枝条健壮充实、叶片成熟、芽眼饱满的一年生或多年生枝条作接穗。

（3）接穗的储藏，结合冬季修剪枝条，修整成捆，挂上标签，可用深沟湿沙储藏，或放入气调库储藏。

（4）接穗距离较远，必须封蜡保湿、通气、保温运输。

3．嫁接时期选择

芽接可在春、夏、秋三季进行，一般以夏秋嫁接为主，落叶果树在 7～9 月进行。当砧木和接穗都未离皮时采用嵌芽接法。枝接一般在早春树液开始流动，芽未萌动时为宜。北方落叶树在 3 月下旬至 5 月上旬，南方落叶树在 2～4 月进行，北方落叶树在夏季也可用嫩枝嫁接。

4．嫁接的方法

有"T"字形芽接、带木质芽接、方块形芽接、套芽接、切接、劈接、插皮接、腹接、桥接、根接等方法。

（三）扦插、压条及分株技术

1．扦插的种类及方法

（1）扦插分硬枝扦插和嫩枝扦插。

（2）根插，利用根上能形成不定芽的能力扦插繁殖苗木。用于扦插不易生根的树种，如枣、柿、梨、李、苹果、山楂等果树。

2．影响扦插生根的因素

（1）不同树种和品种

因其生理特性不同的树种差异，生根能力有强弱之分，较易生根的果树有石榴、葡萄、樱桃、无花果等，较难生根的果树有桃、山楂、梨等，极难生根的果树有核桃、板栗、柿树等。

（2）树龄、枝龄和枝条的部位

一般情况下，树龄越大，插条生根越难。插条的年龄以一年生枝条的再生能力最强，一般枝龄越小的扦插容易成活。以一个枝条不同部位剪截的插条，其生根情况也不一样。常绿树种春、夏、秋、冬四季可插，落叶树种夏、秋扦插，以树体中上部枝条为宜，冬、春扦插以枝条中下部为好。

（3）枝条的发育状况：凡组织充实的枝条，营养物质比较丰富的枝条容易成活，生长也较好。嫩枝扦插应在插条刚开始木质化即半木质化时进行。硬枝扦插多在秋末冬初，营养状况较好的情况下采枝条。

（4）储藏营养

枝条中储藏营养物质的含量和组成，与生根难易密切相关。枝条碳水化合物越多，生根就越容易，因为生根和发芽都需要营养。如在葡萄插条中淀粉含量高的发芽率达63%，中等含量的为35%，含量低的仅有17%。枝条中的含氮量过高影响生根多少，低氮可增加生根数，而缺氮就会抑制生根。硼对插条的生根和根系的生长有良好的促进作用，应对插条的母株补充适量的硼肥。

（5）激素

生长素和维生素对根的生长有促进作用。

（6）插穗的叶面积有利于生根

插条未生根前叶面积和生根后不同，叶面积在生根前后要平衡光合作用。一般留2～4片叶，大叶树要将叶片剪去一半或多半。

（7）环境条件影响

如温度、湿度、光照、土、肥、水、气等环境因素对扦插生根都有较大的影响。

3. 扦插技术

（1）插条的储藏

选择良好沙壤土挖沟或建窖以湿沙储藏，短期储藏置于阴凉处湿沙埋藏。

（2）扦插时期，因树种不同而异

一般硬枝扦插在3月，嫩枝扦插在6～8月。

（3）扦插方式

一是露地扦插有畦扦和垄插；二是全光照迷雾扦插。采用先进的自动间歇喷雾装置，于植物生长季节，在室外带叶嫩枝扦插，使插条的光合作用与生根同时进行，由叶片供给营养，供生根与生长需要，从而提高扦插的生根率和成活率，尤其是对难生根的果树效果明显。

（4）插床基质

易于生根的树种如葡萄等对基质要求不严，一般壤土即可。生根慢的树种及嫩枝扦插，对基质有严格的要求。常用蛭石、珍珠岩、泥炭、河沙、苔藓、林下腐殖土、炉渣灰、火山灰、木炭粉等。

（5）插条的剪截

在扦插繁殖中，插条剪截的长短对成活率及生长率有一定的作用。落叶果树一般是枝长15～20厘米。插条的切口下端可剪削成双面楔形或单面马耳朵形，或者平剪。一般要求靠近节部，剪口整齐，不带毛刺。还要注意插条的倒顺，上下切勿颠倒。

（6）扦插深度与角度

扦插深度要适宜，露地硬枝扦插不宜过深，因地温低，氧气供应不足；过浅易使插条失水。一般硬枝春插时，上顶芽与地面平，夏插或盐碱地扦插要使顶芽露出地表；干旱地区扦插时，插条顶芽与地面平或稍低于地面。嫩枝扦插时，插条插入基质中1/3 或 1/2。扦插角度一般为直插，插条若较长，可斜插，但角度不得超过 45°。

（7）插后管理

扦插后，从插条下部生根、上部发芽、展叶，到新生的扦插苗能独立生长时为成活期。这一阶段的关键是水分管理，尤其是绿叶扦插最好有喷雾条件。苗圃地扦插要灌足底水，成活时根据墒情及时补水。浇水后及时中耕松土。插后盖膜是一项有效的保水措施，同时追肥。在苗木进入木质化时要停止浇水施肥，以免苗木徒长。

4. 压条繁育

压条方法有直立压条、曲枝压条和空中压条。

（1）直立压条

又称垂直压条或培土压条。第一年春天，栽矮化砧自根苗，按 2 米行距开沟做垄，沟深、宽均为 30 ～ 40 厘米，垄高 30 ～ 50 厘米。定植当年长势较弱、粗度不足时可不进行培土压条。第一二年春天，腋芽萌动前或开始萌动时，母树上的枝条留约 2 厘米剪截，促使基部发生萌蘖。当新梢长到 15 ～ 20 厘米时，进行第一次培土，培土高度约 10 厘米，宽约 25 厘米。培土前要先灌水，并在行间撒施有机肥和磷肥。培土时对过于密集的萌蘖新梢进行适当分散，使之通风透光。培土后注意保持土堆湿润。约 1 个月后新梢长到 40 厘米时第二次培土，培土高约 20 厘米，宽约 40 厘米。一般培土后约 20 天生根。入冬前即可分株起苗。起苗时先扒开土堆。从每根萌蘖基部靠近母株处，留 2 厘米短桩剪截，未生根萌蘖梢也同时短截，起苗后盖土。次年扒开培土，继续进行繁殖。直立压条法，培土简单，建圃初期繁殖系数较低，以后随母株年龄的增长，繁殖系数会相应提高。

（2）曲枝压条

就是将其优良枝条弯曲地埋入土中而生根繁殖的方法。如葡萄、猕猴桃、苹果、梨、树莓、樱桃等果树可用此法繁殖。曲枝压条分普通压条、水平压条和先端压条。

（3）空中压条

就是在树枝上选择优良母枝，在其下部选择有芽眼的下方 1 厘米处进行环剥，涂上生根激素，然后用营养土球包紧，待其生根壮大后分离成单独植株（此法无生产实用性）。

5. 分株繁殖

就是利用母株营养器官在自然条件下生根后，切离母株形成新株的无性繁殖方法。

如草莓、树莓等草本植物或半木质化灌丛植物，可以分株育出。

（1）匍匐茎分株法

匍匐于地面的茎称为匍匐茎。如草莓地下茎的腋芽，当年可以萌发成新的幼株，与母体分离就形成新植株。

（2）根蘖分株法

就是利用根系容易长出根蘖苗的果树，进行分株繁殖的方法。如枣、李、石榴、山楂、樱桃、树莓、蓝莓等，在其休眠期或发芽期，将母树树冠外围部分的根切断或创伤，诱发根蘖苗，然后施入肥水促长，培养到秋季或次年春季，进行分离栽植。

（四）脱毒苗的培育

脱毒苗又称无病毒苗。果树受病毒侵害使果实失去原有特性和经济价值，树叶出现皱缩变形，果实变小，产量下降，严重时引起果树大面积死亡。跟随科技进步和新科技推广，采用植物小茎尖组织以及热处理等先进技术繁殖无病毒苗木。

1. 组织培养就是取其植物茎尖、花药或叶片组织进行植株培养的方法，简称为组培

（1）取种苗培养体

从母枝上取其茎尖分生组织作为外植体，小于 0.3 毫米时可得到脱毒苗，用 70% 酒精漂洗一下，用 0.1% 新洁尔灭浸泡 15～20 分钟，再用 1% 过氧乙酸泡 2～5 分钟，然后移到超净台上操作。

（2）接种

就是在超净台上用无菌水冲洗 3 次，置于双筒解剖镜下进行剥离，挑出生长点，放入事先做好的培养基中。

（3）继代培养

为增加无病毒苗的再生植株培养，可以进行数次继代培养，待茎、叶分化长满瓶后即可分成数株，于新鲜培养基瓶内加以培养。于早春 1～2 月集中一批试管苗，诱导发根，使其下一步移栽整齐度高，秋季再行第二批发根。

（4）试管苗温室驯化阶段

发根的试管苗移至 15℃～20℃，80%～100% 空气湿度的温室中栽培，待苗长出 5～6 片叶时为止，此段时间需 2～3 个月，这就是无病毒原种苗。将无病毒原种苗移到大田栽培，就是无公害生态造林。

2. 热处理小茎尖组培取材，经过热处理脱毒效果更佳

其原理是：高温下植物细胞继续生长而病毒钝化不能生长。当置于 35℃～40℃ 的高温下持续 1 个多月后，病毒自然消失。热处理方法：将试材放于 35℃ 温箱中，温度每天升高 1℃，1 周后达 38℃，处理 1 ～ 2 个月，不同类型的病毒，处理时间不同，如皱叶病 50 天即可去除病毒；又如苹果的许多种病毒能耐 38℃ 高温，一般是采用变温处理，把苗先放入 38℃ 下处理 14 天，然后放入 46℃ 下，每天 8 小时，处理 7 周，最后放在 50℃ 高温下每天 2 小时，处理 3 天。通常枝芽均可进行热处理，其无病毒芽多生长在枝条顶端 20 ～ 30 厘米的第 4 ～第 8 个芽中。为获得无病毒的枝条，时间为期 5 周，并在特制的房间内进行不同浊度的处理，要求人工或自然光照达 6000 勒克斯，相对湿度 50% ～ 90%。

（五）苗圃育苗管理要点

苗圃育苗要达到科学管理的高水平，获得优质健壮苗木，做到低投入、高效益，必须做好科学管理的 8 项措施：

1. 间苗与补苗

主要间除发育不正常、生长弱小的劣质苗，有病虫害的苗，机械损伤的苗或过密苗等。

2. 灌水与排水

苗期水量既不能过大，也不能偏少，以保持土壤湿度为准。提倡建设排灌用水工程，修建蓄水池、小水塘、小水渠，设置喷灌或滴灌工程。

3. 中耕除草

幼苗期的中耕除草，有利于保持土壤疏松、通气良好的生态环境，促进根系发育，苗体健壮。开始时，由于苗小根浅，以浅耕为主，深度为 2 ～ 3 厘米，随苗木长大逐渐加深到 3 ～ 5 厘米，同时要注意保苗保墒，勿伤根苗。

4. 追肥

底肥充足，有机质含量高的土壤，不需大量追肥，对土壤贫瘠地类，一般在 6 月进行追肥，以氮肥为主，适量补施磷肥、钾肥、叶面肥及铁、锌、硼等微量元素。

5. 砧苗摘心

砧苗到 6 月下旬至 7 月上旬，苗高达 45 厘米、地茎粗达 0.5 厘米时，要进行摘心，以增加粗度和根系生长，但摘心不能过早，以免发生大量分枝。摘心时间在芽接前 1 个月为宜。

6. 芽接苗副梢整理

对已接活的芽接苗副梢处理有两种方法：一是苗木生长茂盛时，前期发出的副梢可进行整修，加强肥水管理；二是后期长出的副梢要及时摘除。

7. 砧苗上的分枝

桃、梨、海棠等易生分枝果树，应及时摘除砧苗上的分枝，以保证芽接苗木生长健壮。

8. 病虫害防治

常见虫害有金龟子、象鼻虫、蚜虫、红蜘蛛、刺蛾、卷叶虫、潜叶蛾、蛴等；常见病害有立枯病、赤星病、黑斑病、褐斑病、流胶病、黄叶病等，应该采取预防为主、治早、治了的方针，注意观测，掌握病虫发生规律，以生物防治为主。

（六）苗木出圃

1. 苗木分级

起苗后，根据苗木大小、质量优劣分级，一般分为三级。出圃苗木的标准是：品种纯正优良，砧木正确，枝条健壮，芽体饱满、充实，无病虫害，根系发达，须根多，地茎粗（因品种而定）。

2. 苗木检疫

这是一项防止危险病虫害扩大蔓延的国家制度，由国家或地方政府制定，由检疫单位强制执行。果树苗木检疫对象是指对果树危害严重、防治困难、可通过人为方式传播的病虫种类，一般会随苗木、包装材料、运输工具输入和输出。

3. 苗木储藏

苗木储藏习惯称为假植。指起苗后不能及时栽植的苗木，必须进行假植储备，防止失水和受冻。

（1）临时性短期假植

已分级包装不能及时栽植的苗木，采取就近开沟，成捆立于沟内，用湿土覆盖根部；或者整捆码放于阴凉处，喷洒清水，用塑料布包盖根部。

（2）越冬时间长的假植

应选择避风背阳、疏松平坦、无积水的地块挖沟假植。假植开沟南北向，沟宽1米、深50～80厘米，沟长随苗木数量而定。散开苗木放入沟内，苗干向南倾斜45°，整齐紧密排放于沟内，摆一层苗盖一层土，使根系与土壤密接，培土应达到苗木干高的一半。

4. 包装与运输

（1）苗木包装

起苗后要在根上加盖湿润物（如苔藓、湿稻草、湿麦秆等），或将苗木根上蘸上泥浆，再进行包装。根据苗木种类、级别分类包装，一般50～100株一捆。然后在包装上贴好标签，注明树种、苗龄、等级、苗圃名称、检验员姓名、合格证等。苗木运输前，应先消毒，经质检部门检验后才可包装待运。

（2）苗木运输

苗木运输过程中要做好保湿、保温工作。在运输途中经常检查温度、湿度条件，如温度过高，要通风降温，更换湿润物；如湿度低，要立即洒水，有条件的地方应用冷藏车运输。

二、矮化密植栽培技术

矮化密植栽培是当前特色水果生产的发展趋势。由于它能截获比乔化稀植树更多的光能，因此，单位面积产量高、果实品质好，而且开始结果早；由于树体矮化密植，便于喷药、叶面施肥、整形修剪和采收等生产活动，能节省人工、节省农药等生产投资。矮化树的最大优点在于它光合作用接收面积大，分配到果实内的光能营养产物比乔化树多，而分配到枝叶内的比乔化树少，因此有利于产量和果实品质的提高，有利于提高生产效率。而且矮化树寿命较短，有利于新品种的更新换代。

（一）矮化密植栽培的途径

1. 利用矮化密植栽培的途径

利用矮化砧或矮化中间砧特性是关键，它可使嫁接在其上面的栽培品种树体矮小紧凑。这是目前世界上各国苹果树矮化栽培中采取最多、收效显著的矮化措施之一。我国发现和选育的矮化砧或半矮化砧主要有崂山奈子、小金海棠等，尚在试验和推广之中。矮化砧虽然优点多，但其适应性不如乔化砧强，并且我国的资源较为贫乏，选育优势种比较缓慢，影响了它的推广速度。矮化中间砧克服了矮化砧的适应性、固地性、不易繁殖的缺点，但是增加了嫁接次数。

2. 利用短果枝型品种

短果枝型品种开发应用最为成功的是苹果元帅系列短果枝型芽变，其中新红星、首红、超药等品系已发展到300万亩。此外，好矮生、金矮生、玫瑰药、烟青等品种也有一定的栽培面积。

3. 人工矮化技术

主要是采取环剥、倒贴皮、拉枝、扭梢、拿枝等生长季修剪技术。其缺点是费时费工多，而且不易掌握，尤其是大面积栽培，造成营养过旺不结果。

4. 应用植物生长调节剂

利用植物生长调节剂可以减少营养生长、促进短枝形成，使树体矮化、紧凑、早结果丰产。目前利用最多而且最为成功的是多效唑系统调控技术。

（二）矮化密植的生长结果特点

1. 根系

矮化砧与乔化砧相比，根系分布浅，须根多，但早期生长并不慢，甚至略快于乔化砧。由于树冠扩大停止得早，结果早，根系生长减弱下来比乔化砧早得多，因此，幼树的深翻改土、施肥水平要按结果树进行。密植的乔化砧，根系生长受抑制比矮化砧更早，更应该早深翻改土。

2. 地上部生长

矮化密植幼树，由于修剪较乔化砧稀植树轻得多，留枝量大，因此前期生长旺盛。短果枝型品种和矮化砧树栽植，第一年生长量略小，短果枝出现早、多现象，前期应注意延长枝的培养。进入结果后，营养生长明显缓慢，树冠扩大的速度大大小于乔砧树。

3. 结果

矮化栽培的果树，不管是采取何种途径控制其矮化，幼树结果早、丰产快是其特点。尤其是利用矮化砧和矮化中间砧及短果枝型品种，果实着色早，着色鲜艳，硬度大，较耐储藏。乔砧密植树，采用夏剪等矮化技术控制树体大小，虽然也能早结果，早丰产，但常常不容易恰到好处，幼树常出现营养过旺，适期不能结果。采用这种控制途径，最好配合矮化技术。

（三）建立管理矮化密植果园的技术措施

1. 选择适宜的品种

砧木、砧穗组合最适于密植的品种是那些中、短枝比例较大、成花或结果力高的品种。矮化砧木结果早，各地要慎重选择适宜的矮化砧木、中间砧木，这方面的材料不多，建园时最好借鉴附近果园较成功的砧穗组合的经验。

2. 选用大苗、壮苗栽培

早结丰产，选用大苗、壮苗栽培是关键，俗话说"根多树发壮，根少难还阳""好种出好苗，好芽出好条"，这是果苗的基础。

3. 确定合理的栽植密度和小树冠树形

栽植密度主要取决于砧木、品种和砧穗组合，还与土壤肥瘦和栽培技术的优劣有关。一般密植果园不应用正方形栽植方式，应采用宽行窄株的长方形栽培方式。下面提供几个密度供参考：

（1）矮化砧栽植密度

其中半矮化砧密度，株行距为 2 米 ×4 米或 1.5 米 ×4 米或 2 米 ×3 米，

80～110 株／亩；矮化砧密度，株行距为 1.3 米 ×3 米或 1.5 米 ×4 米，110～150 株／亩。

（2）矮化中间砧栽植密度

株行距为 2.5 米 ×6 米或 2 米 ×4 米，45～80 株／亩。

（3）短果枝型品种栽植密度

株行距为 2 米 ×4 米或 1.5 米 ×4 米，80～110 株／亩。

（4）乔化砧密植树

株行距为 2.5 米 ×6 米或 2 米 ×5 米，45～66 株／亩。

4. 简化修剪方法

矮化栽植果树的修剪常常简化，一般采用幼树多留枝，轻剪长放，早完成整形修剪，群体或个体太密，可适当疏剪枝条，要尽可能拉开枝条角度。结果后的枝条，按具体情况回缩更新。

5. 肥水管理

矮密栽培的果树，要使其早结果、早丰产，肥水管理是关键措施之一。幼龄树要较大量地施入多种营养元素和有机肥料，适当控供水，以培养健壮的新梢。适龄结果树，则在花芽分化期除施微肥外，要适当控制水分，以促进花芽形成。

三、花果管理技术

花果管理，就是对花果数量和质量的管理。果树生产，只重视数量而忽视质量，只重视质量而忽视数量的片面做法都是不正确的。实现特色水果的无公害绿色生产目标，必须进行保花保果和疏花疏果工作。

（一）疏花疏果的作用和意义

1. 果树稳产的基础

果树花芽分化和果实生长往往是同时进行的，当营养条件充足或花果负载量适当时，既可促进花芽分化，又可保证果实丰满；而营养不足或花果过多时，则营养供应与消耗存在竞争，过多的果实能抑制花芽分化，易削弱树势，造成大小年结果现象，导致果实偏小、着色不良、含糖量降低、风味变淡，就会严重影响果实的品质。因此，合理疏花疏果，调节生长与结果的关系，从而达到连年稳产高产的效果。不然，即使肥水充足，因受根和叶的功能及激素水平的限制，坐果过多，就会导致大小年，避免不了结果过多的不良影响。

2. 提高坐果率

疏花疏果的实施，节省了养分的无效耗费，减少了养分消耗竞争而出现的幼果自疏现象，并减少了无效花，增加有效花比例，从而提高果树坐果率。

3. 提高果实品质

由于减少了结果数量，保证了留下果实的营养丰实，整齐度增加。同时，疏果疏掉了病虫果、畸形果和残次小果，从而提高了好果率。

4. 促进树体健壮

开花坐果过多，消耗树体营养就多，使其叶果比减小，树体的养分制造和积累下降，影响树体营养耗散不良。疏去多余果实能提高树体营养水平，有利于根、茎、叶、枝的生长，促进树体健壮。

（二）花果数量的调节

1. 花果管理目标

一是要保证充足而优质的花果量，为花果选留和适宜分布打好基础；二是要合理负载，在保证质量的前提下，提高单位面积产量；三是要保证果实的正常发育，形成达标的外观和内在品质；四是要保证果实的安全营养性达到国家规定的标准。

2. 合理确定果实负载量

一是要保证当年果实数量、质量及最好的经济效益，前提是要熟知该品种的果实大小，是花果管理的关键；二是要不影响下一年花芽形成的数量和质量；三是要维持当年的树势及具有较高的储藏营养水平。

3. 落花落果的原因

（1）造成落花的原因有

树体储藏养分不足，花器官败育，花芽质量差；花期遇到不良气候条件，如霜冻、低温、阴雨及干热风等。生理不良和自然因素，导致花朵不能完成正常的授粉授精而脱落。

（2）造成落果的原因

前期落果主要由于授粉授精不良，子房所产生的激素不足，不能以足够的营养促进子房继续膨大而落果；6月落果主要是树体同化营养不足、器官发育不良、形成果实生长营养不良而落果；采前落果主要与树种、品种的遗传性有关。另外，土壤干湿失调、病虫害等也可引起果实脱落。

（三）提高坐果率的措施

1.加强综合管理，提高树体营养水平

良好的肥水管理条件、合理的树体结构，及时防治病虫害，是保证果树正常生长发育，增加养分积累，改善花器发育状态，提高坐果率的基础措施。

2.创造良好的授粉条件

对异花授粉品种，应合理配植授粉树，并采取以下措施，增强授粉效果，提高坐果率。

（1）人工授粉在缺乏授粉品种或花期天气不好时，应进行人工授粉，具体方法有：①蕾期授粉，在花前 2～3 天，可用花蕾授粉器进行花蕾授粉，将喷嘴插入花瓣缝中喷入花粉。花蕾授粉对防治花腐病有效；②开花授粉，分人工点授、机械喷粉、液体授粉和掸子授粉。（2）花期放蜂大多数果树为虫媒花，花期放蜂对提高坐果率有明显作用，一般可提高坐果率约20%。通常每亩放蜂 1 箱。放蜂期间果园切忌喷农药，阴雨天气影响放蜂授粉效果。

3.喷施生长调节剂和矿物质元素

落花落果的直接原因是果柄离层的形成，而离层形成与内源激素（如生长素）不足有关。同时，外界环境条件如光照、温度、湿度、环境污染等因素都能引起果树基部产生离层而脱落。应用生长调节剂，可以弥补内源激素的不足，调节不同激素间的平衡关系，从而提高坐果率。在生理落果和采收前是生长素最缺乏的时期，这时喷洒生长调节剂，可防止果树产生离层，减少落果。选择生长调节剂的种类、用量、使用时间等，应根据具体条件和对象选择。生长调节剂主要有赤霉素、萘乙酸、吲哚乙酸、脱落酸、多效唑等。用于喷施的矿物质元素主要有硼酸、硼酸钠、硫酸锰、硫酸锌、钼酸钠、硫酸亚铁、磷酸二氢钾等。

4.高接授粉花枝或挂罐插花枝

当授粉果树品种缺少或不足时，可在树冠内高接带有花芽的授粉品种枝组。对高接枝于落花后需做疏果工作，以保证当年形成足量的花芽，不影响来年授粉效果。另外可以在开花初期剪取授花品种的花枝，插在水罐或瓶中，挂在需要授粉的树上。

5.特技处理措施

通过摘心、环剥和疏花等措施，调节树体内营养分配转向开花坐果，使有限的养分优先输送到子房或幼果中去，以促进坐果。此外，预防花期霜冻和花后冷害，是保花保果的必要措施。

（四）果实管理技术

果实管理是为提高果实品质而采取的技术措施。

1. 果实品质

果实品质包括外观品质、风味品质、营养品质、储藏品质及加工品质等。外观品质指果实大小（重量及体积）、形状、色泽、光洁度等。风味品质指酸味、甜味、苦味、涩味、汁液、质地、香气等的浓淡。营养品质指糖、脂肪、蛋白质、有机酸、矿物质、维生素等成分的含量。储藏品质指果实的储藏和货架寿命等方面的长短。加工品质指满足加工特殊需要的程度。提高果实品质有如下技术措施：

（1）增大果个、端正果形

果实大小是评价果实外观品质的重要指标，常以单果重或果实直径衡量。优质果品商品化生产中，应达到果实品种的标准大小，并且果形端正。否则，果实品质和商品价值都低。果实体积的大小取决于果实内细胞组织的结构数量和细胞体积以及细胞间隙密度。此项技术措施有人工辅助授粉、合理负载量、应用植物生长调节剂。

（2）改善果实色泽

色泽发育是复杂的生理代谢过程，并受很多因素的影响，如光照（光强度及光质量）、温度、土壤水分、树体内含矿物质营养水平、果实内糖分的积累和转化以及有关酶的活性影响。具体技术措施有：第一，创造良好的树体条件，良好的树体条件，是增加果实着色的前提和保证，能够更好地发挥增进着色措施的效果。①合理的群体结构，果园的结构与光照条件密切相关。结构合理、光照条件好、光能利用率高，有利于果实着色；②良好的树体结构和健壮的树势，在合理留枝量的前提下，树体骨干枝少，角度要开张，大中小型结果枝组数量和配置适当，叶幕层不宜太厚，这样才能保证果实发育期间获得充足的光照，新梢生长量适中，且能及时停止生长，树势保持中庸健壮，叶内矿物质元素达到标准值，有利于果实着色；③合理的果实负载量，适宜的叶果比。留果过少，常导致树势偏旺，果实贪青晚熟，着色不良；过量结果，同样影响果实色泽的正常发育。生产上应根据不同树种、品种的适宜负载量指标，确定产量水平。适宜的叶果比，主要是有利于果实中糖分的积累，从而增加果实着色度。第二，科学施肥，适时控水，增加果树有机肥的施入，提高土壤有机肥质量，均有利于果实着色。矿物质元素与果实色泽发育密切相关，实践表明，过量施用氮肥，可导致干扰花青素的形成，影响果实着色。因此，果实生长后期不宜追施以氮肥为主的肥料。果实生长的后期（采前10～20天），保持土壤适度干燥，有利于果实增糖着色，所以成熟之前应控制灌水。不然，会造成果实着色不良，品质降低。

2. 果实套袋技术

果实套袋，是提高果实品质的主要措施之一。果实套袋不仅能改善果实色泽和光泽度，还可减少污染和农药的残留，预防病虫和鸟类危害，避免枝叶擦伤。纸袋质量要求全木浆纸，耐水性强，耐日晒。

3. 摘叶和转果技术

摘叶的目的是提高果实的受光面积，增加果面对直射光的利用率。通常是摘叶时期与果实着色期同步。摘叶的对象是果实周围遮阳和贴果的 1～3 个叶片。摘叶处可占果实着色面积约 15%。

转果的方法是将果实的阴面轻轻转向阳面，或可夹在树杈处以防回位，或用细透明胶带固定于附近合适的枝条上。通过转果可以改变果实的阴阳面位置，增加阴面受光时间，达到全面着色的目的

4. 树下铺反光膜

反光膜的主要作用是改善树冠内膛和下部的光照条件。此法，主要是解决树冠下部果实和果实凹陷部位的着色问题，从而达到果实全面着色的目的。常用反光膜有银色反光塑料薄膜和 GS-2 型果树专用反光膜。铺膜时间在果实着色期，套袋果树在取袋后及时进行。铺膜前要清除地面残茬、硬枝、石块和杂草，打碎大土块，把地整成弓背形。铺膜面积限于树冠投影范围。密植果园可于树两侧各铺一长条反光膜，要求膜面平展，与地面贴紧，交接缝及周边盖土。果实采收前，去掉膜面上的树枝、落果、落叶等，小心清洗反光膜后保存，以备下年再用。

5. 应用植物生长调节剂

应用植物生长调节剂促进果实着色，是目前生产上的新技术。使用的增色剂主要是以微量元素为主的肥料，如氨基酸复合肥、光合复合肥、稀土微肥 PBO（生长调节剂）是大果形特色水果生产上的常用增色剂。

（五）果实采收

1. 果实采收的意义

果实采收是果园管理的关键环节。如果采收不当，不仅降低产量，也会影响果实的耐储性和产品质量，甚至对来年果树生产带来负面影响。因此，实施科学的采收措施和方法，是获取效益的后期保障。

2. 确定采收期的条件

采收过早会造成果实产量低、品质差；采收过迟会造成果实耐储性和耐运性下降。因此，只有确定正确的采收时间，才能获得品质好、产量高、耐运的优良果品。确定采收期主要是根据果实成熟度和采后用途来确定。

（1）可采成熟度

此时果实大小已定，果实基本成熟，只是其应有品质如香气、糖分等还未充分表现出来，果实较硬。但此时的储藏性和运输性最好，适合于远距离销售的果品。

（2）食用成熟度

此时果实已充分成熟，应有的品质如香气、糖分等也充分表现出来，各种营养价值也达到该品种指标，风味最好。此时果实含水量较多，果肉一般较软，所以储藏性和运输性较差，只适合当地销售，或做果类加工原料，不适合长途运输和长期储藏。

（3）生理成熟度

主要指果实的种子充分成熟，具有发芽能力。一般水果类果实生理达到成熟时，食用品质较差，表现为果肉松软，含水量下降，一些化学成分已分解，风味、香气降低，甚至腐烂，营养价值与食用价值下降，果实已经不能食用，多用于采种；干果类果实则恰恰相反，因为食用的是种子，所以此时采收正是果实（种子）粒大、饱满、营养价值高、品质最佳的时段。

第二节　特色水果主要树种的高产栽培新技术

一、桃树高产栽培新技术

（一）桃树主要优良品种

1. 品种群

桃的品种很多，全球有3000多种，我国有1000多种。根据桃树的气候适应性、形态特性、生长、开花、结果等习性，将桃品种划分为若干类群，称为品种群。

（1）南方品种群

主要分布在长江流域。它们的特点是树形开张或半开张；成枝力较强，以中、长果枝结果为主，结果早；冬芽发育肥胖，复芽多，花芽抗寒力较强；果实圆形或长圆形，果顶平圆或凹陷，果肉柔软多汁，不耐储运。优良品种有上海水蜜、大久保、雨花露、白凤、早生水蜜等。

（2）北方品种群

主要分布在黄河流域、华北、东北和西北等地区。本品种群的特点是树形直立或半直立，分枝角度小；发枝力较弱，以中、短果枝结果为主，结果较晚；冬芽瘦长，单芽多，花芽抗寒力差，易受冻；果实大，果顶部有突尖，缝合线深，果肉多为不溶质，适合鲜食和加工。优良品种有肥城桃、深州蜜桃、五月鲜、六月白等。

（3）黄肉品种群

本品种群的主要特点是果皮、果肉均呈金黄色或橙黄色，果肉紧密坚韧，适合加工制罐头。优良品种有甘肃灵武黄甘桃、华北早黄金、丰黄、黄露、金橙等。

（4）蟠桃品种群

本品种群主要特点是树形开张，发枝力强，果实扁圆。优良品种有撒花红蟠桃、黄金蟠桃、白芒蟠桃等。蟠桃品种群中也有树形直立，发枝力较弱，果肉硬而少汁的品种（北京五月鲜偏干）。

（5）油桃品种群

本品种群主要特点是果实光滑无毛。优良品种有白李光桃、红李光桃、黄李光桃、甘肃紫胭桃等。

早期油桃品种质量较差，20多年经杂交育种改良选育出一批新品种，色泽鲜艳，外形美观，品质优良。当前世界非常重视油桃的发展。

2. 主要优良品种

（1）普通桃品种

①春蕾：上海市农业科学院园艺研究所育成。果实长卵圆形，单果重68克，大果重169.8克。果皮黄色，果顶尖圆，先着色，为玫瑰红色，缝合线浅，茸毛多。果实乳白色，顶部果肉有少量红色素。果实汁多，风味淡甜微香，可溶性固形物9.3%～10%。该品种突出特点是早熟，果实发育期短，从盛花到成熟只需56天，一般在5月底至6月初成熟。该品种植物学特性：树势强健，树姿开张，萌芽力、成枝力强，生长力旺，各类果枝均能结果，以长中果枝结果为主。综合评价：该品种坐果率高，生理落果轻，丰产性能好。先端及顶端优势强，喜光，结果部位易外移。抗寒、抗旱、不耐涝，无特殊病虫害；②青研1号：青岛市农业科学研究所育成。果实特大，单果重256.8克，大果重400克，近圆形，果顶微凹，缝合线浅而明显。果皮底色黄白色，果面大部着色鲜红，果肉白色，肉脆汁多味甜，可溶性固形物含量约10%。黏核，核小，极早熟，在山东青岛地区6月底成熟。植物学特性：该品种树势中庸，树姿开张，成枝力强，结果枝粗壮，结果性能良好。综合评价：该品种早果丰产，适应性广，耐涝性强，较抗缩叶病和细菌性穿孔病，花芽耐寒力强。宜采取宽行窄株密植方式，树形宜采取自然开心形。栽植时需配置授粉树，必要时进行花期人工授粉；③安农水蜜：安徽农业大学育成。果实椭圆形或近圆形，单果重245克，大果重558克。果顶圆平微凹，缝合线浅。果皮底色乳白色，微黄，易剥离，果面着色艳丽红晕。果肉乳白色，阳面稍带淡红色，细软多汁，风味香甜适口，可溶性固形物含量11.5%～13.5%。半离核，品质优。在皖中地区6月15～18日成熟。植物学特性：该品种树势强健，树形以自然开心形为好。易成花，一般栽后两年见果，幼树以长中果枝结果为主，成龄树以中短果枝结果为主。综合评价：该品种有明显花果自疏现象，较丰产。适应性广，对土

壤要求不严格，全国大部分地区均可栽植。需配置授粉树，授粉树可选择早花露、雨花露等。对肥水条件要求较高，注意合理施肥。适当早采，宜在 6 月 7～8 日成熟时采收上市。

（2）油桃品种

①超五月红：山东果树研究所从美国引入的特早熟复选材料中选出。果实近圆球形，果顶扁平，缝合线不明显，两半部对称。单果重 80 克，大果重 110 克。果皮底色黄绿，果面全面浓红，果皮油光亮泽，外观极美。果肉黄色，肉质细脆致密，甜酸可口，含可溶性固形物 12.8%，香气浓郁，风味极佳，品质上等。黏核，核仁不成熟。核周无色，耐储运，果实 5 月下旬成熟。植物学特征：树势健壮，树冠较大，树姿半开张。萌芽力、成枝力均强，枝条分布均匀，以中、短果枝结果为主，自花授粉，坐果率高。综合评价：该品种易成花，花量大，早实丰产，适应性强，不裂果；②早红宝石：中国农科院郑州果树研究所育成。果实近圆形，单果重 98.5 克，大果重 152 克。果顶凹，果面底色乳黄，着鲜艳宝石红色，外观美。果肉黄色，采收时肉质细脆，黏核，果肉柔软多汁，风味浓甜，香气浓。含可溶性固形物 11%～13%，不裂果，较耐储运。在郑州 6 月中旬成熟。植物学特征：幼树旺盛，萌芽力、成枝力均强。干性较弱，枝条易开张，新梢生长量中等。综合评价：该品种早果性强，坐果率高，丰产性好，各类果枝结果良好，以中长果枝结果为主。抗寒、抗旱、不裂果、不耐涝。适应性强，耐阴湿，南北方均可栽植；③丹墨：北京市农林科学院育成。果实近圆形，稍扁，单果重 97 克，大果重 130 克。果顶圆平，缝合线浅，两侧对称。梗洼深，广度中等，果实整齐。果皮底色绿白，果面全面着暗红至紫红色，具不明显条纹，着色不均匀。果肉黄色，肉质细，硬溶质，风味甜或浓甜，香味中等。含可溶性固形物 10%～12%，品质上等，黏核。北京地区 6 月中下旬成熟，耐储运性好。植物学特性：树势中等，树枝半开张，以长中果枝结果为主。综合评价：该品种自花结果，坐果率高，丰产性好。早果性好，适应性和抗逆性均强。

（二）育苗技术

1. 苗圃地的建立

苗圃地应选择在地势平坦，背风向阳，土层深厚，质地疏松，排水良好的沙壤土；水源充足，灌溉方便，地下水位较低，在 1 米以下，土壤以中性或微酸性为宜；忌重茬地、多年生菜地及林木育苗地。

2. 砧木苗的培育

（1）砧木种类

生产上应用最普通的砧木有毛桃和山桃。毛桃适应性广，生长势强，既能适应南方温暖湿润的气候，又能适应北方寒冷干旱地区，与桃品种嫁接亲和力强。因此，毛桃是我国南、北方普遍采用的砧木，但不耐涝。山桃适应性强，耐旱、耐寒、耐盐碱，与桃品种嫁接亲和力强，但怕涝，地下水位在1米以上的地区不宜栽桃，易患黄叶病、根瘤病、颈腐病等。除毛桃和山桃外，也有用李子、杏作砧木的，但容易产生后期不亲和现象。

（2）种子处理毛桃和山桃种子需要一段后熟时间才能发芽，在后熟过程中要求一定低温、水分和通气条件。秋天播种即可在苗圃地里达到后熟，如果春天播种，就需要用沙藏法满足种子对后熟条件的要求，否则种子不能发芽或生长矮小。沙藏温度以2℃～7℃为宜，沙藏时间60～90天，种子与沙子的比例为1：（5～10），沙的湿度为其持水量的60%以上或用手握成团不滴水为宜。

（3）播前整地

桃树的苗圃整地应深耕、培细，深度30～35厘米，肥力差的土壤应结合深耕施足底肥，一般每亩施有机肥2000千克，过磷酸钙20千克，然后开排水沟作畦，一般畦长10米，宽1.2米。

（4）播种

桃砧木种子播种时期分为秋播和春播两种。秋播在11～12月（土壤结冻前）进行，种子不需要层积处理，但由于种子外壳坚硬，需水较多，播种前要进行浸种。其方法是将种子放在清水中浸泡3～5天，每天搅动3次，换水2～3次。也可将种子装入麻袋浸泡在流动的河水中3～5天。秋播种子第二年出苗早，幼苗生长快，抗病力强。但冬季风沙较大的地方，土壤水分不稳定、土层易冻裂，不宜秋播，以春播较为安全。春播时期以"春分"节气前后为宜。春播发芽快、出苗整齐、出苗率高。但由于播种晚、气温较低，幼苗出土后生长较弱。

播种前除整平圃地、施足底肥外还要灌足底水。开畦之后播种，一般采用宽窄行带状条播，拉线定距标准化。宽行50～60厘米，窄行20～30厘米，每畦4行。播种沟的宽度约10厘米，深度6～10厘米，在播种沟内按株距10～15厘米点播，若种子开始萌芽，点播时种子的胚根向下轻放。播种后及时覆土盖平种沟（厚度以种子直径的3倍为宜）。为了减少土壤水分蒸发，防止土壤板结，提高地温，播种后畦面上应盖一层地膜。

毛桃每千克种子有200～400粒，每亩播种量为30～40千克；山桃每千克种子有260～600粒，每亩播种量为20～30千克。每亩出苗6000～8000株。

（5）砧木苗的管理

幼苗出土后要及时松土除草。幼苗出土整齐后（2叶1心），要及时揭开地膜。当幼苗长出3～4片真叶时即可间苗和定苗，苗距约20厘米。苗圃土壤干旱时要喷水间苗，结合浇水可拌和少量速效肥进行。为使砧木幼苗加粗生长，达到当年嫁接粗度，当幼苗长到 45 厘米高时可以摘心。摘心时期约在芽接前 1 个月，同时要剪除基部的副梢。同时，在整个生长季要注意防治病虫害。

3. 嫁接苗的培育

（1）接穗的采集和储运

按品种区域化的原则选择适于当地生产需要的品种，从该品种中选择树势健壮、品种纯正、丰产性好、无病虫害的桃树为采穗母树，从采穗母树的树冠外围选用发育充实的当年新梢或一年生枝作接穗。若为芽接，要用当年新梢，剪除叶片，留下约 1 厘米的叶柄，按品种打捆，并挂标签，标明品种、采集地点、日期、数量等。一般芽接的接穗最好是随采随用，如暂不能嫁接，可将接穗插入湿沙中储藏，也可吊在井水上面，不能浸入水中。需要外运的接穗，用湿纱布或草袋包裹，即可运输。

（2）嫁接方法

①芽接

因其操作简便、省接穗、成活率高，在育苗中广泛运用。芽接的时期一般在 6～9 月，采用的方法主要是"T"字形或"一点一横"芽接法，具体方法见概论。为了保证嫁接顺利进行，嫁接前应先除尽杂草，为使砧木皮层容易剥离，应在嫁接前 3～4 天灌 1 次水。

为了缩短育苗周期，做到当年播种、当年嫁接、当年出圃，可以采取下列技术措施：a. 选用肥沃地，施足底肥，适时播种，地膜覆盖等，促进砧木苗的前期生长，使其尽早达到嫁接粗度；b. 提早嫁接。5 月底、6 月初嫁接，芽片成活后，把接芽上方的枝梢折伤，促进接芽萌发，当接芽长到约 10 厘米时，逐步把砧木上的枝疏除，保证接芽生长旺盛；c. 加强管理。当接芽萌发生长后，加强肥水管理，适时追肥、灌水，促进幼苗生长。9 月上中旬控肥控水，抑制生长。对未停长的苗木进行摘心，促进苗木成熟。秋后注意对虫害浮尘子的防治。

②枝接

春季砧木树液开始流动而接穗上的芽尚未萌发时进行。一般在 3 月下旬至 4 月上旬，枝接的方法有切接、劈接、腹接和皮下接等，具体操作见概论。

（3）嫁接苗的管理

①解绑

芽接后 15～20 天检查成活情况，凡接芽新鲜，叶柄一触即落者表明已成活。接后约 1 个月即可解除绑缚物，未接活的及时补接。枝接苗成活后可以解绑。

②剪砧和去萌蘖

春季发芽前，在接芽上方约 1 厘米处剪砧，要求剪口平滑，并向接芽背面微斜，以利接口愈合和使苗木直立生长。剪砧后，及时去掉砧木上的萌蘖。

③立支柱

为防止嫩梢折断，在接芽长到 30 厘米高时，要立支柱绑缚新梢。

④施肥、灌水和中耕除草

为促进苗木生长，根据苗木长势，适时进行追肥灌水，并及时中耕除草，保持土壤疏松。

⑤病虫害防治

为保证苗木健壮生长，应及时防治各种病虫害。

（三）栽植技术

1. 园地选择

（1）气候条件适宜的栽培地

以历年平均气温12℃～17℃，绝对最低温度≥-23℃，休眠期≤7.2℃的低温积累宜在600～1200小时；生长期有效积温为2600℃。

（2）土壤条件

以沙壤土为好，pH值以5.5～6.5的微酸性土为宜，避免重茬地建园。桃树重茬后，生长衰弱，流胶严重，寿命短，产量低。因此，应避免在重茬地建园。

（3）产地选择

应选择无公害桃产业基地，生态条件良好，远离污染源，并有持续生产能力的生产区域。

2. 品种选择与配置

建园时应根据建园目的、立地条件、周围桃树栽培状况、市场供求预测等选择品种。大多数桃品种的收获期较短，应对其成熟度严格掌握。早、中、晚熟品种应搭配合理，一般为4∶4∶2或3∶4∶3。交通不便的远山区可选用耐储运的品种或制干品种，有加工条件的地区应发展加工品种，如黄肉桃丰黄品种等。

桃多数品种自花结实率较高，但异花授粉能提高产量与品质。因此，建园时应配置授粉树，尤其是自花授粉结实率低或缺乏花粉的品种，配置授粉树显得非常必要。授粉品种要求与主栽品种花期相遇，花粉量大，亲和力强，并且经济价值高。一般配置形式采取2∶2或1∶3。

3. 栽植时期和方法

（1）栽植时期

秋冬气候温和的地区，适宜秋栽，秋栽苗木根系伤口愈合快，成活率高，第二年生长快；秋冬寒冷风大的地区宜春栽。

（2）栽植密度

桃为小乔木，应适当密植，但桃树生长旺，而且极喜光，栽植过密时易落花落果，果实着色不良，树冠内部秃裸，产量下降。一般山地栽植密度为3～5米。栽植密度还应根据整形方式、品种特征、砧木种类、管理水平等来确定。

（3）栽植方式

栽植方式有正方形、长方形、三角形栽植，还有带状栽植（带内行距小，带间行距大）。一般认为长方形栽植既便于管理，又有利于果树生长，应用较多。栽植行向应向北方较好，山坡地沿等高线栽植。

（4）栽植技术

①定植前的准备

包括修建水土保持工程、土壤改良、拉线定点和苗木准备等工作。山坡地果园最好在栽植前修建好水土保持工程。水土保持的方法很多，其中水平梯地最为理想。依据地形确定株行距密度和定植点位。苗木质量优劣对桃树生长结果很重要，是基础，是先导，因此要选用优质苗木。苗木出圃应按质量分级，剔除弱小、残次苗木，剪除根蘖、折伤的枝和根、死枝枯桩等。然后喷 3 ～ 5 波美度石硫合剂或用 0.1% 升汞液浸泡 10 分钟，再用清水冲洗。为提高栽植成活率，栽前可在根部浇泥浆保湿；

②挖定植穴

以栽植点为中心，挖长宽各 80 ～ 100 厘米、深 60 厘米的坑，挖时表土与底土分开放置，下部有石块者捡出。栽植前，先将表土与基肥混合后填入坑内，边填边分层踏实，填土低出地面 30 厘米呈馒头形后，再覆一层土，使根系不与肥直接接触。填土后先浇 1 次水再栽树；

③栽植

栽好后要求苗木直立、横竖成行、根系舒展与土壤紧接、栽植深浅适宜。栽植深度要求在根颈上 8 ～ 10 厘米（嫁接处下 2 厘米）。定植后在苗木周围做一树盘，便于充分灌水。

4. 定植后的管理

为提高栽植成活率，定植灌水后，可覆盖地膜，既能保持土壤湿度，又能提高地温，定植后相隔 2 周灌 1 次水，连灌 3 次可以保证成活。栽植的是成品苗，要进行定干修剪，定干高度按树形要求而定。苗木定植后，加强土、肥、水管理，促进幼树生长，同时注意防治病虫害，使幼树生长健壮，并采取防寒措施使幼树安全越冬，为早结果、早丰产奠定基础。

（四）丰产栽培技术

1. 土肥水管理

土壤管理：桃属浅根性果树。桃树根系好氧怕涝，应注意排水、中耕松土，保持土壤的通透性。根系周年的生长高峰有 2 次，分别为 6 月底至 8 月初，10 月上旬至 11

月上旬，可以作为土、肥、水管理的重要时期。①深翻改土：深翻改土可以加厚土层，改良土壤的理化性状，扩大根系的分布范围，促进地上部的生长发育。深翻改土在春、夏、秋均可，但以秋季结合施基肥进行效果好。深翻深度以 60～80 厘米为宜；②中耕除草：中耕一般在雨后或灌水后进行，可以防止土壤板结和保持土壤湿度。中耕深度 10～15 厘米，同时清除杂草，保持土壤疏松通气，减少病虫来源；③化学除草（详见概论）；④果园间作：幼树栽植后，树体小，果园覆盖率低，园内空地多，在不影响桃树生长发育的前提下可合理进行间作。行间应间作矮秆作物如花生、草莓等，不能间作晚秋需肥水较多的蔬菜作物，以免造成后期徒长，越冬抽条。

2. 施肥

（1）桃对营养元素的需求

桃树枝叶繁茂，果实肥大，对营养需求量大，反应敏感。营养不足时，树势明显衰弱，果品品质下降。据测定，成龄桃树需要的营养三要素中以钾最多，其次是氮，再次是磷。每生产 50 千克果实需吸收氮、磷、钾量分别为 125 克、50 克和 150～175 克。综合各地资料，桃对氮磷钾吸收比例为 10：（3～4）：（6～16）（施肥配比宜：N：P：K 为 1：0.5：1.5）。

因此，满足桃对氮、磷、钾的需求，特别是钾的供应，是桃果优质丰产的基础。

不同桃树器官对各营养素的需求量也不尽相同。叶片与果实中含钾最多，氮次之，磷最少，而新形成的根中，氮最多，钾次之，磷最少。

一年中不同生长期桃树对营养元素的吸收也在变化。果实中所含氮、磷、钾的总量随着果实发育而增加，尤其在硬核后，钾的吸收量更是迅速上升。这时保证钾肥的充足供应是增加产量和提高品质的关键时期。生长初期叶片中含氮量较多，硬核期后叶片中含钾量较多，叶片中磷含量在生长季中变化不大。

（2）施肥时期和方法

①基肥：基肥以秋施效果最好。北方在采收后 9～10 月施入，若劳力紧张，可在落叶后至土壤上冻前施入。基肥多采用放射沟、环状沟、隔行施肥等方法。沟宽 30～40 厘米，深 40～60 厘米。采用环状沟、隔行施肥方法时，施肥部位应在树冠垂直投影的外缘；②追肥：施用时期及次数应根据桃树生长结实情况灵活掌握。施肥方法包括沟施、穴施、撒施等。

萌芽前施肥：目的是补充上年储藏营养的不足，促进开花整齐一致，提高坐果率。以速效性氮肥为主。

花后追肥：开花后 1 周施入，可提高坐果率和促进新梢增长。以速效性氮肥为主。

硬核期追肥：在硬核开始时施，它不仅有利于当年果实生长，还可促进花芽分化，为明年丰产奠定基础。因此，这是一次关键性的追肥，追肥种类以氮钾肥为主，配合一定量的磷肥。

采前追肥：可以恢复树势，增加树体内储藏营养，增强越冬能力，为明年丰产奠定基础。以氮肥为主。

根外追肥：全年均可进行，但以生长前期为宜。根外追肥种类及浓度为：尿素0.3%～0.5%，硫酸铵0.2%～0.4%，过磷酸钙1%～3%，磷酸二氢钾0.2%～0.3%，硫酸钾0.3%；③灌水与排水：桃树虽然耐旱怕涝，但旱情严重时，树体不能正常生长，必须灌水。灌水时期主要在萌芽前、开花后和硬核开始期。萌芽前灌水要灌得深而透。硬核期对水分供应较为严格，水过多或过少都会引起落果，要适当掌握，以少灌勤灌为好。土壤结冻前应灌1次水，以保证桃树安全过冬。土质黏重的土壤可不必灌冻前水。灌水方法有沟灌、畦灌、穴灌、滴灌、喷灌等。

桃树怕涝，水分过多枝条生长不充实，冬季易抽条和根系腐烂，甚至造成全株死亡。因此，雨季时桃园应严格控制水分，注意排除树盘中的积水，以保证桃树正常生长。多雨地区，必须修建通畅的排水沟渠，以利及时泄洪排水，降低地下水位。

3. 整形修剪

（1）与整形修剪有关的生长结果习性

①桃树喜光：桃树自然生长时，中心干生长弱，因此须满足桃树对光照的要求；②桃树结果部位易外移：由于桃树枝梢寿命较短，特别是短枝容易产生自疏现象，树冠内膛易光秃，结果部位易外移。因此，修剪时应注意采用更新方法，维持和复壮结果枝组的结果能力，延缓其外移；③桃树芽具有早熟性：一方面要合理利用其早熟性芽，达到早成形、早结果；另一方面要利用夏剪措施，调控分枝，使之通风透光，以达到枝条发育充实，花芽分化良好；④桃树萌芽率、成枝力均较强：修剪时应注意外围枝密度；⑤桃树成花容易：在发育良好的长、中、短枝上均能成花，甚至徒长枝条的副梢上也能形成花芽，但各类结果枝条生长结果特点不同，修剪时应区别对待；⑥桃树潜伏芽寿命短。

（2）树形

生产中常用树形有自然开心形和"Y"字形等。

①自然开心形（三主枝开心形）：三主枝开心形干高50厘米，通常以三主枝均匀分布、开心，主枝与中心干的夹角为45°～70°，保持主枝平斜向上的姿态。在每一主枝上配置2个角度约为70°、呈顺向排列的侧枝，每个侧枝上再配置2～3个大型枝组。在主枝上距中心干50厘米处留第1侧枝，第2侧枝距第1侧枝约60厘米处对生。大型枝组或辅养枝的间距以30～50厘米为宜；②"Y"字形（二主枝开心形）：二主枝开心形干高40～50厘米，两主枝角度60°～90°，主枝上着生结果枝组或直接培养结果枝。

（3）结果枝组的培养与配备

①培养：一是大中型枝组培养：主要是选留着生部位适宜的强壮长果枝、徒长性

果枝，施行重短截，剪留长度为20～30厘米，促使分生5～6个枝条，第二年去直留斜，改变延伸方向，一般留2～3个枝条，并重短截，以后每年对延长枝重短截，并选留结果枝，促其向两侧发展。主、侧枝上的旺枝，可在5月下旬至6月上旬留约20厘米短截，发枝后选留2～3个副梢，结合冬剪培养成大中型枝组。8月将徒长性果枝向空间大的方向弯倒，冬剪时不剪或轻剪，结果1～2年后回缩，也可培养成大中型结果枝组；二是小型枝组培养：一般方法是将强旺果枝留3～5个芽短截，培养成具有2～3个果枝的小枝组，下一年选留两个方向相反的果枝，上部一个轻短截使其结果，下部一个重短截作为预备枝，两者交替结果；②配备：主侧枝基部，梢部以中小果枝组为主，中部以中大型结果枝组为主；背上以中小型枝组为主，背后和两侧以中大型枝组为主，配备时先配备大中型枝组，小型枝组插空。

（4）修剪要点

①幼树期与结果初期幼树生长旺盛，应重视夏季修剪。主要以整形为主，尽快扩大树冠，培养牢固的骨架；对骨干枝，延长枝适度短截，对非骨干枝轻剪长放，提早结果，逐渐培养各类结果枝组；②盛果期修剪的主要任务是前期保持树势平衡，培养各种类型的结果枝组；中、后期是回缩更新，培养新的枝组，防止早衰和结果部位外移。桃树以长、中、短果枝结果最好。修剪时应做到中、小枝的对生或排列间距约在15厘米，中、小型结果枝组30～50厘米1个，剪后的小枝排列应保持多而不乱、杂而有序的状态。结果枝组要不断更新，并重视夏季修剪。

4. 花果管理

（1）疏花疏果

桃树花量大，坐果率高，为了提高果实品质，保证年年丰产稳产，必须适时进行疏花疏果。①疏花疏果的时期：坐果率多的品种如大久保，在花蕾膨大可疏花，花后1周可进行第一次疏果，6月落果后第二次疏果，确定最终留果量。对一些易受冻品种、缺花粉品种如五月鲜、岗山白等，疏花疏果的时间要晚一些，在特殊年份也可不进行疏花疏果。一般早熟品种应早疏，前期落果重和中、晚熟品种可稍晚疏；②疏花疏果的方法：疏花疏果前要做好估产、定产，最后确定单株留果量。根据树龄、品种、树势、管理状况等综合因子确定单株留果量。然后根据主枝的大小、强弱，确定各主枝的留果量。最后进行疏花疏果。其方法有二：一是人工疏花疏果：先疏蕾和花，后分2～3次疏果，最后定果。疏蕾时，每节留1个花蕾，并把不计划留果的枝、预备枝上的花蕾也全部疏掉。疏果时先疏除并生果、畸形果、小果、病虫果、朝天果等，然后按枝留果，一般长果枝留3～5个果，中果枝留2～3个，短果枝和花束状果枝留1个或不留，副梢果枝留1～2个。也可以按叶果比留果，一般每20～40片叶留1果；二是化学疏花疏果：我国还处于试验阶段。常用药剂有石硫合剂、乙烯利、萘乙酸、芴丁酯等。

（2）防止花芽冻害

据观察桃树花芽受冻发生在两个时期：一是严冬最低温期；另一个是早春花芽膨大期遇低温受害。预防桃树花芽受冻的措施是：花芽萌动前喷布 10 倍石灰水溶液和 20 倍盐水溶液，这在 −2℃气温下可减轻花芽受冻，但低于 −2℃时效果不明显。除此之外，还应配合一些栽培技术措施，如夏剪、疏枝、选择抗寒品种、后期施磷钾肥等，对减轻花芽冻害也有一定效果。

二、苹果高产栽培新技术

（一）苗木繁育技术

1. 苗圃地选择

培育优质壮苗，圃地应选择在地势平坦、水源方便、排水良好、土层深厚、土壤结构疏松、背风向阳的沙质壤土。避免重茬，有计划地进行轮作。

2. 整地做畦

圃地选好后，应在秋季进行深耕、整地、施肥、浇水、做畦等工作。要求亩施圈肥 0.5～1.0 千克以上，混入 50 千克过磷酸钙，深翻 35～45 厘米。然后整细、耙平、保墒、做畦。苗床周围开好边沟，利于排水；畦宽约 1.2 米，长约 10 米，畦埂高 25～35 厘米，每亩做畦约 50 个。畦床走向应南—北方向，播种沟朝向呈东—西向，利于向阳、通风。

3. 砧木苗的培育

（1）砧木种类

目前广泛用于生产的有：山定子、毛山定子、沙果、海棠果、三叶海棠、湖北海棠、丽江山荆子、新疆野苹果、甘肃海棠、河南海棠、滇池海棠等 10 多种。各地应根据具体情况，选择适宜本地环境条件的最适种类或类型。

（2）种子处理

首先对采回种子进行生理休眠处理，主要是采取沙藏处理法或冷藏设备处理。

（3）播种

生产上分秋播和春播两种，秋播适合冬季短而温暖的地区；春播适于冬季寒冷、春季少雨干旱地区。为便于嫁接管理，采取双行带状条播方法，行内距 30 厘米，带间距 60～70 厘米。播种沟 3～5 厘米，种子匀放播种沟，然后盖细土 1.5～2 厘米，浇水保墒，待约 15 天，幼苗可大部分出土。

（4）砧木苗的管理

为确保全苗、壮苗，要早间苗、分次间苗，合理定苗。然后浇水、追肥。追肥浇水应遵守少量多次的原则，保证壮苗，做到 9 月实施芽接。

4. 嫁接苗的培育

（1）接穗的采集和储运

接穗采集母树必须经过良种鉴定，具备品种纯正、丰产、稳定、优质的性状；选作接穗的枝条，应是生长充实、无病虫害、芽体饱满的。

生长期芽接用接穗，均采用当年新梢，随采随用，采后及时剪除叶片 2/3，减少水分蒸发。春季枝接可结合冬季修剪采集接穗，按品种打成捆，标明品种，埋于地窖、山洞或沟内湿沙中。储藏过程中注意保温、保湿、防冻，春季嫁接时随用随取。

（2）嫁接方法和时期

一般采用芽接和枝接法两种，芽接法运用最普遍。此法优点是利用接穗最经济、容易愈合、接合牢固、操作简便、成活率高、便于大量繁殖。嫁接时期以 8～9 月最适宜。枝接以早春为宜。其他嫁接法与具体操作，已在概论中详述。

（3）苗期管理

芽接 10 天后，及时检查成活率。成活株接芽新鲜，芽片不失水皱缩，叶柄一触即落，未成活株可进行补接。

第二年春季萌芽前，要在接芽上部 0.5 厘米处进行剪砧，剪口一定要平滑；剪砧后要及时去除绑缚物以及砧木上的嫩芽和萌蘖，使苗木健壮生长。

5～7 月为苗木速长期，此时要结合浇水施肥管理，每亩施 8～10 千克尿素为宜，同时要中耕除草，松土保墒，做到精细化管理。

（4）苗木出圃

苗木出圃分秋春两季，秋季在落叶后到土地封冻前，春季是在地解冻后至萌芽前。取苗前必须浇水，挖大坑，起苗后迅速在根部蘸作泥浆，保持根系完整和不失水分。若是秋冬取苗不能及时栽植时，必须进行假植。苗木出圃要准确分级、包装、检疫、运输（详见概论）。

苗木质量是建园的基础。首先要选根系完整发达的壮苗。要求粗壮的大根 5 条以上，一般长 20 厘米以上，须根发育较多，生长平展。另外，枝干要充实饱满，通直不曲，苗高 1 米以上。同时要求苗木不带任何病虫害，无检疫对象。

（二）栽植设计与果树定植

1. 栽植设计

株行距：乔化苹果，在平地区以（3～5）米 ×（5～7）米为宜；山地果园以（3～4）米 ×5 米为宜。短枝型或矮化苹果，平地区以（2～3）米 ×（4～5）米为宜；山地果园以 2 米 ×4 米为宜。

行向：平地区以南北向为宜；山坡地沿等高线设置。

授粉树配置：可采用中心式，8∶1；少量式，（3～4）∶（1～2）；等量式，1∶1；复合式，2个；授粉品种的果园采取复合式。

2. 定植

苹果定植时间，以早春、晚秋最宜。

定点放样：按果园定植设计，实地定点放样，拉线定点，石灰点定位。

挖定植穴坑：一般以80厘米×80厘米×80厘米为宜。挖定植穴时，表土与下层土分开放置。

底土拌肥填穴：每穴底土拌土杂肥50～80千克，均匀拌和后回填穴坑2/3以上，堆成凸形，踩实压紧。

苗木栽植：每穴1株，根系散开舒张，苗木正立，回填表土，边填边踩，填土与地面平时，轻提苗木，使根系舒展，注意苗木嫁接口要高出地平面10厘米。

浇水保成活：围定植穴堆成挡水埂。浇水要一次灌透。待水下渗完时，再培土固苗，用1.5米正方形地膜覆盖定植穴，周边用土压紧，有利于保墒、保成活。

（三）树体管理及改造

1. 树体管理目标

所谓树体管理，就是对树体结构，枝组分布，枝、叶、花、果数量及分布的管理。其目的就是为果树的枝、叶、花、果的生长发育创造适宜的局部环境。

果树树体结构是构成果园群体结构的基础。果树树体管理首先要满足果园群体结构的要求。果树结构中的干高、冠高和冠形是其骨架部分。冠高和冠形主要由主侧枝的分布数量、分布层次和分布姿态所决定。树冠是由枝叶组成，树干直接影响树冠的大小和形成。合理的树体结构必须符合栽培品种的生长结果特性。树体管理目标要达到以下指标：

（1）成龄树

树冠体积：每亩1200～1500立方米；叶面积系数：3～5；剪后亩留枝量：5万～8万条；枝类比：长枝10%～15%（其中营养枝小于5%），中枝约20%，短枝60%～70%，其中优质短枝超过50%；花、叶芽比：1∶3～1∶4；枝果比：大型果品种5∶1～6∶1，中小型果品种3∶1～4∶1；新梢生长量：春梢长40～50厘米，秋梢长5～10厘米；封顶枝：占全树70%～80%；叶片含氮量：7月外围新梢中部叶片含氮量2.0%～2.5%。

（2）初结果树

树龄：矮化或短枝型3～6年生，乔砧树5～8年生；亩枝量：1.5万～4万条；干周：

距地面30厘米处乔砧树干粗度20厘米以上，矮砧树15厘米以上；枝类比：长枝：中枝：短枝为2：1：7；花、叶芽比：1：3～1：4；枝果比：5：1～6：1；春梢生长量：春梢长45～55厘米；封顶枝：占全树80%；叶片含氮量：7月外围新梢中部叶片含氮量2.0%～2.5%。

2. 果树树体管理技术

果树树体管理主要是采取整形修剪的方法来进行。

（1）整形修剪的原则

因树修剪，随枝作形；便利操作，简化树形；控减骨干，减少级次；平衡树势，主从分明；控制竞争，利用辅养；轻重适度，养更结合；抑强扶弱，正确促控；强放弱回，缩放结合。

（2）主要树形及培养

①主干疏层形：A. 树体结构：干高50～70厘米，树高3.5～4米，冠径5～6米，有中心干。全树有5个主枝，6个侧枝，因此又称之为"五主六侧"主干疏层形。树冠分为两层。第二层主枝伸展长度为第一层主枝伸长度的约2/3。侧枝的角度一定要大于主枝的角度。在五主六侧骨干枝上，直接配置大中小结果枝组。五主六侧主干疏层形是目前乔化苹果树主要采取的树形，以这种树形为基准，根据栽植密度派生出小冠疏层形、小弯曲主干疏层形等。可适用于株行距（3～5）米×（5～7）米的多种栽植密度的苹果树；B. 树形培养：定干——在约80厘米饱满芽处定干。整形和修剪可按不同树龄的生长阶段分别处理：1～4年生：为幼树阶段。主要为基层主侧枝培育阶段。其修剪手法是：早期促生枝条，轻剪长放多留枝，枝多叶多长树快，长放轻剪易成花，促进辅养枝结果，适期进入投产期。5～8年生：为初结果阶段：要做到修剪、结果两不误。基本方法是：分清两类枝，分别采取不同的修剪手法。辅养枝采取以疏为主，减少分枝，稍留营养枝，促其成花结果并控制增粗。夏剪不宜过重，各种修剪措施要适时，以促花为主，壮果丰产。9～12年生：全部完成果树定型工作：此期以结果枝组结果为主，辅养枝结果为辅。做好层间层内辅养枝的清理工作，清除大型辅养枝，应该分期分批进行，1年去除2～3个大型辅养枝，2～3年清除完毕。修剪上要从结果枝组着眼，调节好结果枝组上下左右的关系，每个结果枝组都有自己的生长空间，互不影响。枝组的分布应在主枝的背斜上、背斜下，背上不留大中型枝组。随着树龄的增加，修剪着眼点放在结果枝组的更新改造和维持上，做到生长、成花、结果3套枝适宜配比。夏剪以改善树体光照为主，特别要注意秋季撑、拉、吊、顶手法的应用，改善果实局部光照环境，促进果实着色。C. 树形评价：主干疏层型，比较符合苹果树干性强和枝条层性分布的生长特性，具有骨架牢固、树冠匀称、负载力强、树体丰满、单株产量高等特点。其缺点是：培养树形历时较长，前期产量低，树体太大，内膛易出现寄生区，管理不便，易出现大小年现象，中下部光照差，影响果品质量提高；

②纺锤形：A．树体结构：干高60～80厘米。中心干坚挺，围绕中心干螺旋形设置大中小型结果枝组。枝组以单轴延伸为主，角度80°以上，做到基本平展。树高约3.5米，冠幅与株距相同。设置枝组20个以上，下大上小，呈纺锤形。纺锤形是目前苹果树矮化栽培的主要树形。由于株行距的不同和树体维持的手法不同，由纺锤形派生出自由纺锤形和细长纺锤形。两者的树形培养方法与纺锤形基本一致，只是枝组更新的快慢和枝组延伸的长短有别。B．树形培养：树形培养时间较短，一般4～5年基本成型，重点是维持。其基本手法是：定干和中心干剪留长度不固定，主要根据长势决定，在饱满芽处剪截，以求健壮的长势。刻芽促枝是其重要手段，拉枝使之平展是其基本措施。枝组更新以2/3的干粗为度，及时更新确保健壮结果。枝组的延伸采取缩放结合的办法，枝组结果后下垂形成弓背，弓背发枝形成更新基础。夏季修剪以拉枝为主，及时把30厘米以上的枝条拉平展，缓和长势。C．树形评价：纺锤形的树体结构基本符合苹果树干性强和枝条层性分布的特性。具有成形快、易丰产、树体风光条件好的优点。其缺点是：果树10多年生以后，树体下部枝组更新困难，由于极性生长，而导致上部容易变大、树体光照变劣。

　　（3）果树修剪

　　一般在生长期和休眠期进行。也可在春夏秋冬四季修剪，称为周年修剪法。周年修剪法，应以冬剪为主，春夏秋剪为辅，因为生长季修剪，去除的是正在生长的枝叶，浪费树体营养多，因此修剪量宜小不宜大。①夏季修剪：5～7月的修剪称之为夏季修剪。夏季修剪的任务是：缓和树势，促生花芽，培养枝组，扩大树冠，解决树体光照条件。其效果是：适时适度，效果明显，注意修剪量不能过大。修剪方法：5～6月花芽生理分化期前，采取拿枝、扭梢、拉枝等修剪手法，可有效促进花芽的形成；通过摘心、短剪、疏枝、抽枝等手法可以改善树体光照；适时适度环剥，也可达到提高坐果率。但是，环剥打破了树体正常的营养输送和积累规律，在一定程度上会形成"惯性"，对此办法应慎重处之；②冬季修剪：从果树落叶到萌芽期间的修剪叫冬季修剪，又称休眠期修剪。冬季修剪的任务是：培养树形，调整骨干枝，平衡树势，利用和控制辅养枝，保持一定的花、叶芽比例，调节树冠体积和枝条疏密度等。其效果是：打破果树地上部和地下部的平衡，地上部的枝芽数量相对减少，养分水分状况得到改善，萌芽率提高，新梢生长加强，伤口愈合较快，副作用小。修剪方法：短截骨干枝、辅养枝和枝组的延长枝或更新果枝，回缩过长过大的辅养枝、大枝组或过弱的主枝、侧枝，刻伤刺激一定部位的枝芽，促其抽生壮枝壮芽，用撑枝、拉枝等手法调整骨干枝、辅养枝和枝组的角度和生长方向，疏除病虫枝、密生枝、徒长枝和过多过弱的花枝等无效枝；③修剪程序：果树修剪是一项实践性较强的操作技艺，特别是新手，要熟悉其园艺技法。第一步是审树：做到四看：一看树体结构，按照既定树形，骨干枝是否培养好，影响树体结构的是哪些大枝；二看树势的强弱，长势是否平衡，依此决定修剪手法；三看花芽多少，必须顾及当年产量；四看品种或修剪反应，针对品种特性和修剪反应下剪子。第二步是调整树体结构去大枝。第三步是分清两类枝：对于骨干枝要多疏枝少短截，对于辅养枝要多疏多放少短截，促其结果，抑制增粗。对于不同的树势采取不同的修剪方法：旺树多缓、多疏、多留花果、尽量少短截；弱树疏弱、留强，少留花果，采取更新修剪法；大年树疏除过量花枝，长放中短营养枝，外围枝梢重短截；小年树多留花芽，多短截营养枝；中庸树正常修剪，枝组有疏有截，促使交替结果。第四步是针对品种特性和修剪反应，从枝组着眼进行修剪；④树体改造 A. 现有果园存在的问题：一是枝量太大；二是结构太繁；三是大枝太多；四是枝条太乱；五是叶幕太厚，层次不清。B. 改造办法：加大修剪量；分期分批去大枝；整理和改造枝组；疏疏放放结果，强放弱回更新。

（四）花果管理

花果管理是指对花果数量和质量的管理。达到数量和质量并举，实现双赢。

现代果业生产，必须达到无公害、安全、营养的栽培目标，必须实施单果培养的栽培措施。根据先进国家的经验，一个苹果，在生产过程中，如果不经15遍手，那是不可能生产出优质果品的。无公害绿色生产，必须建立在多用工、精细管理的基础上，特别在花果的管理上，更要多投入。

1. 花果管理目标

一是要保证充足而优质的花果量，为花果选留和适宜分布打好基础。

二是要合理负载，在保证质量的前提下，提高单位面积的产量。一般情况下，土壤有机质含量在0.5%～1%时，亩产量可控制在1500～2000千克；土壤有机质在1%以上时，亩产量可控制在2000～3000千克。

三是要保证果实的正常发育，形成达标的外观和内在品质。

四是要保证果实的安全性，达到国际、国内规定的标准。

2. 保花保果

苹果园内虽然配置了授粉树，仅依天然空气、昆虫传粉还不能保证果树能充分授粉，产量受到一定限制，因此需要创造苹果树能充分授粉的条件。

（1）果园养蜂

果园养蜜蜂可以帮助苹果树传粉，提高产量70%～80%。通常每10亩苹果园设置蜜蜂1～2箱，平均每株树能有3～5只蜜蜂，每只蜂每小时可采700朵花，可在很短时间内将盛开的花朵采粉一遍。同时苹果开花期间禁止施用杀虫剂和有毒农药，以保护蜜蜂免受药害以及果实品质的无公害。

（2）花期喷硼

苹果开花期间用 0.1% 的硼酸或 0.25% 的硼砂，喷洒花朵，可以促进花粉萌芽和花粉管的生长，有利于花粉受精，提高坐果率。

（3）人工授粉

人工授粉是单果培养的一项措施。授粉不仅影响坐果率，还影响坐果质量和果实的品质，特别是遇到花期自然灾害，人工授粉即可补救。

人工授粉分手工点授和液体喷洒两种。手工点授步骤包括花粉采集、烘烤花粉（干制）、人工用带橡皮头的铅笔或秃头毛笔蘸花粉点授花朵，1亩苹果树要点授2万～3万朵花，因此费工较多。人工液体喷洒步骤包括花粉采集、烘烤花粉（干制），这与上法相同。然后是配制授粉液：按水10千克、糖0.5千克、尿素0.03千克、硼酸0.01千克、干花粉20～24克、展着剂（6501）10毫升的比例配制授粉液，搅拌均匀，用2～3层纱布过滤。当苹果树有60%的花开时，用喷雾器洒（用超低量喷雾），直接将授粉液喷洒到花上。随配随用，配制的授粉液应在1小时内喷完。1株盛果期大树，用液量大致为0.1～0.15千克。

（4）防治果实霉心病，防止6月或采前落果

目前霉心病果率高达1%以上，应加以防治。用0.3%克菌康800～1000倍液，其防治效果很好，而且对苹果花器非常安全。

（5）防御自然灾害

对气流风暴（干热风、沙尘暴）、霜冻害等灾害的防控。

（6）农事活动与幼果敏感性防御

苹果幼果敏感期又是苹果病虫害防治和栽培管理的重要时期，在此期间，无论是果园喷药，还是果园施肥灌水，都要谨慎处理，避免造成非正常性落果损失。

4. 疏花疏果

疏花疏果是调控果树负载量，保证果实个体正常生长发育，促进优质、高效的重要措施。

疏花疏果的基本理论依据是叶果比，即多少片正常叶的光合产物在保证一个正常果的生长发育的同时，还能维持树体较高的营养水平。但是，不同品种的叶果比也不一样。如国光一般为20：1；红星、元帅为（30～40）：1；大果型富士系列品种为（40～50）：1。疏花疏果时间，一般在花后1周开始至6月上中旬结束。其方法，多采用手工疏花疏果。疏时应先疏花期早、坐果多的品种或树。

（1）因树定产，看枝疏花疏果

此法亦叫依枝果比疏花疏果。如国光品种，一般壮树，生长枝与结果枝比为（2～3）：1，弱树（4～5）：1；元帅、金冠等，一般为（4～5）：1，壮枝可适当多留。也可依品种按果实间距疏果，一般中庸偏壮树，小果型品种果实间距为约

10 厘米；中型果品种 10～15 厘米；大果型品种在 15～20 厘米。

（2）因树定产，依副梢疏果

当年果台副梢多少、长短、强弱，是衡量树势以及果枝强弱的标志。所以，看副梢留果，符合光合产物局部分配规律，较易达到适宜的叶果比。①多量坐果树：1 个副梢留单果，强壮副梢留双果。2 个副梢留双果，个别壮梢留 3 果。无副梢一般不留果；②中量坐果树：1 个副梢留双果，副梢细弱留单果。2 个副梢留 3 果，双梢弱的留 2 果。无副梢一般不留果；③少量坐果树：有副梢或无副梢均留果，坐果多的果台可去掉中心果，留边果。

大果型品种，一般每果台以留单果为好。

（3）疏花疏果时间

①疏花时间：疏花在花序分离期开始进行；结合人工授粉，在花期也可进行；②疏果时间：在花后约 10 天开始进行，至花后 26 天结束。

从疏花疏果效果看，疏果宜早不宜迟，疏除幼果不如疏花，疏花不如疏花蕾。

（4）疏花疏果方法

①疏花方法：花期天气好，人工授粉有保障，坐果可靠时，可以以花定果：间隔 20～25 厘米留一花序，每一花序只留中心花，其他花序和保留花序的边花全部疏除。花期天气不好或坐果不可靠时，花序保留密度要增加，边花也可保留 1～2 朵。注意对晚开的花，要适当保留，以预防花期的自然灾害；②疏果方法：间隔 20～25 厘米留果，疏除边果、偏头果、朝天果等，保留中心果。

5．果实采收

（1）采收期的确定

①按果实外观标准：当果实充分发育，已充分表现出品种的固有大小、色泽和风味时，进行采摘；②按果实生育期采收：每个苹果品种，都有它的发育生长天数，时间一到就进行采摘。

（2）采摘方法

①采前准备：采摘人员剪手指甲，备好手套、人字梯、枝剪、装果箩筐、运输与装载工具等；②采摘方法：果实采收应从外向内，由下至上进行采摘。其方法是：用手托起果实底部，逆时针方向旋转约 90°，果实即带柄采下。切记不要硬扭。要随采随放，轻摘轻放，不宜手拿几个果实一起放；③装卸与运输：装卸要轻装轻卸，运输要缓慢行驶，防止震荡。

6．果实采后处理与储藏

（1）果实卫生处理

清除果面污染物，达到拿起来就可食用的程度，必要时对果实清洗。

（2）包装与存放

采用自动分级包装线对果实进行采后处理，一次性完成果实的清洗、打蜡、分级和包装过程；严禁使用有毒有害物进行果实处理与包装；分级包装，分级存放；严禁与其他有毒有害物质一起存放。

（3）果实的储藏

苹果储藏的方法很多，主要包括沟藏、防空洞和地窖储藏、通风库储藏、机械冷藏和气调储藏。沟藏、防空洞和地窖储藏，属于简易储藏，成本较低，但属于短期储藏，一般可储藏约2个月；通风库储藏，较简易储藏效果好，一般储藏3～5个月，成本略高；机械冷藏可以严格控制储藏环境的温度、湿度，并达到长期储藏的目的，一般储藏8～10个月，成本较高；气调储藏的效果最好，一般储藏12个月以上，成本最高，是苹果储藏的发展方向。

果实采后处理和采后储藏，是果实生产者必须要完成的果实管理最后环节，必须按国家标准提供商品化的优质、安全、营养苹果。

第七章

农业栽培可持续与无公害

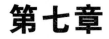

第一节　农业栽培的可持续化发展

一、农业产业化：理论依据与可持续发展

实施可持续发展战略，推进国民经济和社会全面发展，是党和国家制定发展规划的总体目标。农业产业化经营是实现可持续发展战略和目标的重要途径之一。文章从理论基础、可持续发展效用、运行规律入手，以经济可持续发展角度，对农业产业化组织形式、制度、目标等关联性进行探讨分析，对农业产业化发展现状、面临问题进行归纳和概括，依据理论和实际对各种经营形式的适应条件、经营风险、优缺点进行总结，提出搞好农业产业化可持续发展既要有政府政策支持，也要遵循市场规律，更要重视农业科学技术创新和应用，最后，还要选择适合的产业模式等措施。

农业产业化是作为一个新的农业发展战略而被提出，充分显示了这一发展战略给农业和国民经济带来的积极促进作用。农业产业化起源于 20 世纪 50 年代的美国，在国际上称之为"农业产业一体化"（Agricultural Integration）。随后传入西欧和日本等发达国家，经历近半个世纪的发展和深化运动，形成高度发达的产业。

（一）农业产化可持续发展理论分析

农业作为满足人类需求的最基本、最古老的经济产业和生产活动，自从人类社会大分工以来，一直长盛不衰，为人类繁衍生息和社会发展提供永恒动力。可持续发展作为一种全新的发展模式，广泛应用于各个领域。

1. 可持续发展概念

可持续发展是指既要满足当代人需求，又不削弱满足子孙后代需求的发展，具体而言，既要在发展经济的同时，充分考虑环境、资源和生态的承受力，保持人和自然和谐，又要实现自然资源的持久利用，实现社会的持久发展。

2. 农业产业化概念

农业是国民经济的基础，又是可持续发展的根本保证和优先领域。农业产业化是可持续发展观念的延伸和应用。"农业产业化"作为一个新的农业发展战略而被提出，充分显示了其给农业和国民经济带来的积极促进作用。

所谓农业产业化是指以国内市场为导向，以提高经济效益为中心，对当地农业的支柱产业和主导产品，实行区域化布局、专业化生产、一体化经营、社会化服务、企业化管理，把产供销、农工贸、经科教紧密结合起来，形成一条龙的经营体制。

3. 农业产业化经营组织形式

"龙头"企业带动型。即"公司＋基地＋农户"模式是最先兴起的农业产业化的形式。是以企业为龙头，带动农户从事专业生产，在保持农户单独从事生产的基础上，将农产品加工、运销集中到企业来经营，与生产基地和农户实行有机联合，进行一体化经营，形成"风险共担，利益共享"的经济共同体。这种形式主要体现在种植业、养殖业和外向型企业。它有以下几个特点：一是企业与农户都是独立的经济实体，农民与企业只是契约关系；二是公司（企业）与生产基地或农户签订产销合同，规定签约双方的责、权、利关系，企业给基地和农户一定的扶持政策，提供服务，设立产品最低保证，并保证优先收购，农户按合同向企业交售优质产品。其缺陷是受制于资金不足以及缺乏抵押性资产和契约不能对当事人构成有效的约束。

主导产业带动型。主导产业＋基地农户。从利用当地资源优势，发展特色农业，走专业化发展道路，围绕主导产业、支柱产业、"拳头产品"进行一体化经营，形成利益共享、风险共担的经营共同体。主导产业带动型能够变自然资源优势为生产优势和经济优势，常见于我国自然资源禀赋独特、经济效益明显的地区。如中国的西部地区，拥有可供开发的荒废土地资源，按产业化经营思路进行设计规划，若干年后就能形成新的主导产业和新的生产系列，起到发展农村经济目的。

市场带动型。专业市场＋农户。市场带动型是指通过兴建各种农业专业市场或交易市场，发挥市场龙头作用，拓宽商品流通渠道，带动农业的区域化、专业化生产和农产品的产加销一体化经营模式，促进农业主导产业、支柱产业的发展。该模式特点有二：一是以合同或联合体的形式，把农户纳入市场体系；二是以市场为纽带，把农户与客户联结起来，有效地降低了交易成本，提高了农产品的营销效率和经济效益。这种模式在各地都有，可带动一方产业，促进当地发展，具有广阔的发展前景。

合作组织带动型。合作组织＋基地组织。在市场经济中，农户因市场垄断、信息不对称、交易成本过高、抗风险能力低等原因在市场谈判和交易中处于劣势地位。为了分散和抵御市场风险，以及维护自身经济利益。近年来，各地出现了农户自发联合或政府引导下创办农业合作社、专业协会等经济组织，形成联系紧密的经济利益共同体，实行"贸工农一体化、产加销一条龙"式的综合经营模式，从而形成"农业合作经济组织带动型农业产业化"。

4. 农业产业化发展的理论依据

理论是行动的先导，缺乏科学的理论指导，人们就没有正确的实践。实践呼唤着理论的指导，理论的深化必将加快农业产业化的健康发展。

（1）组织创新与制度变迁理论

农业产业化是农业生产经营组织形式和制度的演变，是社会生产力和生产关系矛盾运动的必然结果。

组织和制度的变迁通常表现为一种新的制度安排逐步代替旧的制度安排，一种新的行为规则逐步取代旧的行为规则的社会过程。在这个过程中，社会生产力是促进社会生产方式的不断调整和变化的决定性因素。而社会系统理论认为，组织是一种协作关系，它的产生和存续，以其提供或分配成员的"诱因"大于或等于各成员"贡献"为条件；从经济学角度看，一种新的经济组织的产生，必将具有降低市场交易成本、减小进入市场障碍、利于分工协作、取得规模优势等许多功能，是其成员预期"诱因"大于"贡献"和利益驱动作用的结果；从制度变迁角度看，制度变迁的实质，是通过新的制度安排，使显露在现行制度结构之外的利润内部化，从而达到资源配置和利用的"帕累托最优"。农业产业化是一种更合乎经济发展规律的新的制度创新。由于技术进步等因素的影响，原来有效的农业制度就会变成非有效的，农业产业化就是在这种新的经济机制条件下，产生的一种诱致性的制度变迁。它是经济发展的内在动力所推动和引致的自发性制度。实践证明，这种制度非常适合现代农业的发展需要，具有完全的科学性和合理性。

（2）分工协作理论

劳动创造人类，分工协作提高了劳动的层次和效率。分工协作，是人类走向文明的伴生物，是生产社会化和社会生产力发展的标志。

分工是由于人的技术和能力不同而产生的，协调是为了实现群体目标。劳动分工属于自然规律的范畴，其目的是同样的劳动得到更多的成果。而现代分工协作理论向更深层次、更广领域发展，其遍及各个部门、各个领域、各个行业，范围十分广泛，水平也相当高。而协作创造一种集体生产力、提高个体与整体劳动效率、节约交易成本。

（3）规模经济理论

规模经济，又称规模节约或规模利益，是指因生产或经营规模扩大、平均成本下降、收益上升的趋势。经济增长是人类社会最为关注的话题之一。新古典经济学一直把它看作为递增报酬的源泉。

农业产业化是实现农业规模经营的一条重要途径。农业产业化发展是通过集中化、专业化、一体化生产形式来进行的。农业产业化发展不仅有利于扩大经营主体的规模，还有利于形成关联产业群的优势。发达国家农业发展经验表明，农业发展也就是生产规模不断扩大的过程。

（4）经济创新理论

经济学家约瑟夫·熊彼特（Joseph Schumpeter）提出了"经济创新理论"。它是"建立一种新的生产内涵"把一种从来没有过的关于生产要素和生产条件的"重新组合"引入生产体系。熊彼特的"创新"、"新组合"或"经济发展"包括以下五种情况：（1）引进新产品；（2）引用新技术，即新的生产方法；（3）开辟新市场；（4）控制原材料的新供应来源；（5）实现企业的新组织。

根据经济创新论，结合农业产业化的内涵来看，基本上符合约瑟夫·熊彼特的"经济创新"观点。第一，从宏观上来看，农业产业化的实质是实现农业和农村经济的市场化和社会化，以及形成三大产业（即第一、二、三产业）部门联合、协同运行的一种新型经营体制；从微观上看，农业产业化的核心是通过产权、契约关系，来实现农业生产经营的专业化、经济组织的集成化和管理的企业化。因此，不论从宏观上还是从微观上看，都是农业经营体制和组织形式创新。第二，农业产业经营组织，实际上已经"掠取或控制原材料或半制成品的一种新的供应来源"，而不管"这种来源是已经存在的，还是第一次创造出来的"。第三，实行农业产业化经营，对于农户而言，无疑是开辟了一个新的市场，也就是有关国家的某一制造部门以前不曾进入的市场，不管这个市场以前是否存在过。第四，农业产业化是通过完善农业社会化服务来实现的。因此，农业产业化经营会采用新的生产方法，也就是在有关的制造部门中尚未通过经验检定的方法，这种新的方法绝不需要建立在新的科学发现的基础之上。并且，也可以存在于商业上处理一种产品的新的方式之中。第五，农业产业化经营也会采用或引进一种以上的新产品。

（二）农业产业化可持续发展的效用分析

随着农业产业化理论和实践不断完善，中国农业产业化发展初具规模，作为社会主义市场经济的生产经营方式和产业组织形式，在稳定农业基础地位、实现制度创新、加快农村经济可持续发展、推动农村剩余劳动力转移方面发挥着重要作用。

1. 农业产业化有效推进了农业可持续发展制度创新

农业产业化不仅是生产力发展的必然产物，而且也是实现农业可持续发展的重要途径，更是推进农业制度创新的动力源泉，符合农业可持续发展方向。

人多地少，人地矛盾突出是我国的基本国情。农业生产必须由粗放型向集约型经营转变，是我国农业可持续发展道路上的必然选择。从我国的农业产业化发展过程来看，它的出现和发展有着客观必然性。

一方面，农业产业化是社会生产力发展到一定阶段的必然产物。家庭联产承包责任制度创新，带来了劳动生产率的提高，农业生产迅速恢复和发展起来，在客观上产生了具有农业产业化经营特征的农工商一体化的产业联系特征。农业产业化是继施行家庭联产承包责任制和创办乡镇企业之后，我国农民和有关各方的又一次伟大创举。农业产业化经营突破了原有双层经营的局限性，既解决传统农业向现代农业转变过程中出现的矛盾，又丰富了为农户服务的内容，提高了服务的水平。同时，还有利于把农村中劳动力资源、土地极其分散生产要素有效组织起来，达到规模经济和资源配置的目的。另一方面，农业产业化是农产品市场化竞争日趋激烈的要求。随着市场经济体制的建立和农地制度的创新，提高了农业生产率，增加了农产品交易规模。这对于以农户为单位的农产品生产，无论是资金、技术、信息，还是经营管理方面，都无力参与正常的市场竞争。尤其是加入 WTO 后，农产品竞争更加激烈，"小生产"和"大市场"之间的矛盾日益加剧，客观上要求将分散的农户组织起来开展规模化经营。因此，马克思指出"在其他条件不变时，商品的便宜取决于劳动生产率，而劳动生产率又取决于生产规模。"很显然，作为一项产业的农业，没有理由不像其他产业一样获得规模经济效益。以"龙头"企业带动型、主导产业带动型、市场带动型等主要形式的农业产业化经营模式孕育而生。

2. 农业产业化有效加快农村经济可持续发展目标的实现

可持续农业是一种保护环境、技术适当、经济可行、社会上能接受的农业。而农业产业化从本质上来说是一种新的经营体制，通过将农业生产的整个过程从产前、产中、到产后有机结合起来，在实现"小市场"和"大市场"相结合的同时，也保证家庭联产承包责任制度得到延续。近几年来，农业产业化经营已经在农业和农村经济中显示出巨大的生机和活力，发挥着强化农业产品供给、实现劳动力的转移、增强农民收入、凸显农业生态保护等功能。

由于农业产业化和农业可持续发展之间存在本质联系，二者都是从生态、经济与社会的良性循环的角度来解决问题。因此，我国各地政府高度重视，通过积极实施农业产业化经营，努力寻找能发挥区域优势的产业进行扶持，通过专业化生产、一体化经营等不同经营方式，实现资源的优化配置，最终实现农业可持续发展目标。

要实现农业可持续发展目标，首先必须要求农户保持一个相对稳定或略有提高的农作物播种面积以保证数量充足的产品供给。农户和工商企业即农业的主体虽然可以向市场提供产品，但是在市场经济条件下，农业产业主体进行生产与经营是追求自身经济利益最大化，而不是以向市场提供安全产品为目标。用西方经济学的观点来理解，是农业产业化的内部存在"内部经济"和"外部经济"的问题。虽然二者的目标有相悖之处，但是在一定的条件下，通过资源配置可以有效地将二者统一起来，如对农业主体企业进行财政补贴，减免税等方式。

其次，推行农业产业化，有助于提高农民收入，促进农村经济可持续发展。但是，在市场经济条件下，农业产业化各主体之间都有自己利益，主体之间利益分配不均时常发生，则必然会导致农户利益受损，市场风险加大，也就达不到增加农户收入，促进农村经济发展的目标。通过转变发展方式，促进传统农业向现代农业转变，走农业集约化经营与规模经营模式，注重经济发展的质量与效益的提高，是解决农业产业化主体之间分配不均问题的有效方法。

再次，由于农业产业化不仅仅是停留在初级农产品的生产上，还要通过科学技术，提升农副产品加工部门工作效率，拓宽加工部门生产领域，开拓新的农业就业渠道，转移农村剩余劳动力。从而在更大范围上实现对资源的优化配置，由于对资源的过度开发转向适度开发，不仅要满足当代人的需要，而且还要满足后代人的需要，这与可持续发展的目标不谋而合。

3. 农业产业化能够有效实现农村剩余劳动力转移

由于我国正在进行国民经济结构调整和实施经济可持续发展战略时期，注重经济发展质量与经济效益，强调人口、资源和社会协调发展。要实现这一目标，其措施是推行农业产业化经营，保持农村经济稳定增长，促进农村劳动力资源优化配置。改革开放以来，在新经济制度、新的生产方式条件下，农村农业迅速蓬勃发展。可是，由于政府对农业投入不足，农业基础脆弱，分散的小农户经营规模不经济，致使农村产业结构和剩余劳动力之间矛盾突出：一是不合理的农业结构造成了大量的农村劳动力剩余；二是剩余劳动力大量出现使得在农村生产过程中排斥农用机械使用，因而导致农业生产规模小，商品率和劳动边际产出率较低，使得农民没有足够的生产剩余进行资本和技术投入，严重影响了农村经济可持续发展。在此背景下，推行农村产业化经营体制是解决农村剩余劳动力的有效途径。

农业产业化能够在稳定农业基础地位并加快农业发展步伐的基础上，优化、提升农村经济结构，为广大农民创造更多劳动岗位，为农业剩余劳动力转移创造条件，使农业劳动力得到合理的配置。同时，农村劳动力转移也间接推动了农业产业化的发展，实现城乡和各产业之间的优势互补和协调发展，缩小城乡差距，消除城乡"二元经济"结构，加快城乡一体化进程。但是，农村剩余劳动力转移也会带来负面的影响，如加剧农村内部收入分配不平衡等问题。因此，如何合理、有序地转移农村剩余劳动力，这关系到农业现代化进程和国民经济健康发展的问题。

二、农业机械化与农业经济可持续发展

我国现代农业经济可持续发展的首要任务是高效利用农业资源。提高农业机械化水平，是高效利用农业资源和促进农业经济可持续发展的重要途径之一。概述了农业机械化与农业经济可持续发展之间的关系，介绍了农业机械化发展趋势与发达国家农业机械化水平。为促进农业经济可持续发展，该文提出了4个方面的措施：加强政策支持；推动高专业化农业机械研究；建设农村专业合作组织；加快建设农业规模生产。

中国是农业大国，但不是农业强国。农业经济可持续发展的具体要求是发展高效、健康的现代化农业。农业机械化是农业现代化的具体表现，提高农业机械化水平是促进农业经济可持续发展重要道路之一。

我国耕地长久面临着土壤污染、有机质流失、酸化、次生、盐渍化和耕作层变浅等问题。第2次全国土地调查结果显示，我国中低等耕地面积占耕地总面积的70.6%。耕地质量不高问题严重阻碍着我国农业经济的发展。若不对农药的使用加以控制，2030年我国农药用量将达到221万t。农药的过度使用不仅会对生态环境带来影响还会危害人类自身的安全健康。

农业经济可持续发展的首要要求是资源和环境的可持续发展。提高农业机械化水平，促进农业资源利用对农业经济可持续发展有重大意义。该文概述了农业机械化与农业经济可持续发展之间的关系，介绍了农业机械化发展方向与发达国家农业机械化水平，提出了促进农业机械化发展的思路与方法，为农业经济的可持续发展提供了一定的战略指导。

（一）农业经济的可持续发展

内涵。农业经济发展（Agricultural Economic Development）的定义是：农业从事人员可以有持久且有增长的收入，与之相匹配的农业经济的发展，也是一种可持续的发展。从农业经济的定义上可以发现农业经济的首要要求就是可持续发展。可持续发展的农业，才是现代农业的发展方向。农业经济的可持续发展有以下特征：①保证经济的增长速度要比人口比例的增长快，农业经济的持续性要求保证从事农业人员的经济收入有持续的增长；②发展的持续性要求发展中能够协调环境、资源和生产之间的关系，能够维持稳定的、持续的与人类生存一致的协调发展；③农业经济的可持续发展也同样需要追求科技创新，现代化技术应用在农业中的应用提升了农业机械

化水平，减轻了传统农业从事者的体力负担促进了农机经济的快速增长。

可持续发展模式。20世纪以来，随着城市化、工业化进程的加快，环境污染、人口老龄化和资源紧缺等问题陆续出现，农业经济发展的压力也持续增长。为了农业更好更快的发展，研究者提出了可持续发展的设想。可持续发展是将农业生产建立在环境学的基础上，在农业生产中融入环境学的理念，建立一种再生循环的生产经营模式。

（二）农业机械化

国际农业工程学会（CIGR）对农业机械化定义：利用工具和机器对农业用地进行开发，从事种植生产、储前准备、储藏和就地加工。农业机械化是一个结合劳动力、农艺与机械，完成农业生产作业，用物化劳动代替活劳动，实现工具革命的"过程系统"。农业机械化体现了农业的现代化发展，利用先进技术提高资源利用率和劳动生产率，推动农业经济的可持续发展。

发展趋势。随着社会的发展和科学技术的进步，农业机械从手动操作逐渐向半自动开始演变，最终走向全自动，表现得越来越智能化、精确化，提高了农业资源的利用率，促进了农业经济的可持续发展。

1. 无人操控

田间作业机械，实现了无线遥控操作，有自走式收割机、割草机和农药喷雾机等。微灌自动控制技术，利用传感器和遥感技术实时监测作物生长情况和土壤墒情，实现自动化精确灌溉。温室自动控制系统，可测量温度、湿度、气压、雨量、光照、紫外线和太阳辐射量等环境因素，根据作物生长要求，自动控制卷膜、风机、开关窗、补光、施肥和灌溉等环境控制设备。

2. 机器人技术

机器人技术在农业上的使用主要在采摘、分级和喷施农药等方面。20世纪80年代美国研制成功了第1台西红柿采摘机器人。21世纪以来，我国机器人技术在农业上的使用也逐渐起步，葡萄、黄瓜、西红柿和草莓采摘机器人也被研制出来。

3. 精准农业技术

利用GPS、RS和GIS技术对田间信息进行实时采集处理，实现精准的田间作业管理。如产量信息管理、操作单元网格划分、耕作地块轮廓绘制、农业机械实时监控信息管理和精确农业智能决策系统。

4. 农业机械化决策支持系统

农业机械化与现代信息技术、电子计算机技术相结合是农业机械化决策支持系统的最大亮点。机械化对农业经济的贡献。提高农业机械化水平，促进农业资源利用对农业经济可持续发展具有重大意义。

三、农业机械化技术推广的可持续性

随着科学技术的发展，我国农业机械化技术得到了广泛的应用。农业机械化产业作为我国企业经济发展的重要内容，其创新性发展能对我国经济发展产生积极的促进作用。为了使农业机械化发展水平与快速变化的时代需求相匹配，管理人员需要积极采取措施，发现其中存在的问题，有效提高农业机械化技术应用水平和质量。

加大农业机械化技术基层推广机构的建设规模和力度。提高农业机械化基层推广机构的建设水平和建设规模，能有效促进农业机械化推广的可持续发展。（1）在建设过程中，要以可持续发展为主要的建设目标，对基层推广机构的建设进行充分的认识和了解。结合不同地区的农业机械化发展实际，为相关农业推广组织活动提供保障。（2）对农业机械化推广相关法律法规和管理制度进行调整和落实，全面提高宣传效果，加大对农业机械化新型技术的引进和学习，建立新型技术的示范和推广园区。（3）与其他机械化技术进行有效的结合，比如粮食生产技术、农作物生产全过程技术等。（4）在建设过程中积极响应生态友好型和资源节约型的环保理念，提高整体建设机构的服务水平和服务力度，对农民提出的农业机械化技术要求进行充分的满足。（5）关于相应的建设机构人员聘用，需要加大对专业技术人员的引进和培养，积极开展教育和培训专题讲座，逐渐形成专业化、科学化、现代化的推广队伍。（6）加大对建设机构的经济投入，营造良好的推广设施和推广条件。

通过相应的政策性补贴，使得农业机械化技术可持续发展更加稳定和高效。

创新农业机械化技术推广组织的建立。为了促进农业机械化技术的可持续发展，需要加强对推广组织的管理效果，提高管理水平。在管理过程中，积极顺应市场的发展规律，发挥社会主义市场经济的特殊机制。对多元化的推广组织进行充分的鼓励，使得农民社会团体、相关企业单位共同参与农业机械化技术的推广和宣传。同时，国家相关管理部门可以进行相应的政策支持，比如税收优惠、信贷优惠等，激发农民企业的推广宣传力度，使得农民主动参与到整体的可持续性推广过程中。鼓励不同的农业企业积极进行合作，形成相应的推广组织。除此之外，加大对农业机械化科研机构和教学单位的推广宣传，使其优势得到充分发挥。

加大资金投入力度。为了保障农业机械化技术工作的顺利开展，相关管理部门需要加大对农业机械化技术的经济投入力度，帮助其充分发挥自身优势和价值。有效的资金投入能推动农业机械化技术设备的升级换代，积极引进新型技术，促进专业化农业机械人才的培养。在进行资金投入时，可以与第三方机构进行合作。

提高农业机械化技术发展的重视程度。提高农业机械化技术发展重视程度，需要农业单位根据自身发展规划和发展工作建设标准，制定相应的管理和考核制度。建立专业的农业机械化技术发展管理机构，明确部门职责，对涉及的农业机械化技术发展数据进行切实可行的分析和应用，农业技术和设备进行升级改造，促进其可持续发展。

农业机械化技术可持续发展的影响因素较多，为了不断提高技术水平，相关农业企业和单位需要积极应用先进技术，加强专业农业机械人力资源管理，对农业机械化技术和设备进行充分把控，建立综合性管理体系，促进我国农业机械行业良性发展。

四、农业经济管理信息化的可持续发展

随着我国人口的增长，"精准农业"将是现代化信息技术与作物栽培管理、现代生物技术、先进的农业工程装备技术汇集于农业，并获取农业高产、优质、高效的现代化农业的精耕细作，使得农业经济管理信息化可持续发展日益坚实。伴随着科技前行的步伐，我国农业发生了翻天覆地的变化。利用电视以及互联网、微信等现代信息传播媒介，当前，农业经济管理信息化工作仍存在许多问题，如农业信息化建设认知度不够、人员素质有待于提高和信息化设施建设不到位等实际问题，需要及时采取有效措施，持续有效的开展农村信息化建设，推动农业经济建设稳步可持续发展。

（一）农业经济管理信息化发展现状简述

在农业生产、经营、管理和服务信息化方面要求整体水平显著提升；在农业互联网、物联网和移动互联网融合技术、部件等方面创建农业信息化数据标准和技术标准体系；农业信息资源开发、大数据挖掘、知识服务关键技术及品农业物联网国产处理器芯片与传感器核心部件市场占有率达到30%以上。为了实现以上目标，在生产信息化、经营信息化、管理信息化和服务信息化等方面采用互联网、大数据、空间信息、移动互联网等信息技术取得了可喜的成效。

（二）农业经济管理信息化建设中存在的一些问题

对农业经济管理信息化工作认识不到位。由于当地农村的管理工作缺乏科学、系统的管理模式，管理制度比较单一，管理模式基本都是农户自家管理，农业产业化程度比较低，无法保证产品质量和需求，产品竞争上也没有优势。因此，在农业经济管理信息化建设中首先要让农业领导人员对信息化建设提高认识，了解相关概念和实施步骤，发挥农业人员在信息化建设中的主动性和能动性。

对农业经济管理信息化资源开发有待于提高。由于当前管理者对农业经济管理信息化工作缺少足够的认识，使其管理的机构对工作人员专业水平、技术能力要求不高，这样将会直接影响到信息资源的开发和利用，只有信息资源在行业内部实现充分共享，开发与当地农业经济相适应的数据库、信息系统才能够使得农业信息资源满足当地经济发展要求。

缺少与农业经济管理信息化发展相配套的基础设施。信息化基础设施、设备的配

备是农业经济管理工作不可缺少的硬件，只有充分加强基础设施、设备的投入，才能保证信息化建设的顺利进行。但是目前各地在信息化建设中对基础设施、设备的投入缺口特别严重，以往的机械设备陈旧，不能正常工作，农民获取信息的方法只能停留在口口相传的传统模式上，无法充分满足信息化建设要求。

（三）应采取的措施

加强对农户信息化水平的培训。现阶段需要加大农户特别是青年农户的现代信息化技术及相关知识培训的力度，提高农户文化水平和整体素质，建议采取不同方式推进农村信息化建设。根据农户的教育背景、文化程度和接受能力循序渐进地进行定期、定点培训；将网络知识和养殖、栽培、销售和管理技术等内容利用电视、手机、电脑的网络等方式向农户开展定向培训。

结合实际状况进行规划管理。为了完善农业经济信息化管理工作，在现代农业发展过程中，结合当地农业实际情况建立系统的科学管理制度，是保障农户在规范化管理制度的约束下科学种植农作物，使得养殖业、种植业更加规范，生产出本地优质特色产品。并且加大宣传本地品牌的力度，提高市场竞争力，增加农户收入，形成良好的农业管理环境，充分提高农业经济信息化管理制度。

切实抓好资金投入。为了做好农业经济信息化管理工作，离不开资金的投入，由于农业经济信息化管理工作资金投入比较大，后期信息化建设工作复杂，并且涉及方方面面的人员，因此当地政府应考虑到当地经济水平有的放矢地及时进行专项资金的投入，加大对投入资金的监督和管理，做到专款专用，不得挪作他用。

提高资源利用效率，提升信息服务水平。在当今社会，各级主管部门农业信息化建设机构的建立是信息化时代的需要，为了提升资源利用效率和信息服务水平，构建信息化资源的管理机制、资源整合和信息转化是当务之急。为了建立农业相关信息的共享体制，必须使得信息统一化和标准化，以便落实相关网站的资源共享机制，达到公用数据共享、信息共享的目的。加强对相关信息源进行分析，对信息资源及时进行更新，保障信息的时效性、真实性、合理性和完整性，保证农业信息资源可满足当地农户的要求。

建立强大的信息化服务体系。农业经济信息化管理离不开服务体系的建设，只有实现农村网络全覆盖，大力提高信息网络的应用水平，才能为农业科技、市场信息等方面建立专业平台，为了保证信息化专业平台的实效性及完整性，需要对相关信息定期进行收集、分类整理，为农户或提供优质服务，使农户能够及时便捷获得网络知识，有效地提高网络信息的使用率。要求当地政府出台相应政策，采取政府补贴、企业引领、项目融资、农户自筹等多种方式进行，切实推广计算机及网络的信息化应用，避免走形式，要让农户看到实际效果。

在"新时代"到来之际，要充分认识当前农业经济信息化建设的发展现状，要加强对农户信息化水平的培训，切实抓好资金投入，加大人、财、物的投入，提高资源利用效率，提升信息服务水平，建立强大的信息化服务体系。各级主管部门和基层农业组织应重视信息化建设工作，开展切实可行的管理措施，全面提高农业经济管理的信息化水平。

第二节　无公害蔬菜栽培技术

一、无公害蔬菜栽培技术要点

伴随社会经济的不断发展，人们开始追求高质量的物质生活，同时对蔬菜产品的健康安全性能提出了更高的要求。由于现代的蔬菜产品中存有农药化肥的残留物质，对人们的身体健康造成了一定影响，人们意识到蔬菜产品的质量问题，并且开始倾向于无公害的蔬菜产品。

伴随物质生活质量的提升，人们对于自我生活品质具有高标准的需求，开始注重饮食健康，也正朝着健康化的生活方向进行发展。无公害蔬菜的大量栽培已经成为现代的发展趋势，利用科学合理的种植方式栽培出无公害的蔬菜产品，有效提升蔬菜产品的产量，为蔬菜种植者带来一定的经济效益，确保消费者可以使用健康安全的蔬菜品。

（一）蔬菜种植地点的选取

种植人员在栽培无公害蔬菜时，首先，挑选种植地点，必须要远离污染源，选择绿色环保的生态环境。在选择蔬菜种植基地时，需要确保基地周围没有任何污染源，例如，大型的重工业和养殖业等。在蔬菜种植基地确定之前，需要对当地的土壤成分、空气含量、水源物质等进行化学检测，将其中的细菌物质进行统计，确保没有重金属等超标物质，继而保证蔬菜生产基地环境的绿色化。与此同时，需要对蔬菜的栽培土壤进行选择，需要选取营养物质含量较高的、对病虫有较强抵抗力的土壤，需要对土壤进行几年的常规生态系统试栽，在确定其没有任何污染之后，再正式投入生产和使用。

（二）精细整地

种植人员在平整土地的过程中，需要采取精细化的处理方式，先采取浅耕的方式，将土地中的根茬进行消灭，然后进行深翻，将土地整平，通过对土地进行精细化的处理，可以最大程度保障蔬菜的质量，减少蔬菜发生病虫害的概率，需要对土壤中的虫卵和病原体等进行彻底地清除，降低病虫害的发生概率，除此之外，需要对土壤中的固体废料进行清理。

（三）选取优良的蔬菜品种进行育苗

种植人员需要根据土壤成分以及地质环境的不同，选取不同的蔬菜种子进行育苗。通常需要选取抗病虫能力较强、具有抗旱抗寒能力、能够高产的蔬菜品种进行育苗，通过对蔬菜种子进行优化处理，选取优良的种植品种，再对蔬菜种子进行精心选择和处理后进行播种。在蔬菜的育苗过程中，适当使用药物可以使菜苗健康快速地成长。

（四）肥料的使用

想要栽培无公害的蔬菜产品，需要寻找合适的肥料，需要严格掌控肥料的使用状况，采取因地制宜的种植方法，根据土壤的性质，选择相应的肥料，同时，需要严格掌控土壤的养分平衡，不可以过度施肥，但需要保障土壤养分的充足。无公害蔬菜产品主要使用有机肥料，在检测出土壤的含量后，需要了解土壤中匮乏的营养成分，然后选取合适的化肥原料。在使用农家肥和人畜粪便时，需要进行发酵处理，确定其无害后，再正式投入使用。在使用肥料的过程中，禁止使用增加蔬菜硝酸盐污染的硝态氮肥。在蔬菜的灌溉方面，需要寻找污染物较少的清洁水源，使用喷灌或滴灌的方式，尽量减少水资源的浪费。与此同时，需要对土地进行定时定量地灌溉，尽量减少使用农药的次数，保证蔬菜健康无污染。

（五）加强田间的管理

种植人员在栽培无公害蔬菜的过程中，需要考虑到种植环境的生态健康问题，通过利用光热条件，确保蔬菜的种植区域不会频繁遭受病虫的危害，保证蔬菜可以健康生长。利用大棚种植方式培育无公害蔬菜时，需要严格掌控大棚内的温度和湿度，对大棚内的阳光照射量进行合理控制，采取定时的通风处理。在无公害蔬菜生长期间，对其进行科学合理的灌溉，由于夏季温度较高、时常下雨，需要提前做好排水工作，冬季温度较低，需要保证大棚内的温度，注意大棚内的保温设施，保证蔬菜健康生长。

（六）蔬菜种植的农业防治方法

在选取蔬菜种子时，需要尽量选择病虫抵抗能力较强的蔬菜品种，在正式种植蔬菜的过程中，种植人员需要利用科学的栽培方式，有效利用土地资源，通过对土壤成分进行定时的化学检测，保证土壤中没有污染物质，确保蔬菜的安全性。在正式播种之前，需要利用药物浸泡的方式，对种子进行消毒处理，确保蔬菜种子内不含有任何有害物质。在蔬菜植物生长过程中，需要定期喷洒农药，消灭病虫危害，对于土壤中的杂草进行及时的清理，防止其抢夺蔬菜的营养成分。

在种植无公害蔬菜的过程中，需要采取相关的病虫害防治措施，通过增强病虫害的预报信息，通过综合运用生态防治、生物防治以及物理防治等措施，对病虫害进行合理地防治。在采取化学防治的过程中，需要对农药进行科学合理的使用，遵循适量原则，选取高效、低污染的绿色农药。

（七）科学使用农药

种植人员在使用农药时，通常会选取毒性成分含量较低，对周围环境污染较小、杀虫效率较高的绿色农药，保证蔬菜的表面不会存有太多的农药残留。在施药的过程中，需要按照相关的农药使用说明，科学合理地进行调配使用，并对其化学成分进行实时地检测。在化学农药的选取方面，需要优先选择生物农药，对于农药的喷洒，需要利用科学的喷洒方式，按照相关的安全标准进行使用。定期喷洒农药，需要对农药的使用频率进行控制，防止过度使用农药，致使蔬菜表面存有大量的农药物质，继而对人体的健康造成危害。

总而言之，通过对栽培技术的要点进行分析，例如，科学使用化肥农药、选取合适的终止地址、选取优良的蔬菜种子等，可以有效提升无公害蔬菜的种植产量。

二、反季节无公害蔬菜栽培技术

由于人们生活水平的提升，人们对新鲜蔬菜质量的要求不断提高，反季节无公害的蔬菜的出现，满足了人们对食品健康安全、食品安全的需要，为此，应该大力推广栽培反季节无公害蔬菜技术。

（一）选种及处理

蔬菜的不同品种对病虫害的抗性有很大的区别，因此在栽培反季节无公害蔬菜中，要对蔬菜的良种选择加以重视，最好选用优质、高产、抗逆性强及抗耐病虫害的良种。不仅在很大程度上能减少病虫害的发生概率，甚至能够避免病虫害的发生，进而使蔬菜健康成长，减少农药的使用，也有利于降低种植的成本。在种植蔬菜前，还要对种子进行杀菌、灭虫等处理，来预防病虫害的发生。一般种子的处理方法主要由三种形式：一是进行晒种，另两种形式是温汤浸泡和药液浸泡。

（二）选地与整地

反季节无公害蔬菜的栽培对环境是有很高要求的，选择适合的场地是反季节无公害蔬菜栽培最基础、最重要的条件。无公害蔬菜种植的区域应该是没有受污染的，并且要与污染区的距离很大，也就是要远离人口聚居地、三废工业区及交通干线等，避免使种植环境受到污染，影响无公害蔬菜的成长。若选择的场地曾经种植过其他农作物，则需要对其进行至少 3 年的无公害蔬菜转型试栽，直到符合反季节无公害蔬菜栽培的标准和要求后，才能选定为无公害蔬菜的种植基地。而且无公害土地与常规土地之间要进行分隔。同时，在选择无公害蔬菜种植基地时，还要对水源进行充分的考虑，最好选择靠近水的地段，这样才便于灌溉，利于无公害蔬菜的生长。为了使无公害蔬菜健康的成长，在蔬菜种植前还要进行整地，例如，翻耕。翻耕的深度要尽量达到深耕的效果。另外，还要对废枝叶、根茬等进行清理。

（三）合理灌溉

对蔬菜进行灌溉，不仅要对蔬菜的品种进行分析，还要充分考虑当地的天气及土壤的湿度。如果灌溉水过多会使其积水，如果灌溉水过少，会导致土壤水分不足。因此，进行合理的灌溉是十分必要的。一般可以使用滴灌或者微灌技术进行灌溉，使其灌溉相对更合理。也就是把水和肥料直接输送到蔬菜的根部或者土壤的表层，这样不仅有利于节约水资源，而且还有利于增加肥效。

（四）平衡施肥

进行平衡施肥对无公害蔬菜的栽培具有重要的作用，有利于提升蔬菜种植土壤的质量，促进蔬菜健康生长。因此，要对蔬菜的平衡施肥加以重视。首先，要对蔬菜增施有机肥，例如，稀粪水、生物肥料等。其次，进行测土配方施肥，要对菜地的土壤及蔬菜的品种进行分析，对氮肥、钾肥、磷肥等合理配合使用。第三，可以将化学肥料和生物肥料进行有机结合，混合施肥，在一定程度上可以弥补生物肥料中含氮量不足。最后，根据苗补进行微量元素肥料的施肥，不仅有利于提高生物化肥的养分补充，对增强生物化肥调控能力也具有重要的意义

（五）以农业防治为基础，搞好无公害蔬菜栽培技术

1. 合理轮作

科学规划栽培通常情况下，都会采用轮作的方式进行蔬菜种植，不仅能够在一定程度上减轻初始菌源、减少虫量，还有利于改善蔬菜的生态环境，达到控害的目的。例如，辣椒与甘蓝、萝卜与甘蓝等进行互相轮作的方式。但在轮作过程中，要注意不能在同一地段一直种植同一蔬菜。

2. 培育壮苗

培育壮苗的方式有多种，一般经常采用的形式有两种。一种是使用小拱棚育苗，

另一种是采用营养钵育苗。同时，还要通过高温促根及早炼苗，这样不仅有利于防止徒长，而且对蔬菜立枯病和猝倒病的预防或减轻具有重要的作用，进而使幼苗快速成长，提高幼苗的抗病力，达到培养壮苗的目的。

3. 深沟高效

在种植蔬菜的很多地段，有很大一部分菜地都处于两山之间的平坝，相对来说地下水位很高，挖掘不到一米就能见到水，使其湿度不断增大，最终造成排水不良等问题。因此在无公害栽培过程中，要进行开深沟、作高箱，防止积水，使其地下水位能够降低，进而促进植株健壮生长，提高其抗病虫能力。

（六）病虫害综合防治

1. 农业防治

农业防治是利用和改进耕作栽培技术，调节病原物、害虫与寄主以及环境之间的关系，创造有利于作物生长、不利于病虫害发生的环境条件。

控制病虫害的发生和发展的方法，主要有以下措施：选育和利用抗病、抗虫品种，使用无病种苗，改变耕作制度，改进栽培方法，施用生物菌有机肥，加强栽培管理和保持田园卫生等。

2. 物理防治

物理防治是指通过利用物理方法清除、抑制或杀死病原菌和害虫来控制病虫害发生的方法。主要有热处理、诱杀、阻隔、低温处理等。

3. 生物防治

生物防治就是利用生物有机体或者它的代谢产物来控制病原菌和害虫，使其不能造成损失的方法。防治害虫的生物防治方法主要有：利用天敌防治、利用病原微生物防治、利用其他有益动物防治、利用昆虫激素防治以及利用害虫的不育性防治等。在防治病害方面，生物防治的措施较少，主要是利用有益生物及其代谢产物杀灭、抑制病原物的发生和发展。

4. 生态防治

利用改变大棚内的温湿度，使之有利于作物的生长发育，不利于病虫害的生长繁育。例如白天番茄棚温提高至 $28 \sim 33℃$，黄瓜棚温提高至 $28 \sim 35℃$，茄子棚温提高至 $30 \sim 34℃$，清晨、夜晚要加强通气，降低棚内湿度，可有效预防霜霉病、灰霉病、白粉病、疫病和细菌性斑点病的发生。

5. 化学防治

利用化学药剂控制植物病虫害发生发展的方法，也称为农药防治。主要是利用化学药剂的活性杀灭或减少病原菌和害虫，或驱避害虫。但使用不当会杀伤有益生物，导致病原物和害虫产生抗药性，造成环境污染，引起人、畜中毒等不良现象发生。

使用化学农药时，应考虑最大限度地降低对环境的不良影响，注意选用对病虫害高效、低毒、对人、畜及周围环境无害、不损伤生物天敌的无污染、无公害药剂。

三、反季节无公害蔬菜栽培技术推广

随着城市的发展，为了满足城镇居民对蔬菜的需求，稳定城市中蔬菜市场的供需平衡。以政府引导扶持为主，农户自己自主发展为辅，开始大力地发展反季节蔬菜。现在人民生活水平的日益提高，更加的趋向于健康、无公害的食物。因此发展无公害蔬菜便成了蔬菜以后一般的发展方向和目标，并且无公害蔬菜以其无公害对人们的生活质量起着改善作用。20 世纪以来随着消费市场的需求，反季节无公害蔬菜应运而生，迎合了人们对食品安全以及健康饮食的需求。本节结合作者的实践经验，就反季节无公害蔬菜技术在现实生产中的推广和应用进行简要探究。

（一）种植无公害蔬菜栽培的意义

随着社会的发展，中国人口的激增，还有国际贸易的需求以及消费水平的进一步提高，人们的保健意识也逐渐加强，因而蔬菜生产已经从原来的产量型转变为质量型，而无公害蔬菜生产也成了蔬菜生产中的主导产业和农民增收的主要来源。所谓的无公害蔬菜是指蔬菜中的农药残留、重金属等等有害物质的含量控制在国家规定的范围内，从而保证人们在食用后不对身体造成负面影响。种植无公害蔬菜栽培的优势很明显，一个是它可以种植反季节的蔬菜如此便能够增加人们选择蔬菜的余地，进一步提高人们的生活水平和生活质量，再一个是种植无公害蔬菜相对来说操作比较规范，对蔬菜的种植也在掌控之中，这样种植出来的蔬菜质量能够得到保证，而且销量相对来说也比较好。在这个对食品质量要求逐渐增高的年代，无公害蔬菜的种植就是利用科技来满足人们的需求，因此种植无公害蔬菜于国于民都甚是有利。

（二）农户种植蔬菜收入情况

我们知道虽然种植无公害蔬菜拥有诸多优点，但是不少农户还是会有不少方面的担忧，其中一方面就是对于成本利润的思考。种植反季节无公害蔬菜与普通种植不同，它主要体现在对种植地的要求较高，而且种植成本相对来说也比普通种植要高一些。但是反季节无公害蔬菜虽然是新生产业，它的前途却是无可限量的，而且现在政府也相对重视农业产品的发展，可以说反季节无公害蔬菜虽然技术还不算成熟，但是绝对是值得投资的产业。反季节无公害蔬菜与常规蔬菜因为投入结构和销售价格的差异，在经济效益上也有所不同。我们举一个例子，在无公害种植方式下，毛豆、黄瓜还有西红柿等产品亩净收入相对来说比常规种植要高，而主要差别就是反季节蔬菜相对来说比较热销，而且物以稀为贵，反季节蔬菜的销售价格也相对来说高一些，如无公害毛豆比常规每斤要高 0.08 元，而黄瓜要高达 0.11，元，西红柿也有 0.09 元，这样的话，就能够很好的提高收益，减少因投入成本较高的损失。所以，虽然无公害蔬菜在种植成本上高于常规，但是较高的销售价格和产量却能使无公害蔬菜的经济效益高于常规蔬菜。

（三）反季节无公害蔬菜技术及推广

1. 选择好反季节无公害蔬菜适宜种植的区域

这种蔬菜生产种植技术适合推广的区域，主要是集中在西部较高海拔地区，海拔高度大概在 1000 ～ 1500m 之间。在这些地方，海拔高，土质比较疏松，土壤的肥力在中等线或者中等线往上，在这些区域内农业生产的自然生态环境比平常地区的好，空气清新，水源干净清洁，土壤肥力好，人们的环保意识比较强，环境污染少。这样，这项生产栽培技术在边远地区推广不仅能够选择到一个适合推广反季节无公害蔬菜的地方也能够推动偏远山区的广大农民致富增收，一起奔小康。在海拔高的地区的小气候，与海拔比较低的地区的如河坝平谷地区的气候相比较，就明显的具有冬暖夏凉的气候变化特点。在河坝平谷地区，蔬菜是冬天育苗，春天管理，夏天收获。而反季节蔬菜是春天孕育，夏天管理，秋天收获。这样的做法主要是为了推迟蔬菜的播种和栽培时间，在八月到十一月这个市场蔬菜供应的空白期，实现了蔬菜的晚上市，多收益。

2. 反季节无公害蔬菜栽培实践时的配套实施技术

农业防治的手段，做好无公害蔬菜的病虫害控制和栽培。我们经常使用的是合理轮作、培育壮苗、深沟高效、平衡施肥四种方法。在采用合理轮作时，我们主要是采用玉米和蔬菜的相互轮作，辣椒和萝卜、辣椒和甘蓝相互轮作的方法进行种植。这样能够改善蔬菜的生产环境，减轻蔬菜上的初始菌源和害虫量。达到控制病虫害的目的。在培育壮苗的时候，我们普遍性采用小拱棚培育幼苗和营养钵培育幼苗，进行高温促根及早炼苗，预防徒长，减轻蔬菜立枯病和猝倒病等病害的危害。使幼苗成长健壮，增强幼苗的抗病力。

物理防治的手段。在选择蔬菜种子进行播种的时候，我们要进行精挑细选，选择那些健康的种子。选择好种子以后，将种子进行温汤浸泡来进行杀菌消毒；在栽培中，我们可以按照每五十亩安装一盏杀虫灯或者每亩地放置二十五张黏虫子的板子；使用农用的降膜对蔬菜进行全覆盖式的增温、补光、保温、除草、防冻、抑制一部分病虫害的滋生。进而保护蔬菜的苗壮生长。

生物防治的手段。在生物防治上来说，我们一是要保护好并且利用好瓢虫、食蚜蝇、猎蝽、草蛉等害虫的捕食性天敌以及寄生蝇、寄生蜂等寄生性动物的天敌来控制蔬菜种植中遇到的虫害。第二个是广泛推广使用生物制剂，例如在蔬菜种植过程中，我们可以使用 BT 与其他病毒进行配合制成复合型的生物农药来防治小菜蛾和菜青虫等一些害虫。也可以用座壳孢菌剂来防治温室白粉虱，抑制害虫的生长。

反季节无公害蔬菜是市场上一个新的蔬菜生产方式，这样的蔬菜既能满足人们对蔬菜的需求，又能够为偏远地区的农民带来收益，值得大力推广。在无公害蔬菜的种植过程中存在着诸多的技术要求和限制。我们应该积极地去推广反季节无公害蔬菜的栽培技术，生产出更好更符合人们迫切需要的蔬菜。

四、无公害蔬菜栽培技术的思考

无公害蔬菜是严格按照无公害蔬菜生产安全标准和栽培技术生产的无污染、安全、优质、营养型蔬菜，并且，蔬菜中农药残留、重金属、硝酸盐、亚硝酸盐及其他对人体有毒、有害物质的含量控制在法定允许限量之内，要符合有关标准规定。

（一）无公害蔬菜栽培技术

1. 选择良种

蔬菜的不同品种之间，对各种病虫害的抗性是有差异的，因此在绿色食品蔬菜栽培过程中，必须要选用优质、高产、早熟、抗耐病虫害的蔬菜良种，这样就可以避免或者减轻病虫害的发生概率，达到少用或不用农药的目的，降低成本，防止蔬菜污染。

2. 播前准备

（1）确定适宜种植季节

种植原则是尽可能将蔬菜的整个生育期安排在它们能适应温度的季节里，将产品器官的生长期安排在温度最适宜的季节内以保证其优质高产，并增强抗性。同时要注意蔬菜的均衡上市，确保效益。

（2）合理安排茬口

实行合理的轮作、间作、套作，根据不同蔬菜品种对光照、水分、肥料的不同要求，可采取高效立体种植。种植几茬蔬菜后，可安排一茬豆科作物，利用豆科作物的固氮作用，提高地力。要根据当地气候条件和市场信息科学合理安排茬口，最大限度地减少市场风险。

（3）育苗场地和栽培场地的清理与消毒

在播种或定植前，应及早灭茬翻耕，暴晒土壤，除净残留根茬和枝叶，消灭土壤残存的菌源和虫源。温室、大棚要在高温歇茬季节，在棚内灌水后高温闷棚，利用太阳能消毒。也可在播种或定植前每 666.7m² 用硫黄 2.5kg、30% 百菌清烟雾剂、10%

速克灵烟雾剂、22%敌敌畏烟雾剂各300g，同2.5kg锯末混合均匀，分堆在密闭的棚内点燃杀菌灭虫。在蔬菜定植前15～20d，还要用100倍的福尔马林溶液进行土壤消毒，做法是喷淋后用薄膜覆盖畦面，5～7d后再翻倒土壤1～2次。

（4）种子处理

①浸种催芽

根据浸种水温不同可分为以下几种方式：

温水浸种：针对种皮较薄的蔬菜，如白菜、萝卜。此方式没有消毒作用，一般水温20～30℃，浸4～5h。

温汤浸种：水温50～55℃，浸种15min，浸种期间要不停搅拌，温汤浸种后再用温水继续浸种。如番茄、西瓜、芹菜等。

热水烫种：浸种水温70～85℃，利用两个容器来回快速倾倒浸种的热水，水温降至50℃时，再温汤浸种，之后再进行温水浸种。如茄子、冬瓜。

②药剂拌种

将种子重量的0.2%～0.3%的农药同干燥的种子混合，或用药液浸泡进行种子消毒处理。

（二）大田种植与管理

根据土壤类型不同，种植不同种类的蔬菜。精细整地。定植。根据不同蔬菜品种要求，合理密植。中耕、除草、培土。搭架、整枝、疏果。小拱棚、大棚温湿度管理。

（三）灌溉基本原则与方法

1. 基本原则

（1）沙土壤经常灌，粘壤土要深沟排水

低洼地"小水勤浇"，"排水防涝"。

（2）看天看苗灌溉

晴天、热天多灌，阴天、冷天少灌或不灌，叶片中午不萎蔫的不灌，轻度萎蔫的少灌，反之要多灌。暑夏浇水必须在早晨九点前或傍晚五点之后，避免中午浇水。若暑夏中午下小雷阵雨，要立即进行灌水。

根据不同蔬菜及生长期需水量不同进行灌溉。

2. 灌溉方法

（1）沟灌

沟灌水在土壤吸水至畦高1/2～2/3后，立即排干。夏天宜傍晚后进行灌溉。

（2）浇灌

每次要浇足，短期绿叶菜类不必天天浇灌。

（四）施肥基本原则与方法

1. 施肥原则

（1）选肥

选用腐熟的厩肥、堆肥等有机肥为主，辅以矿质化学肥料。禁止使用城市垃圾肥料。莴苣、芫荽等生食蔬菜禁用人、畜粪肥作追肥。

（2）用量

严格控制氮肥施用量，否则可能引起菜体硝酸盐积累。

2. 施用方法

（1）基肥、追肥。①氮素肥70%作基肥，30%作追肥，其中氮素化肥60%作追肥。②有机肥、矿质磷肥、草木灰全数作基肥，其它肥料可部分作基肥。③有机肥和化肥混合后作基肥。

（2）追肥按"保头攻中控尾"进行。①苗期多次施用以氮肥为主的薄肥；蔬菜生长初期以追肥为主，注意氮磷钾按比例配合；采收期前少追肥或不追肥。②各类蔬菜施肥重点。Ⅰ、根菜类、葱蒜类、薯蓣类在鳞茎或块根开始膨大期为施肥重点。Ⅱ、白菜类、甘蓝类、芥菜类等在结球初期或花球出现初期为施肥重点。Ⅲ、瓜类、茄果类、豆类在第一朵花结果牢固后为施肥重点。

（3）注意事项。①看天追肥：温度较高、南风天多追肥低温、刮北风要少追肥或不追肥。②追肥应与人工浇灌、中耕培土等作业相结合，同时应考虑天气情况、土壤含水量等因素。

（4）根外追肥（叶面肥）。

3. 土壤中有害物质的改良

（1）短期叶菜类，每亩每茬施石灰20公斤或厩肥1000公斤或硫磺1.5公斤（土壤PH值3.5左右），随基肥施入。

（2）长期蔬菜类，石灰用量为25公斤，硫磺用量为2公斤。

（五）无公害蔬菜病虫害综合防治技术

农业防治。采用抗虫品种、合理轮作、翻耕整地、清洁田园、适期播种、肥水管理等多种农艺措施，提高蔬菜抗逆能力，减少农药化肥用量。

物理防治。应用黑光灯、黄板或糖、醋、酒混合少量药剂诱杀害虫；使用防虫网防虫；覆盖银灰色遮阳网避有翅蚜；保护地可采用"高温闷棚"控制棚室害虫；用温汤或干燥处理蔬菜种子，杀死种子内外附着的病菌；用蓝色膜防除草害。

生物防治。用农抗 120 防治黄瓜白粉病；用农用链霉素防治黄瓜细菌性角斑病、大白菜软腐病；释放丽蚜小蜂防治棚室的白粉虱；用毒力蚜霉菌剂防治棚室蚜虫；用苏云金杆菌制剂防治菜青虫和甘蓝夜蛾等害虫。

化学防治。科学使用化学农药，不使用 DDT、甲胺磷、甲基异柳磷等剧毒、高残留农药。

生态防治。应用控温、调温、高温抑菌等生态技术防止病害。

搞好病虫害的预测预报。早防早治，统防统治，以减少农药使用剂量和使用次数。

五、无公害蔬菜栽培的关键技术

因为人们生活水平的提高，对于饮食的要求也相继提升。瓜果蔬菜作为人们饮食中不可缺少的食物，人们对于它们的质量更是有了更高的追求。在日常购买瓜果蔬菜的过程中，人们也越来越倾向于购买无公害的蔬菜，原因在于无公害蔬菜能够保证身体健康。为了能够提升无公害蔬菜的产量，需要重点关注无公害蔬菜栽培技术的发展。只有保证栽培技术的提升，才能为人们生产更多、更好的蔬菜。

所谓无公害蔬菜是指蔬菜当中含有的有害物质以及残留的农药数量均低于国家最低卫生标准，是现代社会所推崇的饮食。经济发展下工业迅速发展，蔬菜种植过程中使用农药以及化肥的次数越来越频繁，蔬菜上残留的有害物质对人们的生活造成伤害，影响人们生活健康，所以如何有效进行无公害蔬菜栽培成为农业中必须思考的问题。无公害蔬菜栽培技术的进步能够提高无公害蔬菜的产量与质量，既为生产者带来经济效益，又保障了消费者的身体健康。

（一）选择科学化的无公害蔬菜生产基地

保证无公害蔬菜生产顺利进行的基础。就在于选择一个合适的生产基地。一个合适的生产基地能够避免蔬菜受到有害物质的污染。大气、水质以及土壤污染都属于环境污染的范畴。在挑选蔬菜生产基地之前，需要对该处周围的土壤水源等进行样品检测，保证没有不合格因素存在。其次除了环境污染以外，生产基地的建立也应该避免工业污染。在选择生产基地时，应该尽量将选址建在远离工业生产的地方，尽量减少工业三废对生产地土壤的损害。

（二）选择合适优良的蔬菜品类

只有保证选择合适优良的蔬菜品类，才能够在最后的收获过程中获得良好的结果。市场上常见的蔬菜品类包括番茄、紫甘蓝、青椒等，在选择这些蔬菜的栽培品种时，一定要以科学原则为基础，选择已经出现的优良品种，比如罗城 1 号番茄、哈椒 1 号等。选择这些优良品种作为栽培对象，可以保证后期蔬菜的良好发展，降低因为蔬菜品种选择不当而造成后期生长风险。在选择蔬菜品种的过程中要考虑到实际情况，尽量选择符合当地生长环境的蔬菜，避免种植失败。

（三）提升技术水平，加强细节

在进行蔬菜栽培时一定要保证轮作的合理性，要选择合适的茬口，调整播种时间，尽量远离病虫害高发时段。要保证幼苗培育的科学性。在育苗床的过程中要避免病虫害干扰减少杂草籽。一定要保证育苗床有充分的营养物质，具有良好的通风性。在开始播种前，一定要对种子进行仔细的处理与筛选，尽量使用物理方法对种子进行消毒。处理种子的过程中如果需要用到化学物质，一定要控制用量，从而实现抵御病虫侵害的目标。在冬春季育苗时，要对环境以及温度进行把控，可以采用电热温床酿热物温床等方式。在进行无公害蔬菜栽培的过程中，要充分发挥周围环境光、热、气的优势，为将要种植的蔬菜营造一个利于生长却不利于病虫生长的积极环境。在栽培过程中可以使用嫁接栽培、无土栽培等配套栽培技术。如果蔬菜是在棚室内进行栽培，则要注意棚室内的通风与透光是否良好。冬春季是进行蔬菜栽培的重要阶段，在这个阶段一定要注意低温高湿的防护工作，保证充足光照。在栽培过程中最重要的环节就是田间管理，下雨天要处理并控制好灌水，对于容易被淹的低洼地段要做好雨季防涝、排涝工作。在选择肥料时，也要重点关注腐熟有机肥，必要时可以使用含有微量元素的肥料以及优质的叶面肥料。

（四）做好病虫害防治工作

做好病虫害防治工作也是实现无公害蔬菜栽培的重要内容之一。病虫害一般都具有一定规律，而且需要一定的条件才能够产生。所以在进行蔬菜栽培的过程中，要对栽培环境的光、水、湿度等进行严格控制，尽可能降低病虫害发生概率。举个例子，在进行棚室黄瓜栽培时可以采取四段变温管理。在四段变温管理的帮助下，既能够保证黄瓜顺利生长，又能够尽可能的避免病虫害的发生。降低病虫害的发生概率还有一个有效措施就是利用生物链规律即发挥害虫天敌的作用，做好害虫天敌的保护工作，实现以虫治虫、以菌治菌的结果。为了更好地避免病虫害的发生，在栽培无公害蔬菜的过程中可以适当采用化学防治，也就是科学合理的使用农药。在使用化学农药的过程中一定要做到严格、精确等要求，在选择农药时也要以效率高、有毒物质含量低、残留量少的农药品种为首要对象，从而在保证蔬菜安全性的情况下实现蔬菜品种的健康成长。在选择化学农药前，需要对农作物栽培情况进行一个观察与评判，在没有达到病虫害防治指标的情况下不可以使用化学农药。要了解病虫害发生的规律与习性，选择合适的时间喷洒农药，切忌盲目扩大农药使用量与浓度。除了化学防治外，还可以进行物理防治。物理防治就包括太阳的高温、温汤浸种等方式。还可以根据害虫的趋避性驱赶、诱杀害虫，比如说在性诱剂、糖醋的帮助下抵御烟青虫、小菜蛾等。在黑光灯的帮助下抵御甘蓝夜蛾以及地老虎等。

　　总而言之，人们生活水平的提高使得人们对于健康生活越来越向往，所以人们对于瓜果蔬菜的品质有了更高的要求。很多人认为无公害蔬菜能够提高自己保障自己的身体健康。但是因为工业的发展以及各类化学农药的存在，使得无公害蔬菜栽培出现了不稳定因素。对于农业发展来说，通过选择合适栽培场地、选择合适品类、做好病虫害防治工作以及注重栽培细节等手段能够有效提升无公害蔬菜栽培质量。无公害蔬菜栽培能够改善种植环境，保障人们的健康生活，值得更为深入的探索与思考。

第八章

作物病虫害绿色综合防控技术

第一节　作物病虫害综合防治技术

　　作物病虫害防治的基本原理概括起来便是以综合防治为核心，实现对作物病虫害的可持续控制。

　　作物病虫害的防治方法很多，有植物检疫、农业防治、物理机械防治、生物防治和化学防治。各种方法各有其优点和局限性，单靠其中某一种措施往往不能达到防治的目的，有时还会引起其他的一些不良反应。因此，作物病虫害的防治要遵循"预防为主、综合防治"的植保工作方针。病虫害综合治理是一种防治方案，它能控制病虫害的发生，避免各类防治法相互矛盾，尽量发挥其有机协调作用，保持经济允许水平之下的防治体系。

一、植物检疫

　　植物检疫也叫法规防治，是指一个国家或地方政府颁布法令，设立专门机构，禁止或限制危险性病、虫、杂草等人为地传入或传出，或者传入后为限制其继续扩展所采取的一系列措施。这是防治病虫害的基本措施之一，也是实施"综合治理"措施的有利保证。植物检疫的任务主要有3个方面：一是禁止危险性病虫害及杂草随着植物及其产品由国外输入或国内输出；二是将国内局部地区已发生的危险性病虫害及杂草封锁在一定的范围内，防止其扩散蔓延，并采取积极有效的措施，逐步予以清除；三是当危险性病虫害及杂草传入新的地区时，应采取紧急措施，及时就地消灭。

（一）植物检疫的措施

1. 对外检疫和对内检疫

对外检疫（国际检疫）是指国家在对外港口、国际机场及国际交通要道设立检疫机构，对进出口的植物及其产品进行检疫处理，防止国外新的或在国内还是局部发生的危险性病、虫及杂草输入；同时也防止国内某些危险性的病、虫及杂草的输出。对内检疫（国内检疫）是指国内各级检疫机关，会同交通运输、邮电、供销及其他有关部门根据检疫条例，对所调运的植物及其产品进行检验和处理，以防止仅在国内局部地区发生的危险性病、虫及杂草传播蔓延。我国对内检疫主要以产地检疫为主，道路检疫为辅。对内检疫是对外检疫的基础，对外检疫是对内检疫的保障，两者紧密配合，互相促进，从而达到保护农业生产的目的。

2. 植物检疫对象的确定

植物检疫对象确定的依据及原则：①本国或本地区未发生的或分布不广，局部发生的病、虫、杂草；②为害严重，防治困难的病、虫、杂草；③可借助人为活动传播的病、虫、杂草，即可以随同种子、果实、接穗、包装物等运往各地，适应性强的病、虫、杂草。

检疫对象的名单并不是固定不变的，应根据实际情况的变化及时修订或补充。

3. 划分疫区和保护区

将有检疫对象发生的地区划分为疫区，对疫区要严加控制，禁止检疫对象传出，并采取积极的防治措施，逐步消灭检疫对象。将未发生检疫对象但有可能传播进来的地区划定为保护区，对保护区要严防检疫对象传入，充分做好预防工作。

4. 其他措施

包括建立和健全植物检疫机构、建立无检疫对象的种苗繁育基地、加强植物检疫科研工作等。

（二）植物检疫的程序

1. 对内检疫程序

报检→检验→检疫处理→签发证书。

2. 对外检疫的程序

我国进出口检疫包括以下几个方面：进口检疫、出口检疫、旅客携带物检疫、国际邮包检疫、过境检疫等。

（三）检疫方法

植物检疫的检验方法有现场检验、实验室检验和栽培检验3种。具体方法多种多样，如直接检验法、解剖检验法、种子发芽检验、隔离试种检验、分离培养检验、比重检验、漏斗分离检验、洗涤检验、荧光反应检验、染色检验、噬菌体检验、血清检验、生物化学反应检验、电镜检验、DNA探针检验等。植物检疫工作一般由检疫机构进行。

二、农业防治

农业防治就是通过改进栽培技术，使环境条件不利于病虫害的发生，而有利于植物的生长发育，直接或间接地消灭或抑制病虫害的发生与为害。这种方法不需要额外投资，而且又有预防作用，可长期控制病虫害，因而是最基本的防治方法。但这种措施也有一定的局限性，病虫害大发生时必须依靠其他防治措施。农业防治的主要措施有清洁田园、合理轮作、间作、选育抗病虫品种、育苗措施、栽培措施和管理措施等。

三、物理机械防治

利用各种简单的器械和各种物理因素来防治病虫害的方法称为物理机械防治。

（一）捕杀法

利用人工或各种简单的器械捕捉或直接消灭害虫的方法称捕杀法。人工捕杀适合于具有假死性、群集性或其他目标明显易于捕捉的害虫。

（二）阻隔法

根据害虫的活动习性，人为设置各种障碍，切断病虫害的侵害途径，这种方法称为阻隔法，也称障碍物法。包括涂毒环或胶环、干基部绑扎塑料薄膜环、在温室及各种塑料拱棚内采用纱网覆罩、早春地表覆膜或盖草等，可有效控制病虫害的发生。

（三）诱杀法

利用害虫的趋性，人为设置器械或饵物来诱杀害虫的方法称为诱杀法。主要有灯光诱杀、食物诱杀、色板诱杀和潜所诱杀。

（四）汰选法

利用健全种子与被害种子在体形、大小、比重上的差异进行分离，剔除带有病、虫种子的方法称为汰选法。汰选种子可用手选、器械选（风车、筛子）或水选。

（五）高温处理法

通过提高温度来杀死病菌或害虫的方法称为高温处理法，也称热处理法。热处理有干热和湿热两种。种子热处理有日光晒种、温水浸种、冷浸日晒等方法。种苗的热处理：有病虫的苗木可用热风处理，温度为35℃～40℃，处理时间1～4周；也可用40℃～50℃的温水处理，浸泡时间为10min至3h。种苗热处理的关键是温度和时间的控制，一般对休眠器官处理比较安全。土壤热处理是使用热蒸汽（90℃～100℃），处理时间为30min。在发达国家，蒸汽热处理已成为常规管理。利用太阳能热处理土壤也是有效的措施，在7～8月份将土壤摊平作垄，垄为南北向。浇水并覆盖塑料薄膜（25μm厚为宜），在覆盖期间要保证有10～15d的晴天，耕层温度可高达60℃～70℃，能基本上杀死土壤中的病原菌。温室大棚中的土壤也可照此法处理，当夏季花木搬出温室后，将门窗全部关闭并在土壤表面覆膜，能较彻底地消灭温室中的病虫害。

（六）微波、高频、辐射处理

1. 微波、高频处理

微波和高频都是电磁波。因微波的频率比高频更高，微波波段的频率又称超高频。用微波处理植物果实和种子杀虫是一种先进的技术，其作用原理是微波使被处理的物体内外的害虫或病原物温度迅速上升，当达到害虫与病原物的致死温度时，即起到杀虫、灭菌的作用。

微波、高频处理杀虫灭菌的优点是加热、升温快，杀虫效率高，快速、安全、无残留，操作方便，处理费用低，在植物检疫中很适合旅检和邮检工作的需要。

2. 辐射处理

辐射处理杀虫主要是利用放射性同位素辐射出来的射线杀虫，如放射性同位素Co辐射出来的γ射线。这是一种新的杀虫技术，它可以直接杀死害虫，也可以通过辐射引起害虫雄性不育，然后释放这种人工饲养的不育雄虫，使之与自然界的有生殖能力的雌虫交配，使之不能繁殖后代而达到灭除害虫的目的。

此外，还可利用红外线、紫外线、X射线以及激光技术，进行害虫的辐射诱杀、预测预报及检疫检验等。近代生物物理学的发展，对害虫的预测预报及防治技术水平的提高创造了良好的条件。

四、生物防治

利用生物及其代谢物质来控制病虫害的方法，称为生物防治。生物防治的特点：对人、畜、植物安全，害虫不产生抗性，天敌来源广，且有长期抑制作用。但作用慢、成本高，技术要求比较严格。因此，必须与其他防治措施相结合，才能充分发挥其应有的作用。

典型的生物防治有以虫治虫、以菌治虫、以鸟治虫、以菌治病等。

(一) 天敌昆虫的利用

天敌昆虫依其生活习性的不同，可分为捕食性和寄生性两大类。

1. 捕食性天敌昆虫

专以其他昆虫或小动物为食物的昆虫，称为捕食性昆虫。这类昆虫用它们的咀嚼式口器直接取食虫体的一部分或全部，有些则用刺吸式口器刺入害虫体内吸食害虫体液使其死亡。常见的捕食性天敌昆虫有蜻蜓、螳螂、瓢虫、草蛉、猎蝽、食蚜蝇等。这类天敌，一般个体较被捕食者大，在其生长发育过程中捕食量很大。对害虫有明显的控制作用。

2. 寄生性天敌昆虫

一些昆虫种类，在某个时期或终身寄生在其他昆虫的体内或体外，以其体液和组织为食来维持生存，最终导致寄主昆虫死亡，这类昆虫一般称为寄生性天敌昆虫。这类昆虫一般较寄主小，数量比寄主多，在 1 个寄主上可育出 1 个或多个个体。

寄生性天敌昆虫的常见类群有姬蜂、小茧蜂、蚜茧蜂、肿腿蜂、黑卵蜂、小蜂类及寄生蝇类。

3. 天敌昆虫利用的途径和方法

自然界中天敌的种类和数量很多，在野外对害虫的种群密度起着重要的控制作用，因此要善于保护和利用。采用人工大量繁殖的方法，繁殖一定数量的天敌，在害虫发生初期释放到田间，可取得较显著的防治效果。目前繁殖利用已成功的有赤眼蜂、异色瓢虫、黑缘红瓢虫、草蛉、平腹小蜂等。天敌引进是指把天敌昆虫从一个国家移入另一个国家。从国外或外地引进天敌昆虫防治本地害虫，是生物防治中常用的方法。可购买商品化的天敌昆虫，已经商品化的种类有松毛虫赤眼蜂、丽蚜小蜂、微 小花蝽、食蚜瘿蚊、中华草蛉、七星瓢虫、智利小植绥螨和斯氏线虫等。

（二）病原微生物的利用

1. 以微生物治虫

利用病原微生物来控制害虫，对人、畜、作物和水生动物安全，无残毒，不污染环境，微生物农药制剂使用方便，并能与化学农药混合使用。能使昆虫得病而死的病原微生物有真菌、细菌、病毒、原生动物、线虫和杀虫素等。目前生产上应用较多的是前3种。

2. 以菌除草

利用真菌来防治杂草是以菌治草中最有发展前途的一类。利用鲁保一号菌防治菟丝子是我国早期杂草生物防治中最典型最突出的一例。

3. 以菌治病

利用微生物的抗生作用，如一些真菌、细菌、放线菌等微生物，在其新陈代谢的过程中能分泌抗生素，杀死或抑制病原物。交互保护作用的利用，寄主植物被病毒的无毒系或低毒系感染后，可增强寄主对强毒系的抗性，或不被侵染。如对植物病毒病的防治，先将弱毒系接种到寄主上后，就能抑制强毒系的侵染。利用真菌防治植物病原真菌，如利用哈氏木霉防治白绢病等。重寄生作用，是指有益微生物寄生在病原物上，从而抑制了病原物的生长发育，达到防病的目的。竞争作用，是指益菌和病原物在养分及空间的竞争上优先占领，从而抑制病原物的现象。

（三）利用昆虫激素防治害虫

1. 外激素的应用

诱杀法是利用性诱剂将雄蛾诱来，配以黏胶、毒液等方法将其杀死。迷向法，是在成虫发生期，在野外喷洒适量的性诱剂，使其弥漫在大气中，使雄蛾无法辨认雌蛾，从而干扰正常的交尾活动。绝育法是将性诱剂与绝育剂配合，用性诱剂把雄蛾诱来，使其接触绝育剂后仍返回原地，这种绝育后的雄蛾与雌蛾交配后就会产下不正常的卵，起到灭绝后代的作用。

2. 内激素的应用

人为改变昆虫内激素的含量，可阻碍害虫正常的生理功能，造成畸形，甚至死亡。

（四）其他天敌的利用

保护、招引与人工驯化各种食虫鸟类用以防治害虫；保护利用蛙类治虫；保护利用蜘蛛、捕食螨来防治害虫。

（五）农药的合理安全使用

1. 农药的合理使用

农药的合理使用就是要求贯彻"经济、安全、有效"的原则，从综合治理的角度出发，运用生态学的观点来使用农药。在生产中应注意以下几个问题：

（1）正确选药

各种药剂都有一定的性能及防治范围，即使是广谱性药剂也不可能对所有的病害或虫害都有效。因此，针对某种和某类病虫害，在施药前应做出正确地识别和诊断，再根据实际情况选择合适的药剂品种，切实做到对症下药，避免盲目用药。

（2）适时用药

对于当地经常发生的病虫害种类，掌握其发生规律，抓住用药的最佳时机；对于新发现的病虫害种类，在调查研究和预测预报的基础上，掌握病虫害的发生规律，抓住有利时机用药，既可节约用药，又能提高防治效果，而且不易产生药害。如一般药剂防治害虫时，应在初龄幼虫期，若防治过迟，不仅害虫已造成损失，而且虫龄越大，抗药性越强，防治效果也越差，且此时天敌数量较多，药剂也易杀伤天敌。药剂防治病害时，一定要用在寄主发病之前或发病早期，尤其需要指出保护性杀菌剂必须在病原物接触侵入寄主前使用，除此之外，还要考虑气候条件及物候期。

（3）适量用药

施用农药时，应根据用量标准来实施。如规定的浓度、单位面积用量等，不可因防治病虫心切而任意提高浓度、加大用药量或增加使用次数。否则，不仅会浪费农药，增加成本，而且还易使植物体产生药害，甚至造成人、畜中毒。另外，在用药前，还应搞清农药的规格，即有效成分的含量，然后再确定用药量。例如，常用的杀菌剂福星，其规格有10%乳油与40%乳油，若10%乳油稀释2000～2500倍液使用，40%乳油则需稀释8000～10000倍液。任意加大用药量，还会导致农药残留、天敌大量死亡等一系列问题。

（4）轮换用药

有害生物的抗药性问题会影响有害生物的有效防治。长期连续使用一种农药是有害生物产生抗药性的主要原因。所以，合理地交替使用农药可以切断生物种群中抗药性种群的形成过程。轮换使用农药时，应选用作用机制、作用方式不同的农药，以防止或延缓抗药性的发生。同类制剂的杀虫剂品种也可以互相换用，但需要选取那些化学作用差异比较大的品种在短期内换用，如果长期采用也会引起害虫产生交互抗药性。对已产生交互抗药性的品种不宜换用。在杀菌剂中，内吸杀菌剂（如苯并咪唑类、抗生素类等）比较容易引起抗药性，保护性杀菌剂不容易引起抗药性。因此，除不同化学结构和作用机制的内吸剂间轮换使用外，内吸剂和保护剂之间是较好的轮换组合。

（5）混合用药

科学合理地混用农药有利于充分发挥现有农药制剂的作用。将 2 种或 2 种以上的对病虫具有不同作用机制的农药混合使用，以达到同时兼治几种病虫、提高防治效果、扩大防治范围、节省劳力的目的。如有机磷制剂与拟除虫菊酯混用、甲霜灵与代森锰锌混用等。农药之间能否混用，主要取决于农药本身的化学性质。农药混合后它们之间应不产生化学和物理变化，才可以混用。

2. 农药的安全使用

在使用农药防治植物病虫害的同时，要做到对人、畜、天敌、植物及其他有益生物的安全，应选择合适的药剂和准确地使用浓度。在人口密集的地区、居民区等处喷药时，不得使用毒性较高的农药，并要尽量安排在夜间进行，若必须在白天进行，则应做好意外事故的处理方案。在选择药剂类型方面，尽可能使用选择性强的农药、内吸性农药及生物制剂等，确保对人、畜及其他有益动物和环境的安全。从事防治工作的操作人员必须严格按照用药的操作规程、规范做好个人防护，用药后及时进行正确的清洗和处理。

（1）防止用药中毒

为了安全使用农药，防止出现中毒事故，需注意下列事项：

①用药人员选择

用药人员必须身体健康。皮肤病、高血压、精神失常、结核病等患者，药物过敏者，孕期、经期、哺乳期的妇女等，不能参加该项工作。

②安全防护

用药人员必须做好一切安全防护措施，配药、喷药时，应穿戴防护服、手套、风镜、口罩、防护帽、防护鞋等标准的防护用品。

③看风向施药

喷药应选在无风的晴天进行，阴雨天或高温炎热的中午不宜用药。有微风的情况下，工作人员应站在上风头，顺风喷洒，风力超过 4 级时，停止用药。

④安全施药

配药、喷药时，不能谈笑打闹、吃东西、抽烟等，如果中间休息或工作完毕时，需用肥皂洗净手脸，工作服也要洗涤干净。

⑤喷药不适的处理

喷药过程中，若感到不适或头晕目眩时，则应立即离开现场，到通风阴凉处安静休息，如症状严重，必须立即送往医院，不可延误。

⑥清楚药品性能

用药前，还应搞清所用农药的毒性，是属高毒、中毒还是低毒，做到心中有数，谨慎使用。用药时尽量选择那些高效、低毒或无毒、低残留、无污染的农药品种。不

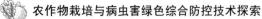

用污染严重的化学农药。

（2）安全保管农药

①农药建账

农药应设立专库贮存，专人负责。每种药剂应贴有明显的标签，按药剂性能分门别类地存放，注明品名、规格、数量、出厂年限、入库时间，并建立账本。

②健全领发制度

所领用药剂的品种和数量，需经主管人员批准；药品凭证发放；领药人员要根据批准内容及药剂质量进行核验。

③药品领取

药品领出后，应由专人保管，严防丢失；当天剩余药品需全部退还入库，严禁库外存放。

④药品存放

药品应放在阴凉、通风、干燥处，与水源、食物严格隔离；油剂、乳剂、水剂还要注意防冻。

⑤药品的包装材料的处

药品的包装材料（瓶、袋、箱等）用完后一律回收，集中处理，不得随意丢弃、堆放或派作他用。

第二节　作物病虫害绿色防控技术

一、农作物病虫害绿色防控技术集成与应用

长期依赖传统技术和传统方式来防控病虫害，不仅难以应对异常气候条件下病虫灾害复杂多变的新挑战，也难与现代农业发展新要求相适应。技术创新是推动农作物病虫害可持续控制的源泉，是确保农业生产安全和农产品质量安全的源动力。自农业农村部提出"科学植保，公共植保，绿色植保"理念以来，技术创新一直成为推动农作物病虫害防控的核心力量。农作物病虫害防控技术创新不仅在于原创性的防控技术发明，而且还在于具有实用价值的防控技术集成创新。近年来，越来越多的植保工作者认识到绿色防控技术集成的重要性。如何真正理解和把握绿色防控技术集成，如何应用技术集成的思想来指导具体的病虫防控生产实践活动已成为当今建设现代植保的焦点和热点。然而，有关绿色防控技术集成的原则、途径和实现形式等在理论和实践

上尚未形成统一、完整体系，这在一定程度上将会影响绿色防控技术集成与应用。本文尝试从绿色防控技术集成的基本原则、过程、途径和实现形式等方面来阐述绿色防控技术集成的基本规律，以便为推进农作物病虫害绿色防控工作起到积极的促进作用。

（一）技术集成基本原则

1. 绿色防控技术集成首先必须遵循病虫害综合治理（IPM）基本原则

以作物健身栽培为基础，组装和配套良好的农业栽培措施；从增强农田生物多样性入手，组装及配套使用生态调控措施，充分保护利用生物多样性控制病虫害；从保护利用天敌种群入手，组装配套使用自然天敌或人工增殖及释放天敌控害技术措施，充分保护利用有益生物控害；从科学使用农药入手，杜绝高毒、高残留和高污染农药的使用，最大限度地减少化学农药的使用。

2. 必须遵循轻便和简单原则

绿色防控技术集成的目的是促进绿色防控技术的推广应用，一般来说，农民对新技术的应用比率与技术的复杂程度成反比。绿色防控技术集成就是要通过进一步的技术熟化开发、组装配套和规范化，实现复杂技术的轻简化，从而提高绿色防控新技术采用比率，解决绿色防控技术的使用成本过高和需要更高质量或数量劳力投入的问题。

3. 必须遵循规范化和标准化原则

绿色防控技术集成的制定必须遵循有章可循、有标准可依的原则，因集成效果很大程度上取决于技术配套的规范化、合理化和标准化。如人工释放天敌数量和防控面积之间必须保持平衡，释放过少起不到防控效果，释放过多又造成浪费，增加不必要的成本，规范好这个度就是所谓的标准和规范。再如"三诱技术"，即色板、杀虫灯和性诱剂的集成，色板、杀虫灯和性诱的使用起止时间，控制面积以及悬挂高度针对不同的作物不同，如何以最小的经济投入获得最佳防控效果，需要制定集成技术的使用规范和标准等。

（二）技术集成基本过程

绿色防控技术集成是对已开发研究出来的、并将在生产中应用与推广的一系列绿色防控技术的研究、评价、精炼与组装配套的过程，基本过程是依次由技术选择、应用技术研究、技术组装配套、技术标准化4个环节组成的重复循环。

1. 技术选择

绿色防控技术集成必须围绕作物来进行。技术选择前，首先要深入实地调查了解当地目标作物的生态环境、气候条件、种植制度与规模，特别是要调查该作物病虫害的发生规律，农民对病虫害的认识、态度和防治习惯等。通过系统调查找准和明确农作物病虫害防控、相应的农产品质量安全要求或农业生态环境等方面的主要问题，探究其产生的原因与根源，确定解决问题的方案，从而有针对性地选择相应的绿色防控技术。技术选择要始终坚持优先采用生物、物理和生态调控等非化学农药防治技术，重视技术的安全、简便和有效性的同时，一定要保证作物、环境、天敌、人畜和农产品质量等安全。

2. 应用技术研究

应用技术研究就是要将所选择的技术在当地目标作物上进行田间技术熟化试验研究。应用技术研究的目的主要是测试比较新方法、改进选择的新技术是否适应当地情况，以及检验所选择的技术解决问题的有效性等。应用技术研究一般可分为 3 类种类型。①适应型试验研究，主要是对引进的新技术开展当地适应性研究与示范。②探索型试验研究，主要是针对需要解决的问题，设计田间试验研究，全面探索所选择技术的使用参数和指标等。③检验示范性试验研究，开展示范性试验研究，获得结果，检验、测试或展示所选择技术的应用效果。

3. 技术组装配套

主要是对在应用技术研究中得到验证的各种技术进行评价、精炼、选择和组装的过程。绿色防控技术评价与选择的标准在于追求病虫害的可持续治理效果，不要单纯要求短期防效；追求经济、社会和生态综合效益的最大化，而不要简单地追求单纯的经济效益。绿色防控技术选择与组装应从农田生态系统的整体出发，追求生态系统服务功能提高（农业生物多样性服务）所产生的生态效益和农产品质量提高所产生的社会效益；而不要仅仅是从单个病虫出发，追求单纯的防治效果。组装的过程也就是所选择的绿色防控技术与其他农艺措施如品种选择，栽培，肥、水管理等有机整合以及与播种、耕作、收获贮藏等农机措施进行有机结合的过程。通过技术的组装配套形成绿色防控的关键技术产品或技术模式。

4. 技术标准化

所谓技术标准化就是通过进一步的精炼、选择或排除、组装或配套使技术进一步集成而形成使农民可以照着做的标准样式的过程。由于绿色防控技术的集成可能包括了农业、生物、物理、生态和化学防治等多方面技术不同的组合。不同的作物模式技术组成应不同，不同靶标病虫的技术组成也应不同，因此技术标准化尤为重要。绿色防控技术集成过程往往是在示范区经过多年应用技术研究，选择和组装配套等过程，各项技术参数和指标得到了检验和验证，通过技术集成的标准化，形成的技术规范和标准，可以确保绿色防控的投入产出比达到最优组合，农民使用更为方便和容易，将显著促进绿色防控技术的大面积推广应用。

（三）技术集成的实现形式

1. 绿色防控技术集成的实现形式可能体现为某种绿色防控的关键技术或产品

通过集成多种防控技术，研发集成新的绿色防控的关键技术或产品，这也是绿色防控技术集成的具体表现形式。如频振式杀虫灯，它的研发利用了昆虫的趋光、趋波、趋色、趋性信息的特征，引诱成虫扑灯后，灯外又配以频振式高压电网触杀灭虫；防虫网和银灰色地膜产品融合了物理隔离和昆虫的驱害避害特性；人工释放的天敌如捕食螨、寄生蜂等的应用需要融合天敌繁育、释放装置（释放袋、蜂卡等）等技术；利用微生物育种技术，研发了苏云金杆菌和枯草芽孢杆菌的融合菌株等多种生物工程产品等，为绿色防控研发集成了一系列新的关键技术或产品。

2. 绿色防控技术集成的实现形式也可能体现为某种技术模式

绿色防控技术模式一般针对不同作物和靶标，综合农业、物理、生物、化学、生态等多方面技术，是绿色防控技术集成的综合表现。如四川省青神县针对柑橘作物，探索形成了一套融合生态调控、物理防治、化学防治和生物防治技术的绿色防控集成技术模式，即生草栽培（马唐、飞蓬、繁缕为主）+前处理（螺虫乙酯 SC 和阿维菌素 EC）+5 月挂捕食螨 1 次+灯光诱杀+点喷防治叶螨。山西省定襄县针对玉米螟这一靶标害虫，提出了以生物防治和物理防治为主的防控技术模式，即白僵菌封垛+杀虫灯诱控技术+性信息素诱杀+球孢白僵菌灌心+松毛虫赤眼蜂+食诱剂，辐射带动全县玉米绿色防控技术水平有了明显提高。

3. 绿色防控技术集成的实现形式还可能体现为某种绿色防控技术规程

技术规程的制定要基于合理的技术应用研究结果，是试验设计、标准筛选和效果评价的过程。外色板和杀虫灯的设置方位、密度，生物制剂和化学药剂的用量、剂型和安全间隔都需要通过试验研究及相应防治效果评价，才能列入绿色防控技术规程。此外，绿色防控技术规程不仅要包括上述具体防控技术标准，同时还要包括防控原则、具体产地要求、技术实施的人员配置（如测报人员）等。

（四）技术集成途径

绿色防控技术集成的途径主要围绕作物、靶标、技术和农产品 4 种途径形成，其他途径还包括结合生产基地特点形成的特有技术模式或规程。

1. 以作物为主线的途径

根据作物不同生态区条件和不同生育期病虫害发生为害特点，组装关键技术产品，形成全程绿色化防控技术模式或规程。如水稻特殊的水田种植条件，形成了稻鸭共育、灌水灭螟等特有的技术模式；茶树、果树等木本植物，通用的技术模式包括清洁田园，人工刮除老翘皮、病斑、树干涂白等。

2. 以靶标病虫害为主线的途径

以农作物重要靶标病虫害为主线，组装绿色防控技术和产品，形成了相应的绿色防控技术模式，建立和完善技术规程。如玉米螟靠成虫大量产卵、幼虫咬食玉米地上部分为害，针对成虫趋光特点和越冬关键时期，形成了杀虫灯诱杀越冬成虫，赤眼蜂寄生虫卵和白僵菌封垛灭杀越冬诱虫的技术模式。小麦条锈病是小麦上重要病害，针对其病原菌气流传播特点，需要各地植保部门联合防治，形成了主要采取播前药剂拌种，秋苗期"一喷三防"和春苗期统防统治的技术集成模式。

3. 以技术产品为主线的途径

以绿色防控技术产品或投入品为主线，在性诱剂、食诱剂、人工释放的天敌和生物农药等绿色防控技术产品方面，形成绿色防控产品应用技术模式。如市面常见的大螟迷向、果瑞特实蝇诱杀剂等。农户既可以自制简易诱捕器，将诱芯悬挂于水盆上方一段距离（不同靶标距离不同），也可在市面购买，有蛾类诱捕器、跳甲类诱捕器、三角形诱捕器、船形诱捕器等。人工释放的天敌主要包括寄生蜂和捕食螨。寄生蜂中应用最广泛的是赤眼蜂，可以寄生玉米螟、黏虫、棉铃虫、斜纹夜蛾和地老虎等鳞翅目害虫的卵，目前可以工业化生产主要以蜂卡的形式使用，其次丽蚜小蜂多用于防治温室粉虱类蚜虫。捕食螨产品如胡瓜钝绥螨产品等，已在我国广泛用于防治叶螨、锈壁虱、柑橘全爪螨等。生物农药如绿僵菌油 SC，可防治飞蝗、土蝗；绿僵菌乳粉剂，可防治斜纹夜蛾、蛴螬、菜青虫、小菜蛾、土天牛等；白僵菌乳粉剂，可防治水稻和玉米螟虫。如苏云金杆菌（Bt）针对小菜蛾、甘蓝夜蛾、螟虫、棉铃虫等多种不同的害虫，技术集成出不同的菌株和剂型。

4. 以农产品为主线的途径

分别针对无公害、绿色和有机等不同级别的农产品要求，提出相应的绿色防控技术模式，建立和完善技术规程。无公害是农产品基本要求，其产地环境、生产过程和质量要符合国家有关标准和规范要求，其生产过程允许使用化学农药和化肥，但不能使用高毒、高残留农药。这类产品的病虫防控模式主要是化学防治占重要地位，集成其他防治技术的绿色防控技术模式。绿色农产品的生产过程同样允许使用化学农药和化肥，但对用量和残留量的规定比无公害产品的标准更严格，因此这类产品的病虫防控模式主要是非化学防治技术占重要地位，集成科学用药技术的绿色防控技术模式。有机农产品的生产的过程中要求禁止使用有机化学合成的肥料、农药、生长调节剂等物质，因此这类产品的病虫防控模式无疑是排除了化学防治，由农业、生态、物理和生物防治技术等非化学防治技术集成的绿色防控技术模式。

二、大力推进农作物病虫害绿色防控技术集成创新与产业化推广

绿色防控是指以促进农作物安全生产、减少化学农药使用量为目标，采取生态控制、生物防治、物理防治等环境友好型措施来控制有害生物的行为。实施绿色防控是贯彻"公共植保"和"绿色植保"理念的重大举措，是发展现代农业、建设"资源节约、环境友好"两型农业，促进农业生产安全、农产品质量安全、农业生态安全和农业贸易安全的有效途径。

（一）肯定成绩，坚定信心，积极推进农作物病虫害绿色防控技术集成创新与产业化推广

1. 研发了系列绿色防控技术产品

一是理化诱控技术产品。利用昆虫趋光、趋化性等原理，研发了频振式诱虫灯、投射式诱虫灯等"光诱"产品；性诱剂诱捕和昆虫信息素迷向等"性诱"产品，黄板、蓝板及色板与性诱剂组合的"色诱"产品；诱食剂诱集害虫的"食诱"产品。通过大量试验研究，组装集成了与上述"四诱"产品相配套的应用技术。

二是驱害避害技术产品。利用物理隔离、颜色负趋性等原理，开发了适用不同害虫的系列防虫网产品和银灰色地膜等驱害避害技术产品；利用生物的生理现象，开发了以预防害虫为目的的驱避植物应用技术。如果园常用的驱避植物有蒲公英、鱼腥草、三百草、薄荷、大葱、韭菜、洋葱、菠菜、串红、除虫菊、番茄、花椒、芝麻、金盏花等。

三是生物防治技术产品。开发了捕食螨、赤眼蜂、丽蚜小蜂、平腹小蜂等天敌繁育和释放技术，稻鸭共育技术，棉田天敌诱集技术，蜘蛛、青蛙、益鸟等天敌保护利用技术，以及真菌、细菌、昆虫病毒等微生物制剂防治水稻、小麦、玉米、马铃薯、棉花、茶叶和蔬菜病虫害技术。完善了天然除虫菊素、蛇床子素、苦参碱、小檗碱、苦皮藤素、印楝素、鱼藤酮等植物源农药防治蔬菜、果树、茶叶等病虫害技术，以及宁南霉素、春雷霉素、申嗪霉素、多抗霉素、武夷霉素、中生菌素、多杀菌素等抗生素防治农作物病虫害技术。

四是生物多样性技术。利用品种间抗病性的遗传多样性和植株的物理性状，研发了水稻稻瘟病生物多样性控制技术。利用果树和杂草生育期时间差，研发了果园生草技术，为果园天敌昆虫提供了繁育场所，增加果园生物多样性。利用小麦不同抗性品种的抗病基因差异，通过品种混播增加遗传多样性，研发了小麦条锈病遗传多样性控制技术。

五是生物工程技术。利用基因重组、转基因育种等技术，研发了枯草芽孢杆菌和苏云金杆菌种间融合菌株，具有抑制多种植物病原菌和毒杀鳞翅目幼虫的能力。开展了 RNAi（RNA interference）技术研究，在甜菜夜蛾 4 龄幼虫体内注射源自几丁质

合成酶A基因的siRNA或dsRNA，成功得到RNAi现象；饲喂大肠杆菌表达的SeCHSA的dsRNA后，处理组的幼虫和蛹的存活率均显著低于对照组。利用转基因技术，培育并大面积应用了转Bt基因棉花等产品。

六是生态工程技术。主要包括以农业防治技术为主的稻田深耕灌水灭蛹技术；以改造蝗虫孳生地环境为主、组装配套种植香花槐、冬枣、苜蓿等植物的生态控蝗技术；以越夏菌源区治理为主，综合运用深翻除草消灭自生麦苗、适期晚播抗病品种、秋播拌种等综合措施的小麦条锈病源头治理技术和保护地蔬菜温湿度调控防治病虫害等技术。

2. 集成了一批绿色防控技术模式

一是以基地为主线的绿色防控技术模式。以绿色农产品生产基地为依托，以主要农产品为主线，以重要靶标病虫害为对象组装的绿色防控技术模式。目前众多的绿色农产品生产基地均采用此类技术模式。

二是以作物为主线的绿色防控技术模式。以作物为主线，根据其不同生育期病虫害发生为害特点，组装关键技术产品，形成全程绿色化防控技术模式。目前在蔬菜、果园等鲜食农产品上大多推广此类技术模式。

三是以靶标有害生物为主线的绿色防控技术模式。以农作物重要靶标病虫害为主线，组装绿色防控技术或产品，形成绿色防控技术模式。例如，东北春玉米的玉米螟绿色防控技术体系，南方水稻的稻瘟病生物多样性控制技术体系等。

四是以投入品为主线的绿色防控技术模式。以绿色植保投入品为主线，根据作物不同生育期靶标病虫害的发生消长规律，辅助以其他非化学防控措施组装而成的绿色防控技术模式。例如，玉米螟绿色防控所采用的诱虫灯和高架喷雾机，水稻二化螟绿色防控所采用的性诱剂和生物农药等。

五是以设施农业为主线的绿色防控技术模式。以设施农业特殊生态环境为主线，集成多种绿色防控技术和产品的绿色防控技术模式。例如，设施草莓病虫害、设施蔬菜病虫害的绿色防控模式。

六是以生境调控为主线的绿色防控技术模式。以靶标生境为单元，应用景观生态学原理，通过创造有利于天敌繁殖而不利于靶标病虫害生存的环境条件，从而达到控害保益目的的绿色防控技术模式。例如，蝗虫生态治理和小麦条锈病源头治理等技术模式。

3. 创新了多种绿色防控技术推广机制

一是政府主导型。以政府项目为主导、植保技术部门制定实施方案、开展系列指导服务的绿色防控技术推广机制。例如，正在开展的玉米螟绿色防控行动，由农业农村部出台绿色防控指导意见，全国农业技术推广服务中心出台实施方案，有关省（自治区、直辖市）制定防控预案，农业农村部及有关省（自治区、直辖市）设立专项支持。

二是技术驱动型。以各级植保技术部门为实施主体，以农作物或靶标病虫害为主线，集成技术模式，开展展示示范的推广机制。例如，全国农业技术推广服务中心组织实施的绿色防控示范基地项目，以及全国玉米螟绿色防控技术创新与产业化推广等项目。

三是企业推动型。以绿色农产品生产企业或绿色防控产品生产企业为主导的绿色防控推广机制。例如，频振式诱虫灯、性诱剂、捕食螨等产品生产企业与农技部门结合，在其产品推广适宜区域、示范展示基地，集成技术模式、开展展示示范、技术培训、售后服务等系列活动，推广绿色防控技术。

四是合作组织带动型。以各类专业化合作组织为龙头，带动以特色农产品生产为主的农业生产者，根据产品质量安全有关规定，推广绿色防控技术。例如，有机或绿色农产品生产的农业专业合作组织，通过生产认证的绿色产品，推广绿色防控技术。

4. 扩大了绿色防控技术推广应用规模

一是推广应用范围扩大。全国农业技术推广服务中心和各级各地农业植保部门积极开展农作物病虫害绿色防控技术推广，绿色防控技术应用范围不断扩大。

二是推广应用作物扩大。据不完全统计，近年来全国绿色防控技术推广应用作物涉及水稻、小麦、玉米、马铃薯、棉花、大豆、花生、蔬菜、果树、茶树等主要农作物，以及蝗虫、草地螟等重大农业害虫。

三是推广应用面积扩大。对全国31个省（自治区、直辖市）的调查表明，物理诱控、昆虫信息素诱控、天敌昆虫、生物农药、农用抗生素、驱避剂、生态控制等绿色防控技术应用面积较以前有了大幅度增加。

5. 取得了良好的综合效益

一是经济效益显著。在以农作物为主线的绿色防控模式中，水稻上采用性诱剂＋天敌、性诱剂＋生物农药等，节本增效 $220 \sim 300$ 元 $/hm^2$，减少施药 $1 \sim 2$ 次；蔬菜上用性诱剂＋色板、性诱剂＋微生物农药等，节约成本 $75 \sim 225$ 元 $/hm^2$，减少施药 50% 以上。在以靶标为主线的绿色防控模式中，应用"诱虫灯＋赤眼蜂＋白僵菌"控制玉米螟绿色防控技术，防治效果 70% 以上，增收玉米 $10\% \sim 30\%$，增加经济收入 $1 500$ 元 $/hm^2$，部分地区实现了全程绿色化防控。在以基地、设施农业为主线的绿色防控技术模式中，经济效益更为可观。

二是社会效益良好。采用绿色防控技术，有效减少了化学防治的人力和化学品的投入，减轻了劳动强度，农产品质量明显提高。据部分绿色防控技术示范区的调查分析，实施绿色防控较化学防控成本平均降低 10%，并能有效促进农村劳动力转移，社会效益良好。

三是生态效益显现。推广应用绿色防控技术，农药使用量减少，农药残留期缩短，

农作物栽培与病虫害绿色综合防控技术探索

农产品质量提高，有利于保护自然天敌和农业生态环境。据对绿色防控示范区调查，实施绿色防控减少化学农药使用 15% 以上，辐射带动区减少化学农药使用 10% 以上，自然天敌数量呈明显上升趋势。

总结 5 年来全国农作物病虫害绿色防控技术集成创新与产业化推广的成功实践，有以下 4 条基本经验：

第一，领导重视是前提。在我国现行的农业生产方式和经营模式条件下，要搞好绿色防控，领导重视是前提。从各地绿色防控先进典型看，领导重视程度高，项目扶持力度就大，各有关部门协调配合就好，技术集成度就高，绿色防控效益就明显。

第二，项目带动是根本。绿色防控是集经济、社会和生态效益于一体的技术，不能仅仅以经济效益为中心、市场为导向，必须要有各类项目支持与带动。近年来，为推进绿色防控工作，农业农村部和各级农业农村部门设立了绿色防控专项，对各种相关项目资源进行了整合，开展了基础技术研究，集成了绿色防控技术体系，开展了绿色防控试验示范，从而有力推进了绿色防控工作的纵深发展。

第三，技术创新是关键。在传统生物防治、综合防治的基础上，近来年理化诱控、生物农药、天敌保护与利用等技术不断创新，为绿色防控工作奠定了坚实的基础，提供了先进的技术支撑。这是绿色防控工作取得成功的关键所在。

第四，产业化推广是保障。从绿色防控的特点来看，必须大面积推广应用，才能产生规模效应。只有实施产业化推广，才能建立长效机制。因此，产业化推广是绿色防控技术大范围、长时间推广应用的保障。

（二）认清形势，抓住机遇，加快推进农作物病虫害绿色防控技术集成创新与产业化推广

1. 了解国际趋势

保护环境和生物多样性，发展低碳经济，实现可持续发展是当今世界的主攻方向，而绿色消费则是当今时代的主旋律。绿色消费呼唤绿色农业，绿色农业呼唤绿色植保，绿色植保呼唤绿色防控技术的不断创新与产业化推广。

2. 分析国内需求

"高产、优质、高效、生态、安全"是我国现代农业发展的根本方向，"资源节约型、环境友好型"是我国现代农业建设的根本要求，与之相适应，必须转变植物保护职能，为促进农业生产安全、农产品质量安全、农业生态安全和农业贸易安全保驾护航。

3. 正视存在问题

大力推行绿色防控 5 年来，虽然取得了明显的成效，但与发展"高产、优质、高效、生态、安全"的现代农业，以及建设"资源节约、环境友好"两型农业的新要求还存

在一定距离。

一是关键技术产品不够配套。绿色防控需要有物化的技术产品和相关的技术规程。但目前还存在"有技术缺产品、有产品缺技术、有技术产品而推广不够"等问题。例如以作物为主线的绿色防控技术，常常因没有适用的绿色植保产品而不能真正做到绿色防控。另一方面，许多绿色防控产品如诱虫灯、性诱剂等常常因缺乏相应的应用技术规程，而不能大面积推广应用。

二是技术体系不够完善。许多绿色防控技术或产品还处于试验研究阶段，有些技术集成不够，有些技术尚未形成规范的技术体系。此外，尚未建立起对绿色防控技术的有效的科学评价体系，还不能从经济、社会和生态等多方面综合评价。总体表现为有机整合不够，技术规范不够，科学评价不够。

三是推广方法不够实用。绿色防控技术的推广应用方法十分重要，需要全方位、多层次地开展展示示范、宣传培训、指导服务等。但目前还存在"网络化展示不够、个性化培训不够，产业化推广不够"等问题。

四是基础研究不够深入。随着全球气候变化和耕作制度的改变，靶标有害生物的消长规律也发生了较大变化。但目前从事这方面基础研究的力量不足，研究的深度也不够，特别是应用绿色防控技术对作物生态环境影响的系统评估不够。

五是支持政策不够有力。自 2006 年以来，虽然各级有关部门积极争取对绿色防控的政策和资金支持。但总体而言力度不大，杯水车薪，与发达国家相比差距甚远。

4. 把握发展方向

一是国际化接轨。为顺应世界绿色发展潮流，满足绿色消费需求，随着"公共植保，绿色植保"理论与实践的深入发展，大力推广绿色防控势在必行。为此，要抓住机遇，把握方向，加速发展。

二是规模化应用。绿色防控技术着眼于生态调控、除害兴利，没有规模就体现不出效益，必须规模化推广应用。

三是科技化提升。绿色防控集多种技术与产品于一体，必须通过原始创新，研发突破性技术产品。通过集成创新、组装实用性技术模式，从而不断提高绿色防控的科技含量与技术水平。

四是产业化推广。产业化推广是绿色防控的关键，只有通过产业化推广，才能建立长效推广机制，才能使绿色防控真正成为农作物有害生物防控的常规技术。

（三）理清思路，突出重点，科学推进农作物病虫害绿色防控技术集成创新与产业化推广

1. 明确指导思想

科学推进农作物病虫害绿色防控的指导思想是：围绕"一个"中心，即现代化农业可持续发展；服务"两型"农业，即资源节约型和环境友好型农业；着力"三大"创新，即关键技术产品创新，区域技术模式创新，长效推广机制创新，实现"四化"发展，即国际化接轨，规模化应用，科技化提升，产业化推广。

2. 革新技术对策

全面推进农作物病虫害绿色防控技术集成创新与产业化推广，要以保障农产品质量安全生产为目标，以生产绿色农产品为主线，以保护生态环境为原则，通过优先采取农业防治、物理防治、生物防治和生态控制等非化学防控措施，最大限度地减少化学农药使用，实现农业生态系统的良性循环和农业的可持续发展。

3. 突出工作重点

一是熟化关键技术产品。在现有研究的基础上，进一步强化技术与产品研发。在绿色防控产品研发方面，要着力强化产品大面积应用的稳定性、适应性、安全性和高效性；在绿色防控技术研发方面，要着力强化技术大面积推广应用的匹配性、实用性、广适性和轻简性。

二是组建区域技术模式。我国自然生态条件复杂，农作物和有害生物种类较多，要因地制宜、因作物制宜、因靶标制宜，集成相应技术模式，制定相关技术规程，使技术体系模式化、区域化、轻简化和标准化。

三是建立展示示范网络。要以国家农业植保推广机构为龙头，在全国逐级建立农作物病虫害绿色防控技术展示示范网络。农业农村部要在全国相关各省（自治区、直辖市）建立若干个"十万亩示范区"，各省（自治区、直辖市）要在重点地区和主产县建立若干个"万亩示范园"，各重点地区和主要县要在重点乡镇建立若干个"千亩示范片"，从而形成全国自上而下的展示示范网络，辐射和带动农作物病虫害绿色防控技术的全面推广应用。

四是探索长效推广机制。要坚持产业化推广方向，探索长效推广机制。通过政府主导和技术主推，充分发挥种田大户、农民专业合作组织和各类社会化服务组织，在推广应用绿色防控技术中的主体功能与有效载体作用，实现产业化推广。

4. 深化相关研究

绿色防控仍以传统的技术产品为主，高新技术的创新还不够多，必须大力推进关键技术产品的原始创新。现有的绿色防控技术体系尚不完善，适用性、高效性、系

性等方面还不够，必须加大绿色防控技术的集成创新力度。特别是在绿色防控效果的系统评估方面，更是关注不够，不能全面真实地反映绿色防控的经济、社会和生态综合效益，必须加大对绿色防控的经济生态学评估，并建立科学、系统的技术评估方法。

（四）强化措施，狠抓落实，合力推进农作物病虫害绿色防控技术集成创新与产业化推广

1. 加强组织

领导各地要成立推进绿色防控的领导小组、技术小组和实施小组，通过联席会议制度或协作组等方式整合行政、计划、财务、科技等方面的资源，以及农业、科研、教学、推广、企业等方面力量。

2. 坚持规划

指导要积极争取将绿色防控纳入新一轮植保工程规划，出台国家层面绿色防控指导意见和实施方案。各地要积极配合国家行动，将绿色防控纳入当地相关规划，细化相关工作方案。

3. 多方争取

支持各地要多渠道争取支持，从相关病虫害防治项目经费中安排一定资金用于绿色防控示范物资补贴和技术培训、技术宣传等工作。要积极争取将绿色防控纳入中央和地方的相关科技项目，以及国际合作项目。要大胆探索可操作性强的绿色防控生态补贴机制。

4. 强化工作督导

大力推进绿色防控规划的落实和具体技术方案的实施，关键在于层层抓落实，并在关键时期深入田间地头开展工作督导。同时，要切实加强绩效考核，真正做到激励先进，鞭策后进，促进绿色防控工作的平衡发展。

5. 加强宣传引导

要充分利用各种媒体，加大对绿色防控工作的宣传引导。通过电视、网络、报纸、杂志等媒体，利用现场会、实地培训等方式，大力宣传绿色防控的重大意义、主要成效、典型经验、先进单位和个人等，让全社会认识绿色防控，了解绿色防控，形成合力，推进农作物病虫害绿色防控的良好氛围。

三、中国农作物病虫害绿色防控的科技需求与发展方向

贯彻新时代中国特色社会主义思想，落实创新驱动战略、乡村振兴战略和可持续发展战略，要求构建农业绿色发展的技术体系，为实现农业绿色发展和农业农村现代

化提供强有力的科技支撑。要实现病虫害绿色防控，就要从提升植物保护科技支撑力量和建设覆盖全国的现代公共植物保护服务体系两方面着手。要建立一个全国性的病虫害监测预警体系和全国性的病虫害专业化防治队伍，并形成联防联控的机制。基于现代农业的发展需求和植物保护相关学科发展的趋势，中国病虫害科技创新的重点方向主要包括以下几个方面。

（一）产业结构调整、全球经济一体化和气候变化等因素对重大病虫害种群演替规律的影响

中国农业生产正在进行大规模的结构调整，一是按照稳粮、优经、扩饲的要求，加快构建粮经饲协调发展的种植结构；二是深入实施藏粮于地、藏粮于技战略，保护优化粮食产能，保持粮食生产总体稳定，确保口粮绝对安全；三是稳定发展"菜篮子"产品，加强北方设施蔬菜、南菜北运基地建设；四是加快北方农牧交错带结构调整，打造生态农牧区。这些产业的调整将会直接影响农业生态系统的结构和农作物病虫害的种群演化，因此，需要研究产业结构调整、种植制度变革（如保护地的增加、免耕技术和秸秆还田等）、外来生物入侵和气候变化等多种要素交互作用对中国主要农作物病虫害灾变规律的影响，为制定区域性控制策略提供理论依据。

（二）基于现代生物技术、信息技术、新材料与先进制造的植保新理论、新方法与新产品

植物保护学是一门应用学科，现代生命科学和信息科学等基础学科的新理论与新技术正不断融入植物有害生物的检测、监测、预警与控制各个阶段。地理信息系统、大数据、云计算等现代信息技术可显著提升植物病虫害监测预警能力。转基因技术、基因编辑技术、纳米材料和药物分子设计等现代科技前沿技术将为新的植保产品研发提供技术支撑。

（三）绿色防治关键技术与产品创新

包括绿色农药、抗病虫害作物品种、天敌昆虫高效繁育技术装备与配套应用技术、生物源杀虫剂创制与产业化技术、害虫诱杀新型光源与应用技术、害虫化学通信调控物质利用技术和害虫辐照不育技术等。

（四）化学农药精准施药和残留检测追溯技术

化学防治是病虫害应急防控的重要措施之一，要针对国家农产品质量安全和环境安全的新要求，研究主要农作物农药高效、减量、精准使用技术，低风险化和农药多靶标协调使用技术，以及农产品农药残留检测追溯技术。

（五）智能化植物保护装备

中国传统的小农户植保机械已经不能满足当前现代农业发展的需求，需要研发适合中国国情的专业化大中型现代植保机械。要研制装备中央处理芯片和各种各样传感器或无线通信系统的装置，实现在动态环境下通过电子信息技术逻辑运算传导传递发出适宜指令指挥植保机械完成正确动作，从而达到病虫害准确监测、精准对靶施药等植保工作智能化的目标，解决目前局部发病全田用药的难题。

（六）区域性和地区特色性病虫害绿色可持续控制模式

中国很多种类的病虫害具有大区迁移和流行性特征，这类病虫害的防控需要建立基于区域性监测预警与控制的体系，如棉铃虫和粘虫等迁飞性害虫需要实施以控制成虫迁移危害为核心的防火墙工程。此外，随着国家经济的快速发展，中国一家一户的小农生产方式正发生深刻的变革。政府采取完善土地流转和适度规模经营健康发展的政策措施，大力培育新型农业经营主体和服务主体，通过经营权流转、股份合作、代耕代种、联耕联种、土地托管等多种方式，加快发展土地流转型、服务带动型等多种形式规模经营。积极引导农民在自愿基础上，通过村组内互换并地等方式，实现按户连片种植。不断完善家庭农场认定办法，扶持规模适度的家庭农场。形成了依托农业龙头企业、农民合作社、家庭农场和种植大户等新型经营主体，打造一批绿色防控技术示范区的植保技术应用新模式。在病虫害防治组织管理上，正在建立以各级农业推广部门为主体，农民专业合作组织、专业协会、涉农企业和农民带头人广泛参与的绿色防控多元化推广机制。因此，在生产技术需求上，需要依据中国各地气候条件、农业生产模式和重大病虫害发生情况及绿色防控技术发展现状，建立区域性示范区，针对病虫害发生危害规律和农业生产特点，以及种植大户、专业合作社、小农户等不同经营主体的技术需求与生产管理特征，制定多样化、配套化、整体化的病虫害绿色防控方案，利用基于互联网＋模式的信息化服务平台，实施专业化技术服务。

参考文献

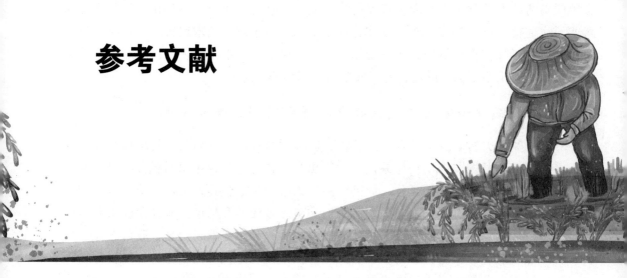

[1] 李春龙，韩春梅．特种经济作物栽培技术微课版第 2 版 [M]．成都：成都西南交大出版社，2022.02.

[2] 刘旭，王宝卿，王秀东．中国作物栽培史 [M]．北京：中国农业出版社，2022.08.

[3] 文廷刚，刘道敏，吴佳．作物栽培的化学调控 [M]．北京：气象出版社，2022.10.

[4] 张明龙，张琼妮．农作物栽培领域研究的新进展 [M]．北京：知识产权出版社，2022.10.

[5] 艾玉梅．大田作物模式栽培与病虫害绿色防控 [M]．北京：化学工业出版社，2022.07.

[6] 艾玉梅．大田作物模式栽培与病虫害绿色防控 [M]．北京：化学工业出版社，2022.07.

[7] 郭世荣，束胜．设施作物栽培学第 2 版 [M]．北京：高等教育出版社，2021.12.

[8] 谷淑波，宋雪皎．作物栽培生理实验指导 [M]．北京：中国农业出版社，2021.12.

[9] 王海波，戴爱梅．新疆农作物栽培技术第 3 版 [M]．北京：中国农业大学出版

社，2021.08.

[10]顾国伟，周红梅．浙东地区主要粮油作物栽培技术 [M]．北京：中国农业科学技术出版社，2021.12.

[11]杨文钰，屠乃美．作物栽培学各论第 3 版 [M]．北京：中国农业出版社，2021.11.

[12]任明波，王英俊，邱军．烤烟育苗大棚及轮作烟田作物栽培实用技术手册 [M]．北京：中国农业科学技术出版社，2021.09.

[13]周艳飞，杨福孙．国家林业和草原局普通高等教育十三五规划教材热带作物系列教材热带作物栽培概论 [M]．北京：中国林业出版社，2021.06.

[14]于振文．普通高等教育农业农村部十三五规划教材作物栽培学各论北方本第 3 版 [M]．北京：中国农业出版社，2021.07.

[15]王长海，李霞，毕玉根．农作物实用栽培技术 [M]．北京：中国农业科学技术出版社，2021.04.

[16]李玮，沈硕，陈红雨．经济作物栽培技术与病虫害防治 [M]．银川：宁夏人民出版社，2020.06.

[17]胡滇碧．特色经济作物栽培与管理 [M]．昆明：云南大学出版社，2020.

[18]缑国华，刘效朋，杨仁仙．粮食作物栽培技术与病虫害防治 [M]．银川：宁夏人民出版社，2020.07.

[19]徐钦军，董建国，王文军．粮油作物栽培技术 [M]．北京：中国农业科学技术出版社，2020.06.

[20]梁艳青．大田作物栽培管理技术问答 [M]．北京：中国大地出版社，2020.07.

[21]樊景胜．农作物育种与栽培 [M]．沈阳：辽宁大学出版社，2020.09.

[22]卜祥，姜河，赵明远．农作物保护性耕作与高产栽培新技术 [M]．北京：中国农业科学技术出版社，2020.08.

[23]张亚龙．作物生产与管理 [M]．北京：中国农业大学出版社，2020.12.

[24]姚文秋．经济作物生产与管理 [M]．北京：中国农业大学有限公司，2020.12.

[25]吴若云，熊格生．棉花轻简化栽培技术 [M]．长沙：湖南科学技术出版社，2020.03.

[26]范永强．设施栽培土壤生态优化技术 [M]．济南：山东科学技术出版社，2020.06.

[27]王沅江，欧高财．湖南省茶树病虫害原色图谱及绿色防控技术 [M]．长沙：湖南科学技术出版社，2019.05.

[28] 胡永锋，才伟丽，黄连华．食用菌高效栽培与病虫害绿色防控［M］．北京：中国农业科学技术出版社，2019.11.

[29] 王晋军．辽宁烟草病虫害绿色防控技术［M］．沈阳：辽宁科学技术出版社，2019.11.

[30] 杨祁云．广东优质稻主要病虫害绿色防控技术［M］．北京：中国农业出版社，2019.06.

[31] 徐钦军，刘燕华，赵立杰．无公害蔬菜高效栽培与病虫害绿色防控［M］．北京：中国农业科学技术出版社，2019.06.

[32] 夏莉，张晓红，王建英．马铃薯高效栽培与病虫害绿色防控［M］．北京：中国农业科学技术出版社，2019.06.

[33] 周朋，董峰海，丁强．花生高产栽培与病虫害绿色防控［M］．北京：中国农业科学技术出版社，2019.09.

[34] 张毅，徐进．设施蔬菜病虫害识别与绿色防控［M］．西安：陕西科学技术出版社，2019.01.

[35] 柴小佳，王本辉．蔬菜病虫害诊断与绿色防控技术口诀［M］．北京：化学工业出版社，2019.01.

[36] 王友林，赵统利，徐兴权．农家书屋助乡村振兴丛书蔬菜病虫害诊断与绿色防控［M］．北京：中国农业出版社，2019.12.

[37] 刘海龙，杨宝生，李阳辉．蔬菜栽培与绿色防控技术［M］．咸阳：西北农林科技大学出版社，2019.11.

[38] 陈志杰，张淑莲，张锋．设施蔬菜病虫害与绿色防控［M］．北京：科学出版社，2018.05.

[39] 刘旭，刘虹伶．果树主要病虫害绿色防控技术［M］．成都：电子科技大学出版社，2018.02.

[40] 陈志杰，张淑莲，张锋．设施蔬菜病虫害与绿色防控［M］．北京：科学出版社，2018.05.

[41] 刘旭，刘虹伶．果树主要病虫害绿色防控技术［M］．成都：电子科技大学出版社，2018.02.

[42] 席亚东．蔬菜病虫害识别与绿色防控［M］．成都：电子科技大学出版社，2018.04.